高等职业教育系列教材

电工电子技术项目化教程

主　编	王　屹	赵应艳
副主编	庞丽芹	徐志成　王一卉
参　编	裴　蓓	马　骏　高　锐
	董红丽	李　洁　罗锋华

机 械 工 业 出 版 社

电工电子技术是一门重要的专业基础课程,本书结合我国高等职业教育课程改革实际,根据示范性高职院校的课程建设要求,以专业技能人才培养为目标,将知识掌握和技能训练有机结合,全书涵盖了电工基础、电机与电气控制技术、电子技术三大部分内容,包括十个项目,配备了十五个技能训练。内容选取以应用知识"应知、够用"为标准,通过项目任务的训练,提高学生对电工电子技术基础知识的理解与基本技能的运用,以满足职业院校学生和相关技术人员学习需要。

本书可作为高职高专院校电子技术、电气自动化技术、轨道交通、通信技术、机械制造与自动化、机电一体化技术、数控技术等专业的教学用书,也可作为从事相关专业工作的工程技术人员参考用书。

本书配有授课电子课件、习题答案、试卷等资源,需要的教师可登录机械工业出版社教育服务网 www.cmpedu.com 免费注册后下载,或联系编辑索取(QQ:1239258369,电话:010-88379739)。

图书在版编目(CIP)数据

电工电子技术项目化教程 / 王屹,赵应艳主编 . —北京:机械工业出版社,2019.6(2023.7 重印)
高等职业教育系列教材
ISBN 978-7-111-62533-9

Ⅰ.①电… Ⅱ.①王… ②赵… Ⅲ.①电工技术-高等职业教育-教材 ②电子技术-高等职业教育-教材 Ⅳ.①TM ②TN

中国版本图书馆 CIP 数据核字(2019)第 071388 号

机械工业出版社(北京市百万庄大街 22 号 邮政编码 100037)
策划编辑:曹帅鹏 责任编辑:曹帅鹏
责任校对:张艳霞 责任印制:李 昂
中农印务有限公司印刷

2023 年 7 月第 1 版·第 13 次印刷
184mm×260mm · 14.75 印张 · 348 千字
标准书号:ISBN 978-7-111-62533-9
定价:45.00 元

电话服务 网络服务
客服电话:010-88361066 机 工 官 网:www.cmpbook.com
         010-88379833 机 工 官 博:weibo.com/cmp1952
         010-68326294 金 书 网:www.golden-book.com
封底无防伪标均为盗版 机工教育服务网:www.cmpedu.com

前　　言

电工电子技术是高职高专机械类、自动化类、轨道交通类、通信类等工科院校必修的专业基础课。本书根据教育部制定的高职教育培养目标和示范性高职院校课程建设要求，以一线教师的实践教学经验为基础，在充分考虑该课程的特点及教学要求的基础上，结合课程改革与实施的实践经验，既考虑到使学生获得必要的相关理论知识和基本技能，还考虑到培养学生的专项技能和职业综合能力。按照"夯实基础，重在应用"的原则，一方面对电工电子技术的基本理论和基本分析方法进行了必要和适当阐述，夯实学生的理论基础；另一方面充分考虑到元器件的识别，电路的连接、测量、调试等技能训练方面的内容，与工程实际相结合，培养学生的实践技能。

本书的特色在于"项目引领、任务驱动、理实一体、工学结合"，全书以项目为单元，以应用为主线，将理论知识融入每一个教学项目实施中，通过不同的项目和任务来引导学生学习。遵循学生的认知规律和职业能力形成规律，按照"先简单后复杂、先元器件后电路、先分立后集成"的递进顺序，全书共设计了十个项目，讲授时可以根据专业的不同需要适当选择。

项目选取力求具有典型性、科学性和可操作性，以项目任务为出发点，激发学生的学习兴趣。在教学安排上，紧密围绕项目展开，创设教学情境，尽量做到教、学、做一体化。每个任务从任务描述到任务实施，完成本次讲授的全部重点；知识训练是任务的必要补充；技能训练使知识与实践紧密结合，学生能力得到提高。

项目选择遵循实用性、趣味性、可拓展性，整体安排按学习规律从简到繁、从易到难、从模仿到创新，按照工作过程，以掌握方法、培养能力、学会做事为指导思想，以提高学生职业能力和素质为目标，有效实施教学，实现理论与实践一体化，使学生乐在学中，学中有乐，做中学，学中做。

此外，在若干知识点的阐述上，本书也有自己的个性特色，并在内容取舍、编排以及文字表达等方面都期望能解决初学者的入门难的问题。

本书是机械工业出版社组织出版的"高等职业教育系列教材"之一，由长春职业技术学院的王屹、赵应艳老师担任主编；长春职业技术学院庞丽芹、徐志成、王一卉老师担任副主编；长春职业技术学院裴蓓、马骏、高锐、董红丽、李洁和江西现代职业技术学院罗锋华老师参编。全书由王屹、赵应艳老师统稿和最终定稿。

本书在编写的过程中借鉴了参考文献的相关资料，在此一并表示感谢！

由于时间仓促，加之编者水平有限，本书难免有错误和不当之处，恳请各位读者批评指正。

编　者

目　　录

直流电路的分析与测量

学习目标

1）了解电路的概念、组成、作用及模型。
2）掌握电流、电压、电动势、电能及电功率等电路的基本物理量。
3）掌握导体电阻及欧姆定律并能够应用其进行电路的分析和计算。
4）了解电流的热效应、额定值及电路的工作状态。
5）掌握电阻串并联的性质并能应用其进行电路的分析和计算。
6）了解电容器的性质、连接方式及标识方法。
7）掌握万用表的使用方法。
8）掌握电压源、电流源及其等效变换。
9）掌握基尔霍夫定律并能应用其进行电路的分析和计算。
10）掌握支路电流法并能应用其进行电路的分析和计算。

任务 1.1 简单直流电路的分析与测量

任务描述

通过本任务的学习，使读者了解电路的基本概念、组成、作用，掌握电流、电压、电动势、电能及电功率等电路的基本物理量；掌握导体电阻及电阻串并联的性质；掌握欧姆定律进行电路的分析和计算；了解电流的热效应、额定值及电路的工作状态；了解电容器的性质、连接方式及标识方法；学会万用表的使用方法，具备正确使用常用电工仪表的能力。为后续复杂直流电路、交流电路、电子电路等电路的分析和计算打好基础。

1.1.1 电路的概念与电路模型

1. 电路的概念

电路是电流通过的路径。电路有简有繁，如简单的手电筒电路，复杂的电力系统、计算机电路等。一个完整的电路是由电源、负载、中间环节（包括开关和导线等）三部分按一定方式组成的。电源是电路的核心部件，是将其他形式的能量转变成电能的装置，是为电路提供电能的设备，如发电机、蓄电池、光电池等都是电源。中间环节是传输、控制电能或信号的部分，它连接电源和负载，提供电流通过的路径，并对电流的通、断、流向等进行控制，如连接导线、控制电器、保护电器、放大器等都是中间环节。负载是电路的耗能元件，它取用电源电能并将其转换为人们所需的其他形式的能量，如白炽灯、电动机、电暖气、扬声器等都是负载。在电路中电源与负载之间进行着能量的交换，由电源将其他形式的能量转换成电能，通过电流的流动，又将电能转换成光能、机械能、热能及人们需要的其他形式的能量。例如，白炽灯将电能转换成光能供人们照明；电动机将电能转换成机械能为设备提供动力；电暖气将电能转换成热能供人们取暖。

现代工程技术领域中存在着种类繁多、形式和结构各不相同的电路，但就其功能而言，实际电路可分为两大类。一类是电力电路，又称强电电路，它是发电、变电、供配电系统的总称，主要作用是进行能量的转换和电能的传输及分配。图 1-1 所示是一个复杂的电力电路，由发电机（电源）将其他形式的能量转换为电能，经过升压变压器进行升压后，通过输电线进行远距离输电，之后经过降压变压器进行降压，变成大多数用户所需的 220 V、380 V 等交流电，给白炽灯、电动机（负载）等用电设备供电，从而完成电能的传输、控制和分配。另一类是信号电路，又称弱电电路，它是用来传递和处理声音、图像、文字、温度、压力、数据等信号的电路，这类电路虽然也有能量的传输和转换问题，但其数量小，一般更关注的是信号的质量，如要求信号不失真、准确、灵敏、快速等。图 1-2 是一个简单的信号电路，由传声器（信号源，相当于另一类电源）将声音信号转换成电信号，再经过放大器（中间环节）进行放大，之后通过扬声器（负载）将放大的电信号再还原成声音信号，从而完成了信号的处理和传递。

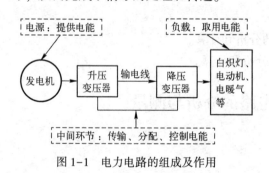

图 1-1　电力电路的组成及作用

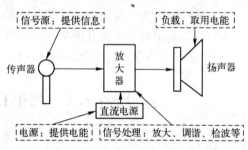

图 1-2　信号电路的组成及作用

随着电力电子技术的飞速发展，强电电路和弱电电路混合应用越来越受到重视，由弱电电路对强电电路进行控制的自动化设备应用越来越普遍，如数控机床等各类数控设备。这些设备的动力部分是典型的强电电路，但这些强电电路的通断，电流、电压的控制等已不再是传统的开关的通断，而是由信号电路来控制大功率电子电路，由大功率电子电路来控制电能，实现了设备的自动化控制。在电力系统中，电能的产生与传输、无功功率的补偿等也都采用了计算机和电子电路等弱电电路控制。

2. 电路模型

实际的电路元器件在工作时的电磁性质是比较复杂的，绝大多数元器件具备多种电磁效应，给分析问题带来困难。为了使问题得以简化，以便于探讨电路的普遍规律，在分析和研究具体电路时，常用一些理想电路元件及其组合来表征电气设备、电工器件的主要电性能。所谓理想电路元件，就是把实际电路元器件忽略次要性质，只表征它的主要电性能的"理想化了"的"元件"。这样的元件主要有纯电阻元件、纯电感元件、纯电容元件、理想电压源和理想电流源等。如将电阻器、白炽灯等以取用电能为主要特征的电路元器件理想化为纯电阻元件；将电感线圈、绕组等以储存磁场能为主要特征的元器件理想化为纯电感元件；将电解电容等以储存电场能为主要特征的元器件理想化为纯电容元件；将电池、发电机等提供电能的装置理想化为电压源等。常见的一些理想电路元件的模型符号如表 1-1 所示。

表 1-1 常见理想电路元件的模型符号

元件名称	模型符号	元件名称	模型符号
电池	⊣⊢	电阻	R
理想电压源	U_S	电感	L
理想电流源	I_S	电容	C
开关	S	电流表	Ⓐ
接地	⏚	电压表	Ⓥ

用理想元件及其组合代替实际电路中的电气设备、电器元件，即把实际电路的本质特征抽象出来形成的理想化了的电路，称为电路模型。如图 1-3 所示为实际照明电路和它的电路模型。今后本书中未加特殊说明时，我们所说的电路均指这种抽象的电路模型，所说的元器件均指理想元件。这种将电路中各种电路元器件都用理想元件的模型符号表示的电路图称为电路原理图。

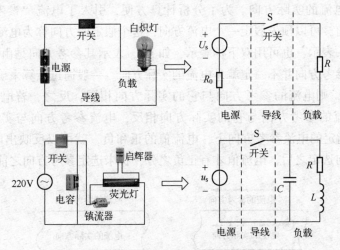

图 1-3 实际照明电路及其电路模型

1.1.2 电路的基本物理量

1. 电流

在电场的作用下，带电粒子在导体中有规则的定向移动就形成了电流。金属中的自由电子及电解液中的正、负离子均称为带电粒子。因此，电流既可以是负电荷的定向移动，也可以是正电荷的定向移动，或二者兼有的定向移动。表征电流强弱的物理量叫电流强度，简称电流，在数值上等于单位时间内通过导体横截面的电荷量。设在 dt 时间内通过导体横截面的电荷为 dq，则通过该截面的电流为

$$i = \frac{dq}{dt} \tag{1-1}$$

在一般情况下电流是随时间而变化的，如果电流的大小和方向不随时间的变化而变化，即 dq/dt =常量，则这种电流就称为恒定的直流电流，简称直流电，用大写字母 I 表示，它所通过的路径就是直流电路。在直流电路中，式（1-1）可写成

$$I = \frac{Q}{t} \tag{1-2}$$

式中，I 为电流，单位为 A（安培）；Q 为电荷量，单位为 C（库仑）；T 为时间，单位为 s（秒）。如果电荷量为 1C，时间为 1 s，则电流为 1 A。

我国法定计量单位是以国际单位制（SI）为基础的。它规定电流的单位是 A，1A = 1C/1 s。除 A 外，常用的电流单位还有 kA（千安）、mA（毫安）和 μA（微安）。它们之间的换算关系为

$$1\,kA = 10^3\,A,\, 1\,A = 10^3\,mA = 10^6\,\mu A$$

电流既然是带电粒子的定向移动，就有一个移动方向问题。习惯上规定正电荷移动的方向为电流的实际方向。实际上，在电路分析中，电流的实际方向有时是很难确定的，因此很难在电路中标明电流的实际方向。为了分析计算方便，引入了电流"参考方向"的概念。在电路分析计算前，可以预先假定一个电流方向，这个假定的方向称为电流的参考方向，在电路中一般用箭头表示，也可用双下标表示，如 I_{AB}，表示其参考方向是由 A 指向 B 的。当然，所选的电流参考方向并不一定就是电流的实际方向。一般通过计算来确定，若电流计算值为正（即 $I>0$），则电流的参考方向与它的实际方向相同；反之，若电流的计算值为负（即 $I<0$），则电流的参考方向与它的实际方向相反，电流参考方向与实际方向的关系如图1-4所示。在指定的电流参考方向下，电流值的正和负，就可以反映出电流的实际方向。因此，在参考方向选定之后，电流值才有正负之分，在未选定参考方向之前，电流的正负值是毫无意义的。

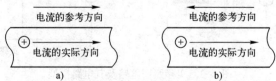

图 1-4 电流参考方向与它的实际方向的关系

a) 参考方向与实际方向相同（即 $I>0$） b) 参考方向与实际方向相反（即 $I<0$）

2. 电压、电位、电动势

（1）电压

带电粒子能够在电路中定向移动，是因为受到电场力的作用。在如图1-5所示电源的两个极板a和b上分别带有正、负电荷，这两个极板间就存在一个电场，其方向是由a指向b。当用导线和负载（白炽灯）将电源的正负极连接成为一个闭合电路时，正电荷在电场力的作用下由正极a经导线和负载流向负极b（实际上是自由电子由负极经负载流向正极），从而形成电流使白炽灯发光。由于白炽灯发光，电流对负载做功。电场力将正电荷从a极板移动到b极板做功能力的大小，用a、b两极板间的电压来衡量。

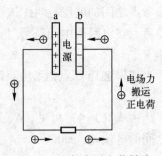

图1-5　电场力对电荷做功

定义：电场力将正电荷从正极板a移动至负极板b所做的功 W_{ab}，其与被移动的正电荷电荷量 Q 之比，称为a、b两极板间的电压，用 U_{ab} 表示，即

$$U_{ab} = \frac{W_{ab}}{Q} \tag{1-3}$$

当电荷的单位为C（库仑），功的单位为J（焦耳）时，电压的单位为伏特，简称伏，用符号V表示，即1V=1J/1C。在工程上，常用的电压单位还有kV（千伏）、mV（毫伏）和μV（微伏），它们之间的换算关系是

$$1\,kV = 10^3\,V, 1V = 10^3\,mV = 10^6\,\mu V$$

电压的实际方向定义为正电荷在电场中受电场力作用（电场力作正功时）移动的方向。电压的实际方向规定由高电位指向低电位。与电流一样，电压也有自己的参考方向。电压的参考方向也是任意指定的。在电路中，电压的参考方向可以用一个箭头来表示；也可以用正（+）、负（–）极性来表示，正极指向负极的方向就是电压的参考方向；还可以用双下标表示，如 U_{AB} 表示A和B之间的电压的参考方向由A指向B（图1-6）。同样，在指定的电压参考方向下计算出的电压值的正和负，就可以反映出电压的实际方向。

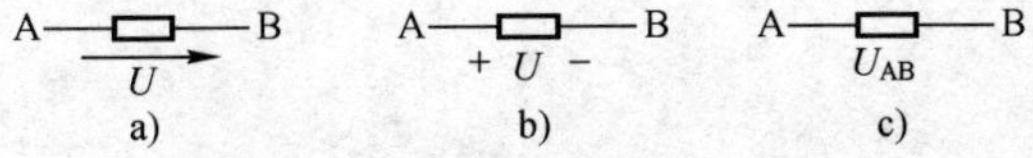

图1-6　电压的参考方向表示法

a）箭标法　b）正负极标法　c）双下标法

"参考方向"在电路分析中起着十分重要的作用。

对一段电路或一个元件上电压的参考方向和电流的参考方向可以独立地加以任意指定。如果指定电流从电压"+"极性的一端流入，并从标以"–"极性的另一端流出，即电流的参考方向与电压的参考方向一致，则把电流和电压的这种参考方向称为关联参考方向，反之称为非关联参考方向，如图1-7所示。

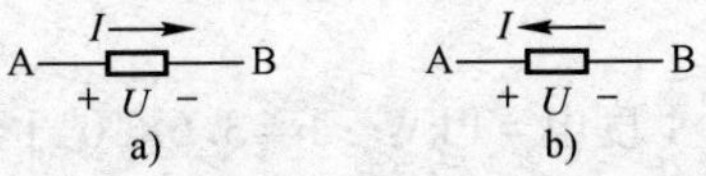

图1-7　电流与电压的参考方向关系

a）关联参考方向　b）非关联参考方向

（2）电位

在电路中任选一点作为电位的零参考点，则电路中任意一点到零参考点之间的电压，叫作该点的电位，用字母 V 表示，单位为 V。零参考点在电路图中用符号"⊥"表示，如图 1-8 所示，A 点电位记作 V_A。

如果选择 O 点为参考点时，则

$$V_A = U_{AO} \qquad (1-4)$$

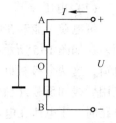

图 1-8 电位示意图

由式（1-4）可见，A、O 两点之间的电压 U_{AO}，就是 A、O 两点之间的电位差，即

$$U_{AO} = V_A - V_O = V_A - 0 = V_A \qquad (1-5)$$

所以，两点之间的电压就是这两点之间的电位之差，电压的实际方向是由高电位点指向低电位点。

注意：在电路中参考点可任意选取，但只能选取一个，且参考点一经选定，不能随意更改。电路中各点的电位值与参考点的选择有关，所选的参考点改变，各点的电位值将随之改变，但是电路中任意两点之间的电压却不随参考点变化。习惯上认为参考点自身的电位为零，所以参考点也叫零电位点。

（3）电动势

在图 1-5 中，要维持 a、b 两极板间的电荷持续流动，就必须维持两极板间的电压。要维持两极板间的恒定电压，则必须要有一个外力将 b 极板上中和掉的正电荷向 a 极板搬运，该外力称为电源力。电源力逆电场力方向搬运电荷，因此电源力对电荷做功。衡量电源力对电荷做功大小的物理量称为电动势。在数值上，电动势等于电源力将单位正电荷从负极板 b 移动到正极板 a 所做的功 W_{ba}，数学表达式为

$$E_{ba} = \frac{W_{ba}}{Q} \qquad (1-6)$$

电动势的单位也是 V，常用的还有 kV、mV、μV。电动势的实际方向规定由低电位指向高电位。

3. 电能、电功率

（1）电能

电能是指在一定的时间内电路元件或设备吸收或提供的能量，是由电流对负载做功引起的，用字母 W 表示，其国际单位制为焦耳（J）。电能的大小与电路两端的电压、通过的电流及通电时间成正比，即

$$W = UIt \qquad (1-7)$$

式中，W 为电路所消耗的电能，单位为 J（焦耳）；U 为电路两端的电压，单位为 V；I 为通过电路的电流，单位为 A；t 为所用的时间，单位为 s。

在实际应用中，电能的另一个常用单位是 kW·h（千瓦时），1 kW·h 就是常说的 1 度电。

$$1 \text{ 度电} = 1 \text{ kW·h} = 3.6 \times 10^6 \text{ J} \qquad (1-8)$$

（2）电功率

电功率表征电路元件或一段电路中能量变换的速度，其值等于单位时间内元件所消耗的

电能，简称功率，用 P 表示。

$$P=\frac{W}{t}=\frac{UIt}{t}=UI \tag{1-9}$$

当电路为纯电阻时，根据欧姆定律 $U=IR$，功率还可以表示为

$$P=I^2R \text{ 或 } P=\frac{U^2}{R} \tag{1-10}$$

电功率的基本单位为瓦特，简称瓦，符号为 W，常用的电功率单位还有 kW（千瓦）、mW（毫瓦），它们之间的换算关系为

$$1\text{ kW}=10^3\text{ W}=10^6\text{ mW}$$

在电压和电流为关联参考方向下，电功率 P 可用 (1-9) 式求得；在电压和电流为非关联参考方向下电功率 P 为

$$P=-UI \tag{1-11}$$

若计算得出 $P>0$，表示该部分电路吸收或消耗功率；若计算得出 $P<0$，表示该部分电路发出或提供功率；$P=0$ 表示该部分电路是储能的。

【例 1-1】 一空调器正常工作时的功率为 1214 W，设其每天工作 4 h，若每月按 30 天计算，试问一个月该空调器耗电多少千瓦时？若每千瓦时电费 0.80 元，那么使用该空调器一个月应缴电费多少元？

解： 空调器正常工作时的功率为 1214 W = 1.214 kW。

一个月该空调器耗电为

$$W=Pt=1.214\text{ kW}\times4\text{ h}\times30=145.68\text{ kW}\cdot\text{h}$$

使用该空调器一个月应缴电费为

$$145.68\text{ kW}\cdot\text{h}\times0.80\text{ 元/kW}\cdot\text{h}\approx116.54\text{ 元}$$

1.1.3 电阻与欧姆定律

1. 电阻

（1）导体的电阻

当导体中自由电子有规律地定向运动时，由于电子与原子之间的相互碰撞而受到阻碍，这种表征导体对电流呈现阻碍作用的物理量称为电阻，用 R 表示。电阻的单位为欧姆（Ω），简称欧，符号为 Ω，常用的单位还有 kΩ（千欧）、MΩ（兆欧），其换算关系为

$$1\text{ M}\Omega=10^3\text{ k}\Omega,1\text{ k}\Omega=10^3\text{ }\Omega$$

不但是金属导体有电阻，其他物体也有电阻。实验表明，导体电阻的大小与其长度 l 成正比，与其横截面积 S 成反比，并与导体电阻率 ρ 有关，即

$$R=\rho\frac{l}{S} \tag{1-12}$$

上式称为电阻定律。式中，ρ 为导体的电阻率，其大小与导体的材料有关，单位为 $\Omega\cdot\text{m}$；l 为导体的长度，单位为 m；S 为导体的截面积，单位为 ㎡。

导体的电阻除了与导体的材料性质、几何形状有关外，还与温度有关。大多数金属在 0~100℃ 内，电阻随温度变化的相对值与温度的变化量成正比，即

$$\frac{R_2 - R_1}{R_1} = \alpha(t_2 - t_1) \text{ 或 } R_2 = R_1 \left[1 + \alpha(t_2 - t_1) \right] \tag{1-13}$$

式中，α 为导体材料的电阻温度系数，单位为℃$^{-1}$；R_1 为温度在 t_1 时导体的电阻；R_2 为温度在 t_2 时导体的电阻。

表 1-2 中列出了一些常见导体材料在 20℃时的电阻率和温度系数。

从表中可以看出，常见金属材料的电阻温度系数是正值，它们的阻值随着温度的上升而增加，如银、铜、铝等。锰铜、康铜的电阻温度系数很小，常用来制作标准电阻和电工仪表中的附加电阻。

电阻率反映物体的导电性能，电阻率越小物体的导电性能越好。从表 1-2 中还可以看出，银的电阻率最小，导电性能最好。但它的价格昂贵，不适于用做一般导电材料，只有接触器、继电器的触点等才用银来制造。铜和铝的电阻率也很小，是制造导线的常用材料。铝的价格低廉，且我国铝的储量丰富，应尽量以铝代铜。我国的架空导线常用多股铝绞线或者机械强度较高的加有钢丝的多股铝绞线。一般工程中使用的导线有铜心的，也有铝心的。

表 1-2 一些常见导体材料的电阻率和电阻的温度系数（20℃）

材料名称	电阻率 $\rho/\Omega \cdot m$	电阻温度系数 $\alpha/℃^{-1}$
银	1.65×10^{-8}	3.8×10^{-3}
铜	1.75×10^{-8}	4.0×10^{-3}
铝	2.83×10^{-8}	4.2×10^{-3}
钨	5.5×10^{-8}	4.5×10^{-3}
铁	8.7×10^{-8}	5.0×10^{-3}
铂	10.5×10^{-8}	3.9×10^{-3}
低碳钢	12×10^{-8}	4.2×10^{-3}
镍铜	50×10^{-8}	4.0×10^{-3}
锰铜	42×10^{-8}	5.0×10^{-6}
康铜	49×10^{-8}	5.0×10^{-6}
镍铬铁	112×10^{-8}	1.3×10^{-4}
铝铬铁	135×10^{-8}	5.0×10^{-5}
碳	1000×10^{-8}	-5.0×10^{-4}

近年来，科学家们发现有些金属（如钛、钒、铬、锰、铁等）及其合金，在处于某一特别低的温度时，它们的电阻会突然为零。这种电阻为零的现象称为超导现象，这样的导体称为超导体，又称为超导材料。

对于一般普通的导体，电流通过导体时，由于电阻的存在，使大部分电能变为热能损耗掉了。而超导体的电阻几乎为零，几乎没有热能损耗。超导体的应用可分为三类：强电应用、弱电应用和抗磁性应用。强电应用即大电流应用，包括超导发电、输电和储能，如由超导材料制作的超导电线，线路上的损耗几乎为零，由超导体制作的超导变压器，几乎不发热，可以把电几乎无损耗地输送给用户；弱电应用即电子学应用，包括超导计算机、超导天线、超导微波器件等，如超导计算机元器件间的互连线用接近零电阻和超微发热的超导器件来制作，不存在散热问题，同时计算机的运算速度大大提高；抗磁性应用主要包括磁悬浮列车和热核聚变反应堆等。

虽然超导体有它特有的优势，但由于超导现象存在的低温性和投资费用昂贵等问题，在很大程度上限制了超导材料的应用。目前各国都在致力于发现新的超导材料的研究工作，使这种新材料能够在越来越接近常温的条件下形成超导体。

（2）电阻器及电阻元件

电阻器简称为电阻，是根据导体的电阻特性制成的，在电路中用于控制电压、电流，是工程技术上应用最多的器件之一。如图1-9所示为几种常见的电阻器。

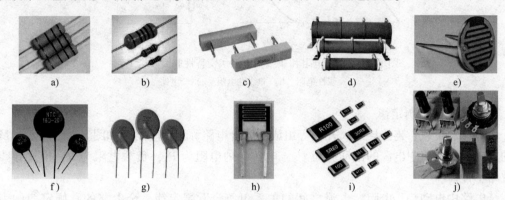

图1-9　几种常见电阻器

a）碳膜电阻　b）金属膜电阻　c）水泥电阻　d）线绕电阻　e）光敏电阻

f）热敏电阻　g）压敏电阻　h）湿敏电阻　i）贴片电阻　j）电位器

电阻元件是各种电阻器、白炽灯、电炉、电烙铁等实际电路元器件的理想化模型，电阻元件也称为电阻。电阻元件是耗能元件，它将电能不可逆转地转换成热能。

2. 欧姆定律

（1）部分电路欧姆定律

如图1-10所示的电路，此电路不是一个闭合电路，只是一段电路。在这段电路中，没有电动势，只有电阻，称为一段电阻电路，或部分电路。部分电路欧姆定律定义为：流经电阻的电流与加在电阻两端的电压成正比，与电阻的阻值成反比。当电流与电压的参考方向相同时（即电流和电压为关联参考方向），如图1-10a所示，其数学表达式为

$$I=\frac{U}{R} \text{ 或 } U=IR \tag{1-14}$$

当电流与电压的参考方向相反时（即电流和电压为非关联参考方向），如图1-10b所示，其数学表达式为

$$I=-\frac{U}{R} \text{ 或 } U=-IR \tag{1-15}$$

在以后的电路分析中，如不加特别说明，均为关联参考方向。

根据欧姆定律，电阻两端电压与电流的关系曲线称为伏安特性曲线。如果加在电阻两端的电压和流过电阻的电流呈线性关系，则电阻称为线性电阻，如电阻器。其伏安特性曲线如图1-11a所示。如果加在电阻两端的电压和流过电阻的电流不呈线性关系，则电阻称为非线性电阻，如白炽灯灯丝、二极管。其伏安特性曲线如图1-11b所示。

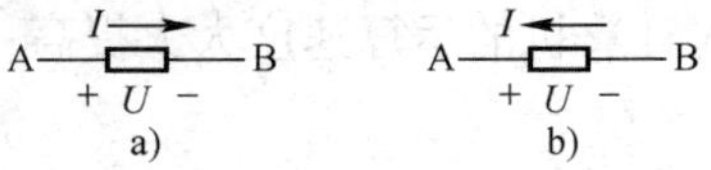

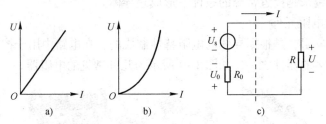

图 1-10 部分电路

a）U、I 为关联参考方向 b）U、I 为非关联参考方向

图 1-11 线性电阻和非线性电阻伏安特性曲线及全电路

a）线性电阻 b）非线性电阻 c）全电路

（2）全电路欧姆定律

由电源、负载、连接导线、开关等组成的闭合电路称为全电路。如图 1-11c 所示为最简单的全电路，电路中电源的电动势为 U_S，电源的内电阻为 R_0，负载电阻为 R，连接导线电阻忽略不计。

全电路中电动势、电阻、电流之间的关系也符合欧姆定律。全电路的欧姆定律的表达式为

$$I = \frac{U_S}{R_0 + R} \text{或 } U_S = IR_0 + IR \qquad (1-16)$$

从式（1-16）中可知，外电路的电压降（电路端电压）为 $U = IR$，内电路的电压降 $U' = IR_0$，即在一个闭合电路中，电压升（电源电动势）之和等于电压降之和，即

$$U_S = U + U' \qquad (1-17)$$

式（1-17）称为全电路的电压平衡方程。

【例 1-2】已知一台小收音机正常工作时所需的电压为 2.4～3 V，电流为 80 mA，现用 3 V（电动势）干电池供电。当电池用了一段时间后，电池的内电阻 R_0 上升为 8 Ω，试计算此收音机还能否继续工作。

解：根据题意分析，可将收音机电路部分用一电阻 R 等效，等效电路如图 1-11c 所示。计算收音机能否继续工作，实际上就是计算电源两端电压是否满足 2.4 V 的最低工作要求。由全电路欧姆定律得

$$U = U_S - IR_0 = 3 \text{ V} - 8 \times 0.08 \text{ V} = 2.36 \text{ V} < 2.4 \text{ V}$$

即电池已经不能满足收音机的最低工作电压要求，应更换电池。

1.1.4 电流的热效应、电气设备额定值与电路的工作状态

1. 电流的热效应

在电路中，由于电阻（导线的电阻、负载电阻等）的存在，当电路中有电流流过时，电阻消耗电能并转换成热能，使电气设备的温度上升。把电能不可逆转地转换成热能的现象，称为电流的热效应。电阻将电能转换为热能的计算公式为 $Q = I^2RT$，称为焦耳定律。

电流的热效应在电气设备中得到广泛的应用，如电烤箱、电暖气、电烙铁、工业电炉等。电流的热效应也有其不利的一面，它使工作中的电气设备发热，这不但消耗了电能，还会造成电气设备过早老化甚至烧坏。因此，在电气设备中应采取各种保护措施，以防止电流的热效应造成危害，常用的方法就是给电气设备吹风降温。

2. 电气设备的额定值

电气设备的额定值反映了电气设备的使用安全性和电气设备的使用能力，是保证电气设备正常运行的规定使用值，有额定电流、额定电压和额定功率。

（1）额定电流（I_N）

为了避免电流的热效应造成的危害，使电器工作温度不超过最高温度，因此对通过它的最大电流进行限定，这个限定的最大电流称为额定电流，用 I_N 表示。不同电气设备的额定电流是不同的。电动机、变压器等电气设备的额定电流通常标注在铭牌上，也可从产品目录中查得。

（2）额定电压（U_N）

电气设备的绝缘材料不是绝对不导电的，如果作用在绝缘材料上的电压过高，绝缘材料会被击穿导电。另外，当电气设备的电流给定后，电压增加会使设备的功率也增加，可能会造成设备过载。为此必须限制电气设备的电压，这个限定的电压，就是电气设备的额定电压，用 U_N 表示。如果电源电压高于用电器的额定电压，千万不可接入，否则将会把用电器烧坏；如果电源电压低于用电器的额定电压，用电器也不宜接入，因为电压低，用电器也不能正常工作。因此，在使用各种电气设备之前，必须看清用电器的额定电压是否与电源电压相同。

（3）额定功率（P_N）

在电阻性负载的电气设备中，额定电流与额定电压之积，称为电气设备的额定功率，用 P_N 表示，即 $P_N = U_N I_N$。

电气设备在额定功率下的工作状态称为额定工作状态，也称为满载；低于额定功率的工作状态称为轻载（欠载）；高于额定功率的工作状态称为过载（超载）。电气设备在额定状态下工作是最经济、合理、安全的。

【例1-3】 一只额定电压为 220 V，额定功率为 100 W 的白炽灯，当将白炽灯接入电压为 240 V 的电路中时，流过白炽灯的电流为 0.5 A，此时白炽灯的实际耗散功率为多少？白炽灯能否长期正常工作？

解： 当将此白炽灯接入 240 V 电压时，白炽灯的耗散功率为

$$P = UI = (240 \times 0.5) \text{W} = 120 \text{W}$$

由计算可知，白炽灯的耗散功率大于白炽灯的额定功率，白炽灯亮度增加。但由于白炽灯过载使用，不能长期正常工作，会大大缩短其使用寿命。

3. 电路的工作状态

（1）有载工作状态

如图 1-12a 所示，当开关闭合时，就会使负载与电源接通，形成闭合电路，电路便处于电源有载工作状态，此时电路的特征是有电流经过负载电阻。由全电路欧姆定律可知

电流大小 $I = \dfrac{U_S}{R_0 + R}$

电源端电压 $U = U_S - IR_0 = IR$

当电源电压、内电阻不变时，电流的大小取决于负载电阻的大小，R 越小，电流越大，反之，R 越大，则电流越小；电源的端电压会随着电流的增大而减小，当 $R_0 \ll R$ 时，则 $U \approx U_S$，说明当负载变化时，电源的两端电压变化不大，即带负载能力强。

注意：负载的大小是指负载取用的电流和功率。

电源输出的功率（负载取用的功率）也由负载决定，即 $P = UI = U_S I - I^2 R_0$。

电气设备的输出功率与输入功率的比值，称为电气设备的效率，用 η 表示，即

$$\eta = \frac{P_o}{P_i} \times 100\%$$

效率越高输入能量的利用率越高，可以减少因能量损耗而引起的设备发热，从而降低设备成本，因此，应该尽量提高电气设备的效率。

（2）空载工作状态

如图 1-12b 所示，当开关 S 打开时，就会使负载与电源断开，形成开路，电路便处于空载工作状态，即断路或者开路工作状态。此时电路的特征是

电流 $I = 0$

开路电压 $U = U_S$

负载功率 $P = 0$

实际电路在工作中，往往因为某个电器损坏而发生断路现象。当电路中某处断路时，断路处的电压等于电源电压。利用这一特点，可以帮助我们查找电路的开路故障点。

（3）短路工作状态

如图 1-12c 所示，当电源两端被直接用导线接通时，电源就被短路了。此时电路的特征是

短路电流 $I = \dfrac{U_S}{R_0}$

电源端电压 $U = 0$

负载功率 $P = 0$，电源产生的能量全被内电阻消耗掉，即 $P_S = \Delta P = I^2 R_0$

电路中的其他电器也有可能发生短路现象。当电路中某处短路时，短路处的电压等于零。

【例 1-4】 如图 1-12a 所示，已知 $U_S = 100\text{V}$，电源内阻 $R_0 = 0.2\,\Omega$、导线总电阻 $r_1 = 0.8\,\Omega$、负载电阻 $R = 9\,\Omega$，试求电路正常工作、负载电阻被短路及电源两端短路时电路中的电流。

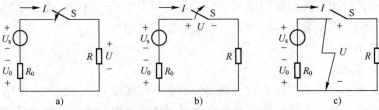

图 1-12　电路的状态

a）有载状态　b）空载状态　c）短路状态

解：1）电路正常工作时 $I=\dfrac{U_S}{R_0+r_1+R}=\dfrac{100}{0.2+0.8+9}A=10\ A$

2）负载电阻被短路时 $I=\dfrac{U_S}{R_0+r_1}=\dfrac{100}{0.2+0.8}A=100\ A$

3）电源两端短路时 $I=\dfrac{U_S}{R_0}=\dfrac{100}{0.2}A=500\ A$

由此可见，电源短路的电流很大，危险性最大，一般不允许出现这种情况。

1.1.5 电阻的串并联

电阻的连接有三种方式：串联、并联和混联。

1. 电阻的串联

如图1-13a所示，在电路中，把几个电阻元件一个接一个首尾依次连接起来，使电路中间没有分支，只有一条通路，这种连接方式叫作电阻的串联。

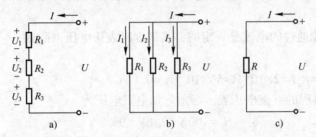

图1-13 电阻的串并联及其等效电路

a）电阻串联　b）电阻并联　c）等效电路

（1）电阻串联电路的特点

1）各电阻中流过同一电流。

2）电路中的总电压等于各电阻上电压之和，即

$$U=U_1+U_2+\cdots+U_n \tag{1-18}$$

3）电路中的总电阻等于各串联电阻之和，即

$$R=R_1+R_2+\cdots+R_n \tag{1-19}$$

4）电阻串联电路具有分压作用，即

$$\frac{U_1}{R_1}=\frac{U_2}{R_2}=\cdots=\frac{U_n}{R_n} \tag{1-20}$$

根据欧姆定律 $I=U/R$，$U_n=R_nI$，可求得每个电阻分得的电压为

$$U_1=\frac{R_1}{R}U,\ U_2=\frac{R_2}{R}U,\cdots,U_n=\frac{R_n}{R}U \tag{1-21}$$

上式表明：串联电路中，各分电阻上的电压与其阻值成正比，电阻越大分得的电压越大；反之，电阻越小分得的电压越小。两个电阻串联时的分压公式为

$$U_1=\frac{R_1}{R_1+R_2}U,\ U_2=\frac{R_2}{R_1+R_2}U \tag{1-22}$$

5）电路取用的总功率等于各电阻上消耗的功率之和，即

$$P = UI = U_1I_1 + U_2I_2 + \cdots + U_nI_n \tag{1-23}$$

（2）电阻串联电路的应用

电阻串联在电工技术中有着广泛的应用，主要应用于降压、限流、调节电流及电压等。如负载的额定电压低于电源电压时，可串联一个电阻以降低一部分电压；为限制负载中通过的电流，可在电路中串联一个电阻或电阻器，以达到调节电流的作用，如电动机在起动时，起动电流是额定电流的若干倍，会使电动机因过电流而损坏，为了限制起动电流，在电路中串联电阻，将起动电流限制在电动机能承受的范围内；在电压表中，表头的内阻很小，只能测量很小的电压，在表头上串联分压电阻来扩大电压表的量程，使其可以测量高电压；在电子电路中，每种电路一般只有一组电源电压（如 5 V）供电，但各种电子元器件所需的工作电压不同，可在电子元器件上串联分压限流电阻，来满足各种元器件对电压的要求。

【例1-5】如图1-14所示，用一个满偏电流为 $I = 50\,\mu A$，电阻 $R_g = 2\,k\Omega$ 表头制成 100 V 量程的直流电压表，应串联多大的附加电阻 R_f？

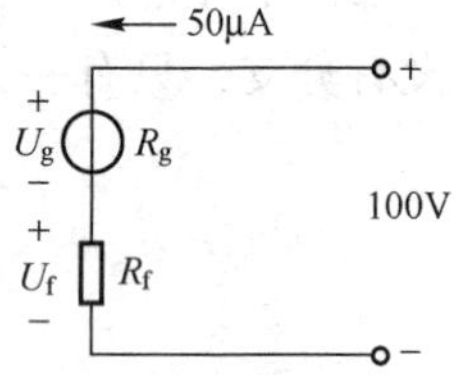

解： 由于表头能通过的电流是一定的，满刻度时表头电压由欧姆定律得

图1-14 例1-5

$$U_g = R_g I = 2 \times 10^3\,\Omega \times 50 \times 10^{-6}\,A = 0.1\,V$$

要制成 100 V 量程的直流电压表，必须附加电阻电压为

$$U_f = 100\,V - 0.1\,V = 99.9\,V$$

则 $R_f = \dfrac{U_f}{I} = \dfrac{99.9}{50 \times 10^{-6}}\,k\Omega = 1998\,k\Omega$

或者根据分压公式有

$$\frac{R_f}{2 + R_f} = \frac{99.9}{100}$$

解得 $R_f = 1998\,k\Omega$

2. 电阻的并联

如图1-13b所示，将多个电阻的首、尾各自相接，使电流有多条通路，这种连接方式叫作电阻的并联。

（1）电阻并联电路的特点

1）各电阻上加的是同一电压。

2）电路中的总电流等于各电阻中电流之和，即

$$I = I_1 + I_2 + \cdots + I_n \tag{1-24}$$

3）电路中的总电阻的倒数等于各电阻倒数之和，即

$$\frac{1}{R} = \frac{1}{R_1} + \frac{1}{R_2} + \cdots + \frac{1}{R_n} \tag{1-25}$$

当只有两个电阻并联时，其等效总阻值为

$$R = \frac{R_1 R_2}{R_1 + R_2} \tag{1-26}$$

4）电阻并联电路具有分流作用，即

$$I_1 = \frac{R}{R_1}I, I_2 = \frac{R}{R_2}I, \cdots, I_n = \frac{R}{R_n}I \qquad (1-27)$$

上式表明：电阻并联电路，各分电阻上的电流与其阻值成反比。两个电阻并联时的分流公式为

$$I_1 = \frac{R_2}{R_1+R_2}I, I_2 = \frac{R_1}{R_1+R_2}I \qquad (1-28)$$

5）电路取用的总功率等于各电阻上消耗的功率之和，即

$$P = UI = U_1I_1 + U_2I_2 + \cdots + U_nI_n \qquad (1-29)$$

（2）电阻并联电路的应用

电阻并联在电工技术中有着广泛的应用，主要应用于分流、调节电流等。如在电流测量中，电流表头只能测量小电流，通过在表头上并联分流电阻来扩大量程，可实现测量大电流；在电力系统中，广泛采用负载（电灯、电炉、电动机等）并联的运行方式，这是因为负载并联运行时，各负载取用的功率只由负载本身的电阻来决定，各负载的使用互不影响；在家庭用电中，各种家用电器（电冰箱、洗衣机、电视机等）并联，采用同一电压供电，方便使用。

【例1-6】有三盏电灯，分别为 110 V、100 W，110 V、60 W，110 V、40 W，并联接在110 V 电源上，试求 $P_\text{总}$ 和 $I_\text{总}$ 以及通过各灯的电流、等效电阻和各灯的电阻。

解：1）电路中消耗的总功率等于每个电阻消耗的功率之和

$$P_\text{总} = P_1 + P_2 + P_3 = (100+60+40)\text{W} = 200\text{ W}$$

则 $I_\text{总} = \dfrac{P_\text{总}}{U} = \dfrac{200}{110}\text{A} = 1.82\text{ A}$

2）3 盏电灯都工作在额定电压下，根据功率公式

$$I_1 = \frac{100}{110}\text{A} = 0.91\text{ A}, I_2 = \frac{60}{110}\text{A} = 0.55\text{ A}, I_3 = \frac{40}{110}\text{A} = 0.36\text{ A}$$

则等效电阻 $R = \dfrac{U^2}{P_\text{总}} = \dfrac{110^2}{200}\Omega = 60.5\ \Omega$ 或 $R = \dfrac{U}{I} = \dfrac{110}{1.82}\text{A} = 60.5\ \Omega$

3）根据功率公式，各灯的电阻

$$R_1 = \frac{U^2}{P_1} = \frac{110^2}{100}\Omega = 121\ \Omega, R_2 = \frac{U^2}{P_2} = \frac{110^2}{60}\Omega = 202\ \Omega, R_3 = \frac{U^2}{P_3} = \frac{110^2}{40}\Omega = 303\ \Omega$$

3. 电阻的混联

实际电路中，既有电阻的串联，又有电阻的并联，即电阻的混联。对于混联电路的计算，只要按照串并联的计算方法，把电路逐步简化，求出总的等效电阻后便可根据要求进行电路计算。

混联电路计算的一般步骤为：

1）首先对电路进行等效变换，即把不容易看清串、并联关系的电路，整理、简化成容易看清串、并联关系的电路；

2）先计算各电阻串联和并联的等效电阻，再计算电路总的等效电阻；

3）由电路的总等效电阻和电路的端电压计算电路的总电流；

4）根据电阻串联的分压公式和电阻并联的分流公式，逐步推算出各部分的电压和电流。

1.1.6 电容器

两个彼此靠近又相互绝缘的金属导体，就构成了电容器。两个金属导体称为电容器的极板，中间的物质叫作绝缘介质。按介质不同，有纸介、瓷介、玻璃釉、云母、涤纶、电解电容器等；按结构不同，可分为固定电容器、半可变电容器、可变电容器等；按有无极性分，分为有极性和无极性两种。电解电容器为有极性元件，短脚（或有"−"标记一侧）为负极、长脚为正极，接入电路时，正、负极不得接反。如图 1-15 所示为几种常见的电容器。

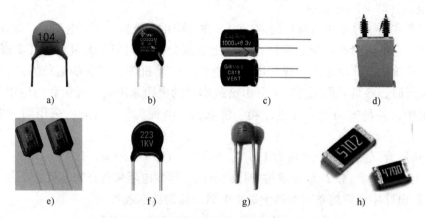

图 1-15　几种常见电容器

a）瓷片电容　b）陶瓷电容　c）电解电容　d）电力电容
e）聚酯电容　f）独石电容　g）钽电容　h）贴片电容

电容元件也称为电容，是这些实际电容器的理想化模型，用字母 C 表示，其电路符号如图 1-16 所示。

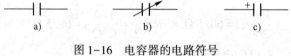

图 1-16　电容器的电路符号
a）固定电容　b）可变电容　c）电解电容

1. 电容器的电容量

电容器的电容量简称电容，用字母 C 表示，其大小等于电容器所带的电荷量与其两极板间电压的比值，即

$$C = \frac{Q}{U} \tag{1-30}$$

式中，C 为电容，单位为 F（法）；Q 为电容器的电荷量，单位为 C（库）；U 为电容器的极板间电压，单位为 V（伏）。

电容的单位为 F，工程上常用的单位有 μF（微法）、pF（皮法），它们之间的换算关系为

$$1\,F = 10^{6}\,\mu F = 10^{12}\,pF$$

C 既表示电容元件，又表示电容元件的电容量。

电容量的大小与电容器的形状、尺寸、电介质有关，如平行板电容器的电容跟它的介电常数和两极板正对面积成正比，跟极板的距离成反比，即

$$C = \varepsilon \frac{S}{d} \tag{1-31}$$

式中，ε 为电介质的介电常数（F/m）；S 为两极板正对的面积（m^2）；d 为两极板间的距离（m）；则电容 C 的单位为 F。电介质的介电常数，由介质的性质决定。

注意：不只是电容器中才有电容，实际上任何两导体之间都存在电容，称为分布电容。如两根传输导线之间，每根传输线与大地之间，都被空气介质隔开，故都存在分布电容。一般情况下，分布电容值很小，其作用可忽略，但如果传输线很长或所传输的信号频率很高时，就必须考虑分布电容的作用；另外，在电子仪器中，导线和仪器的金属外壳之间也存在分布电容，虽然它的数值很小，但有时候却会给传输电路或仪器设备的正常工作带来干扰。

2. 电容器的充放电特性

将电容器与电源连接，两个极板上就聚集起等量异号的电荷，两极板间就建立了电场并储存电场能量。因此，电容器是一种能够储存电场能量的器件。

使电容器带电的过程叫作充电。如图 1-17 所示的电路中，当开关 S 扳向 1 时，电源（其内阻忽略）向电容器充电，灯开始时较亮，然后逐渐变暗，最后不亮，说明充电电流在变化。这是由于开关 S 刚闭合的一瞬间，电容器的极板和电源之间存在着较大的电压，所以开始充电电流较大，随着电容器极板上电荷的积聚，两者之间的电压逐渐减小，电流也就越来越小，当两者之间不存在电压时，电流为零，即充电结束。此时电容器两端的电压 $U_C = U_S$，电容器两个极板上储存的等量异种电荷 $Q = CU_S$，充了电的电容器两极板之间有电场。电场具有能量，此能量是从电源吸取过来而储存在电容器中的。所以电容器是储能元件，整个充电过程储存的能量为

$$W_C = \int_0^{U_C} Cu_C \mathrm{d}u_C = \frac{1}{2} CU_C^2 \tag{1-32}$$

充电后的电容器失去电荷的过程叫作放电。如图 1-17 所示，在电容器充电结束后，把开关 S 扳向 2，电容器便开始放电。开始灯较亮，然后逐渐变暗，最后不亮，说明电容器放电结束。这是由于刚开始电容器两极板间的电压较大，两极上的电荷互相中和而产生的电流较大，随着正、负电荷的不断中和，两极板间的电压越来越小，电流也就越来越小，正、负电荷全部中和时，电路中的电流为零，放电就结束了。放电后，两极板之间不再存在电场。

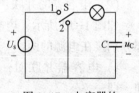

图 1-17　电容器的充放电电路

值得注意的是，电路中的电流是由于电容器的充放电所形成的，并非电荷直接通过电容器中的介质。

通过对电容器充放电过程的分析，可知：当电容器极板上所储存的电荷发生变化时，电路中就有电流流过；若电容器极板上所储存的电荷恒定不变，则电路中就没有电流流过，所以，电容器的充放电电流为 $i = \dfrac{\mathrm{d}q}{\mathrm{d}t}$，因为 $q = Cu_C$，则 $\mathrm{d}q = C\mathrm{d}u_C$，所以有

$$i=\frac{\mathrm{d}q}{\mathrm{d}t}=C\frac{\mathrm{d}u_\mathrm{C}}{\mathrm{d}t} \tag{1-33}$$

利用电容器充电、放电和隔离直流、导通交流的特性，在电路中用于隔离直流、耦合交流、旁路交流、滤波、定时和组成振荡电路等。

3. 电容器的连接

（1）电容器的串联

如图 1-18 所示，电容器的串联就是把几个电容器的极板首尾顺次连接在电源上。电容器的串联具有如下特点：

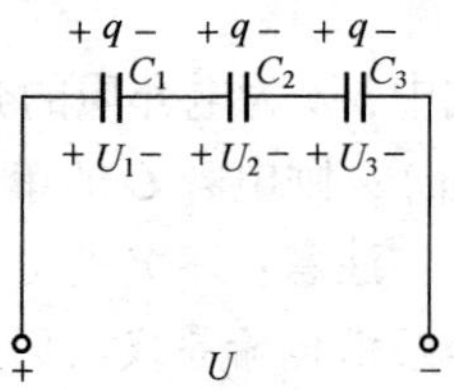

1）电容器串联时，各电容极板上所带电荷量相等，即

$$Q=Q_1=Q_2=\cdots=Q_n \tag{1-34}$$

图 1-18 电容器的
串联电路

2）电容器串联时，总电容 C 的倒数等于各电容的倒数和，即

$$\frac{1}{C}=\frac{1}{C_1}+\frac{1}{C_2}+\cdots+\frac{1}{C_n} \tag{1-35}$$

当有两个电容器串联时，总电容为

$$C=\frac{C_1C_2}{C_1+C_2} \tag{1-36}$$

3）电容器串联时，电容器的电压之和等于总电压，即

$$U_1+U_2+\cdots+U_n=U \tag{1-37}$$

各电容极板间电压与总电压的关系为

$$U_1=\frac{C}{C_1}U,U_2=\frac{C}{C_2}U,\cdots,U_n=\frac{C}{C_n}U \tag{1-38}$$

式（1-38）称为电容串联电路的分压公式。由公式可知，各电容器分得的电压与电容器的电容量成反比，即电容量越小，分得的电压越大；电容量越大，分得的电压越小。一般选电容量相等、耐压也相等的电容器串联，则每只电容器所承受的电压是外加电压的 $1/n$，而每只电容器的电容应为所需的电容的 n 倍。

（2）电容器的并联

如图 1-19 所示，电容器的并联就是把每个电容器的两极板都分别接在电源的两端。电容器的并联具有如下特点：

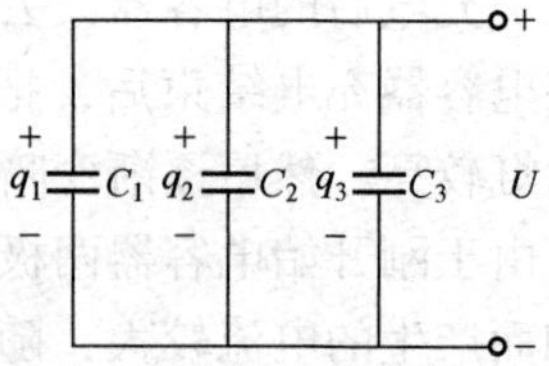

1）电容器并联时，总电荷量等于各并联电容的电荷量之和，即

$$Q=Q_1+Q_2+\cdots+Q_n \tag{1-39}$$

图 1-19 电容器的并联电路

2）电容器并联时，总电容 C 等于各并联电容的电容量之和，即

$$C=C_1+C_2+\cdots+C_n \tag{1-40}$$

3）电容器并联时，总电压等于每个电容器上的电压，即

$$U=U_1=U_2=\cdots=U_n \tag{1-41}$$

电容器并联之后，相当于增大了两极板的面积，因此，总电容大于每个电容器的电容。当电路所需较大电容时，可以选用几个电容并联。根据实际需要，也可将电容进行串并混联。

4. 电容器的主要参数

电容器的主要参数有电容值、允许误差、额定电压等。

（1）电容器的额定电压

通常指直流工作电压，使用时不能超过这个值，否则电容器容易被击穿，如果在交流电路中使用，应使交流电压的最大值不能超过电容器的额定电压。常用固定式电容的直流工作电压系列有：6.3 V、10 V、16 V、25 V、40 V、63 V、100 V、160 V、250 V、400 V。

（2）电容器的标称容量和允许误差

电容器上标明的电容值，国产电容器的标称电容量后面这些数值或这些数值再乘以 10^n（n 为正整数或负整数）：10、11、12、13、15、16、18、20、22、24、27、30、33、36、39、43、47、51、56、62、68、75、82、90，单位为 pF。

电容器的标称容量与实际容量的差值需要限定在允许的误差范围之内。无极性电容的允许误差按精度分为 00 级（±1%）、0 级（±2%）、I 级（±5%）、II 级（±10%）和 III 级（±20%）等几个级别；极性电容的允许误差范围一般较大，如铝电解电容的允许误差范围是 −20%~100%。

5. 电容器的检测

测量电容器的电容量要用电容表，有的万用表也带电容档。在通常情况下，电容用作滤波或隔直，电路中对电容量的精确度要求不高，故无须测量实际电容量。电容的一般检测方法如下。

（1）测试漏电阻（适用于 0.1 μF 以上容量的电容）

用万用表的电阻档（$R\times100$ 或者 $R\times1$ k），将表笔接触电容器的两引线。刚接触时，由于电容充电电流大，表头指针偏转角度最大，随着充电电流减小，指针逐渐向 $R=\infty$ 方向返回，最后稳定处即漏电电阻值。一般电容器的漏电电阻为几百至几千兆欧，漏电电阻相对小的电容质量不好。测量时，若表头指针指到或接近欧姆零点，表明电容器内部短路。若指针不动，始终指在 $R=\infty$ 处，则意味着电容器内部断路或已失效。对于电容量在 0.1 μF 以下的小电容，由于漏电阻接近 ∞，难以分辨，故不能用此方法测量漏电阻或判断好坏。

（2）电解电容的极性检测

电解电容的正、负极性不允许接错，当极性接反时，可能因电解液的反向极化，引起电解电容器的爆裂。当极性标记无法辨认时，可根据正向连接时漏电电阻大、反向连接时漏电电阻相对小的特点判断极性。交换表笔前后两次测量漏电电阻，阻值大的一次，黑表笔接触的是正极。但用这种办法有时并不能明显地区分正、反向电阻，所以使用电解电容时，要注意保护极性标记。

1.1.7 技能训练——万用表的使用方法（数字式万用表与指针式万用表）

1. 实验目的

1）学习万用表的面板结构和用途。

2）掌握使用万用表测量电阻、电压、电流的基本方法和操作技能。

2. 实验器材

通用电学实验台、万用表（指针式 MF47、数字式 MY60）及配套表笔、直流电路实验板、导线。

3. 实验内容与步骤

（1）认识万用表

万用表是一种多功能、多量程的测量仪表。一般万用表可测量电阻、直流电流、直流电压、交流电流、交流电压等，有的还可以测量电容量、电感量及半导体的一些参数（如晶体管的放大倍数）等。万用表可分为指针式万用表和数字式万用表，还有一种带示波器功能的示波万用表。

1）万用表面板结构说明。

指针式万用表及数字式万用表的面板结构说明分别如图1-20和图1-21所示。

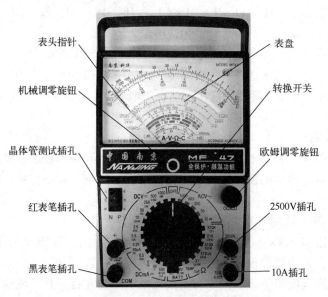

图1-20　MF47指针式万用表面板结构

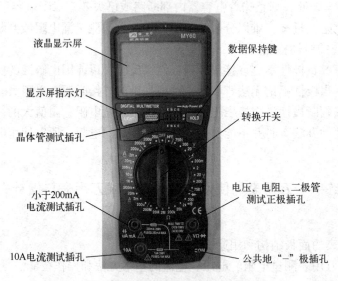

图1-21　数字式万用表面板结构

2）万用表使用方法说明（仅以MF47指针式万用表为例，数字式万用表的使用方法与之类似）。

① 机械调零（数字式万用表无需机械调零）：使用万用表之前，首先要检查表头指针是否指在表盘最左侧的机械零位上，如未指在零位上，调节机械调零旋钮，使表头指针置于零位上。

② 正确插入红黑表笔：测量小于最大量程的交、直流电压和直流电流时，应将红、黑表笔分别插入"+""–"插孔中；测量交直流 2500 V 或直流 10 A 时，红表笔则应分别插到标有 2500 V 或 10 A 的插孔中。

③ 正确选择测量功能、量程及读数。

测量电阻：将转换开关旋至所需电阻档，先进行"欧姆调零"（即红黑表笔短接，调节零欧姆调零旋钮，使指针对准于欧姆"0"位上，且每换一次档位都要进行一次"欧姆调零"），然后将红黑表笔跨接在被测电阻两端进行测量，读出指针在"Ω"刻度线上的读数，再乘以该档位的倍乘，就是所测电阻的阻值。例如用 $R×100$ 档测量电阻，指针指在 6，则所测得的电阻值为 $6×100=600\,\Omega$。由于"Ω"刻度线左侧区域读数比较密，难于看准，读数相对误差较大，所以测量时应选择合适的欧姆档，使表头指针指在刻度线的中间或偏右侧区域，这样读数比较清楚、准确。

测量直流电流：测量 0.05~500 mA 时，先估算被测电流的大小，然后将转换开关旋至所需电流档；测量 5 A 电流时，将红表笔插入标有 5 A 的插孔，将转换开关旋至直流电流最大量程 500 mA 上，然后将红、黑表笔分别串接在被测电流的"+"端和"–"端上。读数时，读取指针在直流电流"mA"刻度线（第二条刻线）上的示数，该刻度线下共有满偏刻度 250、50 和 10 三组刻度，当所选量程为这几个满偏刻度（如 50 mA）时，可直接按相应刻度读取指针示数；当所选量程不是这几个满偏刻度时，被测电流应为按某满偏刻度读取的指针示数乘以所选量程大小与该满偏刻度的比值。如所选量程为直流 5 mA 时，按满偏刻度 50 mA 读数的指针示数为 10，则所测电流为 $10×\dfrac{5}{50}\text{mA}=1\,\text{mA}$。

测量交直流电压：测量直流电压 0.25~1000 V 时，将转换开关旋至所需电压档；测量直流电压 2500 V 时，将红表笔插入标有 2500 V 的插孔，转换开关应旋至最大量程 1000 V 位置上，然后将红、黑表笔分别并接在被测电压的"+"端和"–"端上。测量交流电压的方法与测量直流电压的方法相似，不同的是交流电没有正、负，所以红、黑表笔不用分正、负。读数时，读取指针在"V"刻度线（也是第二条刻度线）上的示数，具体方法与上述直流电流的读法一样。

以上仅介绍了使用万用表测量电阻、电流及电压的方法，其他测量功能的使用读者可参照产品说明书自行学习。

3）注意事项。

① 测量高压或大电流时，应将表笔脱离电路再变换量程，避免烧坏转换开关。

② 当被测电压或电流未知时，转换开关应先置于最大量程处，待第一次读取数值后，方可逐渐旋至适当位置以取得较准读数并避免烧毁电路及仪表。

③ 使用指针式万用表测直流电压和电流时，如不能确定待测电压或电流的方向，要先进行试触，以防指针反偏、损坏。

④ 测量高压时要站在干燥绝缘板上，并单手操作，防止意外事故。

⑤ 测量结束后，转换开关应置交流电压最大档位或 OFF 处，并从测量插孔中取下表笔。

⑥ 电池应定期检查、更换，以保证测量精度。如长期不用，应取出电池，以防止电液溢出腐蚀而损坏其他零件。

⑦ 仪表应保存在室温 0～40℃，相对湿度不超过 85%，并不含有腐蚀性气体的场所。

（2）使用万用表测量电阻、电压、电流

1）测量电阻。测量表 1-3 中给定电阻的阻值，正确读取数据，计算并记录结果。

表 1-3　电阻测量数据

标称值	5.1/Ω	47/Ω	680/Ω	1.1/kΩ
测量值				

2）测量交直流电压。测量实验台上三相交流电源输出端的线电压 U_{VW} 和相电压 U_{UN}；测量实验台上直流稳压电源的输出电压。填入表 1-4 中。

表 1-4　交直流电压测量数据

给定电压	U_{VW}	U_{UN}	5/V	−12/V
测量电压				

3）测量直流电流。按表 1-5 要求测量图 1-22 所示电路中的电流，正确读取数据，计算并记录结果。

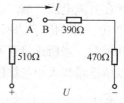

表 1-5　交直流电流测量数据

给定电压 U/V	5	12	−15
测量电流 I/mA			

图 1-22　直流电流测量

4. 思考题

1）使用万用表时应注意哪些问题？

2）使用指针式万用表测量时指针反偏怎么办？

3）测电阻时手能否同时碰及黑、红表笔？为什么？如何读取电阻数值？

5. 完成实验报告

1.1.8　知识训练

1. 单项选择题

（1）在电路的基本组成中，用于把其他形式的能转换为电能的是（　　）。

A. 负载　　　　　B. 电源　　　　　C. 连接导线　　　　　D. 控制装置

（2）在电路的基本组成中，用于把电能转换成其他形式能量的是（　　）。

A. 负载　　　　　B. 电源　　　　　C. 连接导线　　　　　D. 控制装置

（3）电源是提供（　　）的装置。

A. 电路　　　　　B. 电能　　　　　C. 支路　　　　　D. 机械能

(4) 电荷的基本单位是 (　　)。

A. 安秒　　　　　　B. 安培　　　　　　C. 库仑　　　　　　D. 千克

(5) R_1 和 R_2 是两个并联的电阻, 已知 $R_1 = 4R_2$, 若 R_1 上消耗的功率为 1 W, 则 R_2 上消耗的功率为 (　　)。

A. 5 W　　　　　　B. 20 W　　　　　　C. 0.25 W　　　　　D. 4 W

(6) R_1 和 R_2 是两个串联的电阻, 已知 $R_1 : R_2 = 1 : 2$, 若 R_2 上消耗的功率为 1 W, 则 R_1 上消耗的功率为 (　　)。

A. 2 W　　　　　　B. 0.5 W　　　　　C. 1 W　　　　　　D. 4 W

(7) 在电路中, 流经负载上的电流是由 (　　)。

A. 低电位至低电位　　　　　　　　　　　B. 低电位至高电位

C. 高电位至高电位　　　　　　　　　　　D. 高电位至低电位

(8) 已知空间 a、b 两点间的电压 $U_{ab} = 10 \text{ V}$, $V_a = 4 \text{ V}$, 则 b 点电位 V_b 为 (　　)。

A. 6 V　　　　　　B. −6 V　　　　　　C. 10 V　　　　　　D. 14 V

(9) 有一个单闭合的电路, 电源电压 $U_S = 12 \text{ V}$, 电源内阻 $R_0 = 1 \text{ Ω}$, 负载电阻 $R_L = 119 \text{ Ω}$, 电路中的电流 I 是 (　　)。

A. 0.1 A　　　　　B. 0.2 A　　　　　　C. 0.4 A　　　　　　D. 0.5 A

(10) 电气设备在额定功率下的工作状态称为额定工作状态, 也称为 (　　)。

A. 轻载　　　　　　B. 过载　　　　　　C. 满载　　　　　　D. 空载

(11) 两只额定电压相同的电阻串联接在电路中, 其阻值较大的电阻发热 (　　)。

A. 相同　　　　　　B. 较大　　　　　　C. 较小　　　　　　D. 为零

(12) 串联电阻具有 (　　)。

A. 分流作用　　　　B. 分压作用　　　　C. 分频作用　　　　D. 分开作用

(13) 并联电阻具有 (　　)。

A. 分开作用　　　　B. 分压作用　　　　C. 分频作用　　　　D. 分流作用

(14) 串联电路中, 某电阻的阻值越大, 其分得的电压 (　　)。

A. 越大　　　　　　　　　　　　　　　　B. 与其他电阻的电压一样大

C. 越小　　　　　　　　　　　　　　　　D. 很难确定

(15) 欲将电流表改装成电压表, 则应 (　　)。

A. 并联分压电阻　　　　　　　　　　　　B. 串联分流电阻

C. 并联分流电阻　　　　　　　　　　　　D. 串联分压电阻

(16) 两个阻值均为 R 的电阻串联, 其等效电阻是 (　　)。

A. $2R$　　　　　　B. R　　　　　　　C. $0.5R$　　　　　　D. 以上均不是

(17) 用万用表测量电流时需要将两个表笔 (　　) 在待测电路中。

A. 串联　　　　　　B. 并联　　　　　　C. 串、并联都可以　　D. 以上均不是

(18) 串联电路中, 电压的分配与电阻成 (　　)。

A. 正比　　　　　　B. 反比　　　　　　C. 1 : 1　　　　　　D. 2 : 1

(19) 并联电路中, 电流的分配与电阻成 (　　)。

A. 正比　　　　　　B. 反比　　　　　　C. 1 : 1　　　　　　D. 2 : 1

(20) 串联电路具有的特点是 (　　)。

A. 串联电路中各电阻两端电压相等

B. 各电阻上分配的电压与各自电阻的阻值成反比

C. 各电阻上消耗的功率之和等于电路所消耗的总功率

D. 流过每一个电阻的电流不相等

(21) 两个阻值均为 R 的电阻并联，其等效电阻是（　　）。

A. $2R$　　　　　　B. R　　　　　　C. $0.5R$　　　　　　D. 以上均不是

(22) 在供电系统中，各种负载（电炉、白炽灯、电动机等）都是（　　）在电网上的。

A. 串联　　　　　　B. 并联　　　　　　C. 串、并联都可以　　　　D. 以上均不是

(23) 两个电容为 C 的电容器并联后的总电容为（　　）。

A. $2C$　　　　　　B. C　　　　　　C. $0.5C$　　　　　　D. 以上均不是

(24) 一个由电阻、电容和直流电源串联组成的电路，当电路达到稳定状态时，电路的电流为（　　）。

A. ∞　　　　　　B. 0　　　　　　C. U_s/R　　　　　　D. 不确定

(25) 两个电容为 C 的电容器串联后的总电容为（　　）。

A. $2C$　　　　　　B. C　　　　　　C. $0.5C$　　　　　　D. 以上均不是

(26) 电容器并联电路的特点是（　　）。

A. 并联电路的等效电容量等于各个电容器的容量之和

B. 每个电容两端的电流相等

C. 并联电路的总电量等于最大电容器的电量

D. 电容器上的电压与电容量成正比

(27) 用电流表测量电流时一定（　　）联在待测电路中，用电压表测量电压时一定（　　）联在待测电路中。

A. 并、并　　　　　B. 串、串　　　　　C. 并、串　　　　　D. 串、并

(28) 用万用表测量电压时需要将两个表笔（　　）在待测电路中。

A. 串联　　　　　　B. 并联　　　　　　C. 串、并联都可以　　　　D. 以上均不是

2. 多项选择题

(1) 电路的基本组成是（　　）。

A. 电源　　　　　　B. 负载　　　　　　C. 连接导线　　　　　D. 控制装置

(2) 电阻的单位有（　　）。

A. R　　　　　　　B. Ω　　　　　　C. $k\Omega$　　　　　　D. $M\Omega$

(3) 电流的单位有（　　）。

A. A　　　　　　　B. mA　　　　　　　C. V　　　　　　　D. μA

(4) 电压的单位有（　　）。

A. V　　　　　　　B. MV　　　　　　　C. A　　　　　　　D. kV

(5) 下列（　　）是电流热效应的应用。

A. 熔断器　　　　　B. 电烙铁　　　　　C. 微波炉　　　　　D. 电视机

(6) 电气设备的额定值通常指的是（　　）。

A. 电阻　　　　　　B. 额定电压　　　　C. 额定电流　　　　D. 额定功率

（7）电容量的单位有（　　　）。

A. F　　　　　　　　B. Ω　　　　　　　　C. μF　　　　　　　　D. PF

（8）用万用表诊断元器件是否短路的方法是（　　　）。

A. 将万用表旋钮调到 Ω 区域测量电阻

B. 将万用表调到 V 区域测量电流

C. 元器件电阻为零

D. 电流读数为零

（9）用万用表测量电流的步骤包括（　　　）。

A. 将万用表旋钮调到电流的区域　　　　B. 确定量程

C. 测电阻　　　　　　　　　　　　　　D. 表笔串联到待测电路中

（10）用万用表测量电压的步骤包括（　　　）。

A. 将万用表旋钮调到电压的区域　　　　B. 确定量程

C. 测电阻　　　　　　　　　　　　　　D. 表笔并联到待测电路中

（11）用万用表测量电阻的步骤包括（　　　）。

A. 将万用表旋钮调到 Ω 区域　　　　　B. 确定量程

C. 将电阻接于两个表笔之间　　　　　　D. 读数

3. 判断题

（　　）（1）电荷的定向移动形成电流。

（　　）（2）电流总是从高电位指向低电位。

（　　）（3）电路中两点间电压随参考点变化而变化。

（　　）（4）两点间电位的高低，是指该点对参考点间的电流大小。

（　　）（5）大小和方向均不随时间变化的电压和电流称为直流电。

（　　）（6）电路中某点的电位，是指该点对参考点间的电压大小。

（　　）（7）如果把一个 24 V 的电源正极接地，则负极的电位是−24 V。

（　　）（8）电路中两点 A、B 的电位分别是 $V_A = 10\ V$，$V_B = -5\ V$，则电压 $U_{AB} = 15\ V$。

（　　）（9）电路处于开路状态时，电路中既没有电流，也没有电压。

（　　）（10）电阻元件是储能元件，电感和电容是耗能元件。

（　　）（11）电气设备在额定功率下的工作状态称为额定工作状态，也称为满载。

（　　）（12）开路也称为断路，开路电流为零，开路电压等于电源电压。

（　　）（13）电流表扩大量程应在表头上并联电阻。

（　　）（14）电阻串联时，各电阻上消耗的功率与其电阻的阻值成反比。

（　　）（15）电阻并联时，各电阻上消耗的功率与其电阻的阻值成反比。

（　　）（16）通过电阻上的电流增大到原来的 2 倍时，它所消耗的电功率也增大到原来的 2 倍。

（　　）（17）若干电阻串联时，其中阻值越小的电阻，通过的电流也越小。

（　　）（18）电阻并联时的等效电阻值比其中最小的电阻值还要小。

（　　）（19）电压表扩大量程在表头上串联电阻。

（　　）（20）电容并联时总容量增加。

（　　）（21）两个电容为 C 的电容器串联后的总电容为 $2C$。

（　　）（22）电容 C 是由电容器的电压大小决定的。

（　　）（23）电解电容是有极性器件，两引脚极性为长正短负，使用时不能接反。

（　　）（24）用万用表测量电压需要将两表笔并联在待测电路两端。

（　　）（25）用万用表测量电流需要将两表笔并联在待测电路两端。

4. 分析与简答题

（1）请说明一般电路的基本组成及各部分的作用。

（2）请说明电路的工作状态有哪几种。

（3）请说明家用电器在安装时都采用何种连接（串联或并联），为什么？

（4）简要描述使用万用表测量电流的步骤。

5. 计算题

（1）如图 1-23 所示，当开关 S 闭合时，求电路中 a、b 两点的电位 V_a、V_b，ab 两点之间的电压 U_{ab}、3 kΩ 电阻上的功率 P。

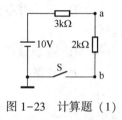

图 1-23　计算题（1）

（2）如图 1-24 所示，当开关 S 闭合时，求电路中 a、b 两点的电位 V_a、V_b，ab 两点之间的电压 U_{ab}。

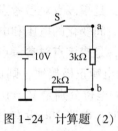

图 1-24　计算题（2）

任务 1.2　复杂直流电路的分析与测量

任务描述

通过本任务的学习，使读者了解电压源与电流源的基本概念，了解复杂电路与简单电路的区别；掌握基尔霍夫定律、支路电流法等电路分析方法并能够应用其进行电路的分析和计算。本任务是后续内容学习的基础，基尔霍夫定律和支路电流法对后续的交流电路、电子电路等电路的分析和计算依然适用，并且在工程实际中有着广泛的应用。

1.2.1　电压源与电流源及其等效变换

把其他形式的能量转换成电能的装置称为有源元件，有源元件经常可以采用两种模型表示，即电压源模型和电流源模型。

1. 电压源

一个实际的电源含有电动势和内阻，当电源工作时，端电压会随着输出电流的变化而变化，为了便于分析，用一个电压源模型进行等效，如图 1-25a 所示。图中 U_S 为电压源的电动势，R_0 为电压源的内阻，U 为电压源的开路电压。

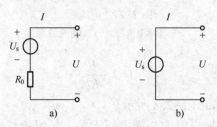

图 1-25 电压源

a）实际电压源 b）理想电压源

在输出电流相同的情况下，电压源的内阻 R_0 越大，端电压越低；在输出电流相同的情况下，R_0 越小，端电压越高。

$$U = U_S - IR_0 \tag{1-42}$$

实际电压源的伏安特性如图 1-26a 所示。

如果 $R_0 = 0$，端电压 $U = U_S$，与输出电流无关，称为理想电压源或恒压源，其电路模型符号如图 1-25b 所示。实际电源是否可以看作理想电源，由电源的内电阻 R_0 和电源的负载 R_L 相比较而定，当 $R_L \gg R_0$ 时可将电源视为理想电压源。

理想电压源具有如下几个性质：

1）理想电压源的端电压是 U_S，与输出电流无关。

2）理想电压源的输出电流和输出功率取决于与它连接的外电路。

理想直流电压源伏安特性曲线如图 1-26b 所示，它是一条平行于横轴的直线，表明其端电压与电流的大小及方向无关。

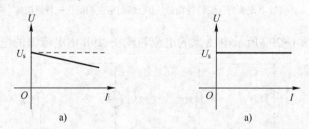

图 1-26 电压源的伏安特性

a）实际电压源的伏安特性曲线 b）理想电压源的伏安特性曲线

2. 电流源

一个实际电源除了用电压源模型等效之外，还可以用电流源模型来等效，如图 1-27a 所示，图中 I_S 为电流源的电流，R_S 为电流源的内阻，U 为电流源的开路电压。

电流源的内阻 R_S 越大，I_S 在 R_S 上的分流越小，输出电流 I 越接近 I_S。

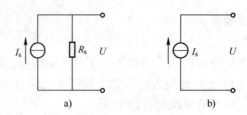

图 1-27　电流源

a) 实际电流源　b) 理想电流源

$$I = I_\text{S} - \frac{U}{R_\text{S}} \tag{1-43}$$

实际电压源的伏安特性如图 1-28a 所示。

当 $R_\text{S} \to \infty$ 时，$I = I_\text{S}$，即输出电流与端电压无关，呈恒流特性，称为理想电流源或恒流源，其模型符号如图 1-27b 所示。在实际电源中，当电源的内阻 $R_\text{S} \gg R_\text{L}$ 时，可将其视为理想电流源。

理想电流源具有如下几个性质：

1) 理想电流源的输出电流是 I_S，不会因为所连接的外电路的不同而改变，与理想电流源的端电压无关。

2) 理想电流源的端电压和输出功率取决于它所连接的外电路。

其伏安特性曲线如图 1-28b 所示，它是一条平行于纵轴的直线，表明其输出电流与端电压的大小无关。

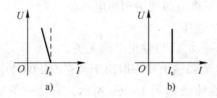

图 1-28　电流源的伏安特性

a) 实际电流源的伏安特性曲线　b) 理想电流源的伏安特性曲线

【例 1-7】 试求图 1-29a 所示电压源的电流与图 1-29b 中电流源的电压。

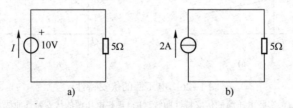

图 1-29　例 1-7

解： 图 1-29a 中流过电压源的电流也是流过 5Ω 电阻的电流，所以流过电压源的电流为

$$I_\text{S} = \frac{U_\text{S}}{R_0} = \frac{10\,\text{V}}{5\,\Omega} = 2\,\text{A}$$

图 1-29b 中电流源两端的电压也是加在 5Ω 电阻两端的电压，所以电流源的电压为

$$U_\text{S} = I_\text{S} R_\text{S} = 2 \times 5\,\text{V} = 10\,\text{V}$$

3. 电压源与电流源的等效变换

由于电压源和电流源均为实际电源的等效电路模型，故两者在外特性上可以等效变换，下面分析等效变换的条件。

比较式（1-42）和式（1-43），如果两电源模型的端口电压 U 和电流 I 都相等，则这两种电源模型即可等效。根据这一等效条件，有

$$\frac{U_S}{R_0} - \frac{U}{R_0} = I_S - \frac{U}{R_S}$$

$$U_S = I_S R_0 \qquad\qquad\qquad (1-44)$$

$$R_0 = R_S \qquad\qquad\qquad (1-45)$$

只要满足式（1-44）和式（1-45）的等效条件，电压源和电流源就可以等效变换。

需要说明的是，在应用式（1-44）和式（1-45）进行等效变换时应注意：

1）两种电源模型的等效变换是对外特性而言，对电源的内部是不等效的。因为电压源在开路时内阻消耗为零，而电流源开路时内阻消耗最大。

2）理想电压源和理想电流源不能进行等效变换。因为当电压源 $R_0 = 0$ 时，按等效条件 I_S 将无穷大，这是不可能的；当 $R_S = \infty$ 时，按等效条件 U_S 也将无穷大，这也是不可能的。

【例 1-8】 将图 1-30 中的两个实际电源的电路模型进行等效变换。

解： 根据图 1-30 有

$$U_S = I_S R_S = 10 \times 3 \text{ V} = 30 \text{ V}$$

$$R_0 = R_S = 10 \ \Omega$$

其等效电压源模型如图 1-31a 所示。

根据图 1-30b 有

$$I_S = \frac{U_S}{R_0} = \frac{6}{2} \text{A} = 3 \text{ A}$$

$$R_S = R_0 = 2 \ \Omega$$

其等效电流源模型如图 1-31b 所示。

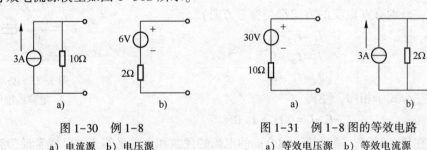

图 1-30 例 1-8
a）电流源 b）电压源

图 1-31 例 1-8 图的等效电路
a）等效电压源 b）等效电流源

1.2.2 基尔霍夫定律

电路分为简单电路和复杂电路。能应用电阻的串并联等方法进行化简，用欧姆定律解出电流和电压关系的电路称为简单电路。还有一类电路，只应用以上方法不能解出电路的结果，这一类电路称为复杂电路。图 1-32 所示电路就是一个复杂电

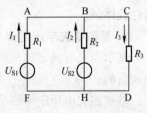

图 1-32 复杂电路

路，应用以前学过的方法不能求解出各支路中的电流。基尔霍夫定律提供了求解复杂电路的方法。在介绍基尔霍夫定律之前，先介绍几个有关的名词。

支路：一段不分岔的电路称为支路。图 1-32 中共有 AF、BH、CD 三条支路。

节点：三条或三条以上支路的汇合点称为节点。图 1-32 中的 B、H 点即为节点。

回路：电路中任意闭合路径称为回路。图 1-32 中 ABCDHFA、ABHFA、BCDHB 都是回路。

网孔：回路中不包含支路的称为自然网孔，也称为网孔。图 1-32 中 ABHFA、BCDHB 就是两个网孔。

1. 基尔霍夫电流定律（KCL）

基尔霍夫电流定律也称为节点电流定律，简称 KCL，它确定了节点电流之间的关系。基尔霍夫电流定律可叙述为：在任意时刻，对于电路中的任一节点，流进流出节点所有支路电流的代数和恒等于零。

其数学表达式如下

$$\sum I = 0 \qquad\qquad (1\text{-}46)$$

式（1-46）中，流入节点的电流取"＋"号，流出节点的电流取"－"号，例如，对图 1-32 中的节点 B，应用 KCL，在这些支路电流的参考方向下，有

$$I_1 + I_2 - I_3 = 0$$

上式可以改写成 $\qquad\qquad I_1 + I_2 = I_3$

即 $\qquad\qquad\qquad \sum I_入 = \sum I_出 \qquad\qquad (1\text{-}47)$

上式表明，任意时刻，流入节点的电流之和等于流出节点的电流之和。

基尔霍夫电流定律表达了电流的连续性原理，即在一条支路中，任意时刻流入该支路某一横截面积的电荷量，等于该时刻流出该支路任意横截面积的电荷量。否则，在支路中就会产生电荷的堆积，从而产生电位的变化，这是不可能的。所以对于节点而言也是如此。

基尔霍夫电流定律可以推广为任何电路中的封闭面，即广义节点，如图 1-33 所示的电路中，闭合面 S 内有三个节点 A、B、C。在这些节点处，分别有（电流的方向都是参考方向）

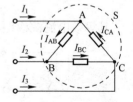

图 1-33　基尔霍夫
定律的推广

$$I_1 = I_{AB} - I_{CA}$$
$$I_2 = I_{BC} - I_{AB}$$
$$I_3 = I_{CA} - I_{BC}$$

将上面三个式子相加，便得

$$I_1 + I_2 + I_3 = 0 \text{ 或 } \sum I = 0$$

可见，在任一瞬间，通过任一闭合面的电流的代数和也总是等于零，或者说，流出闭合面的电流等于流入该闭合面的电流，这叫作电流连续性。所以，基尔霍夫电流定律是电流连续性的体现。

2. 基尔霍夫电压定律（KVL）

基尔霍夫电流定律是对电路中任意节点而言的，而基尔霍夫电压定律是对电路中任意回路而言的。

基尔霍夫电压定律简称 KVL，是用来确定回路中各部分电压之间的关系的。其基本内容是：任何时刻，沿任一回路绕行一周，回路内所有支路或元件电压的代数和恒等于零。即

$$\sum U = 0 \qquad\qquad (1\text{-}48)$$

在应用式（1-48）时，首先要规定一个绕行方向，然后沿回路绕行一周，在绕行方向上产生的各电压之和等于零。在式中若是电位降，该电压前面取"+"号；反之，则前面取"-"号。

以图 1-34 的电路为例，沿回路 1 和回路 2 绕行一周，有

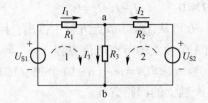

图 1-34　基尔霍夫电压定律示意图

回路 1　　　$I_1R_1 + I_3R_3 - U_{S1} = 0$　或　$I_1R_1 + I_3R_3 = U_{S1}$

回路 2　　　$I_2R_2 + I_3R_3 - U_{S2} = 0$　或　$I_2R_2 + I_3R_3 = U_{S2}$

即 KVL 也可以写为

$$\sum R_K I_K = \sum U_{SK} \qquad\qquad (1\text{-}49)$$

式（1-49）指出：沿任一回路绕行一周，电阻上电压降的代数和等于电源电压的代数和。其中，在关联参考方向下，电流参考方向与回路绕行方向一致者，电阻的电压降前取"+"号，相反者取"-"号；电压源电压的参考极性与回路绕行方向一致者，电源电压前取"-"号，相反者取"+"号。

KVL 通常用于闭合回路，但也可推广应用到任一不闭合的电路上。图 1-35 虽然不是闭合回路，但当假设开口处的电压为 U_{ab} 时，可以将电路想象成一个虚拟的回路，用 KVL 列写方程为

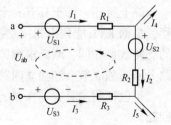

$$U_{ab} + U_{S3} + I_3R_3 - I_2R_2 - U_{S2} - I_1R_1 - U_{S1} = 0$$

KCL 规定了电路中任一节点处电流必须服从的约束关系，而 KVL 则规定了电路中任一回路内电压必须服从的约束关系。这两个定律仅与元件的连接有关，而与元件本身无关。不论元件是线性的还是非线性的，时变的还是非时变的，KCL 和 KVL 总是成立的。

图 1-35　基尔霍夫电压定律的推广

1.2.3　支路电流法

支路电流法是以支路电流为未知量，应用基尔霍夫电压、电流定律，列出与支路电流数目相等的独立节点的电流方程和回路电压方程，然后联立进行求解的一种方法。下面以图 1-36 为例说明支路电流法的解题过程。

电路中各参数如图 1-36 所示，求解之前先要设定电流的参考方向和回路的绕行方向。设定的电流正方向不一定就是电流的实际方向；当计算出的电流值为负，则说明

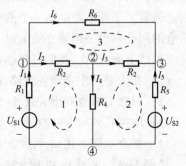

图 1-36　支路电流法

电流的实际方向与设定的方向相反。

1）由电路的支路数 m，确定待求的支路电流数。该电路 $m=6$，则支路电流有 6 个，分别确定它们的参考电流方向如图。

2）节点数 $n=4$，分别用标号标出，通过 KCL 可列出 3 个独立的节点方程。

①~③节点方程分别为

$$-I_1+I_2+I_6=0 \qquad -I_2+I_3+I_4=0 \qquad -I_3-I_5-I_6=0$$

而④节点的方程 $I_1-I_4+I_5=0$ 可从①~③节点方程中推出，因此它是不独立的，即在本图中①~④的 4 个节点中可列出 3 个独立的节点电流方程。

3）根据 KVL 列出回路方程。选取 $l=m-(n-1)$ 个独立的回路，选定回路绕行方向如图 1-36 所示，由 KVL 列出 3 个独立的回路方程。

回路 1~3 方程分别为

$$I_1R_1+I_2R_2+I_4R_4=U_{S1}$$
$$I_3R_3-I_4R_4-I_5R_5=-U_{S2}$$
$$-I_2R_2-I_3R_3+I_6R_6=0$$

本图中其他回路的方程都可从回路 1~3 的方程中推出，因此它们都是不独立的，即本图中只有独立回路 $l=m-(n-1)=6-(4-1)=3$ 个，可列出 3 个独立回路方程。

4）将 6 个独立方程联立求解，得各支路电流。

如果计算结果支路电流的值为正，则表示实际电流方向与参考方向相同；如果某一支路的电流值为负，则表示实际电流的方向与参考方向相反。

5）根据电路的要求，求出其他待求量，如支路或元件上的电压、功率等。

综上所述，对于具有 n 个节点、m 条支路的电路，根据 KCL 能列出 $(n-1)$ 个独立方程，根据 KVL 能列出 $m-(n-1)$ 个独立方程，两种独立方程的数目之和正好与所选待求变量的支路数目相同，联立求解即可得到 m 条支路的电流。与这些独立方程相对应的节点和回路分别叫独立节点和独立回路

可以证明，具有 n 个节点 m 条支路的电路具有 $n-1$ 个独立节点，$m-(n-1)$ 个独立的回路。

注意：对于独立节点应如何选择，原则上是任意的，一般在 n 个节点中任选 $n-1$ 来列方程即可，但为便于计算，要选方程比较简单的节点。

对于独立回路应如何选择，原则上也是任意的。一般，在每选一个回路时，只要使这回路中至少具有一条新支路在其他已选定的回路中未曾出现过，那么这个回路就一定是独立的。通常，平面电路中的一个网孔就是一个独立回路，网孔数就是独立回路数，所以可选取所有的网孔列出一组独立的 KVL 程。

通过上面分析，我们可总结出支路电流法分析计算电路的一般步骤如下：

1）在电路图中选定各支路（m 个）电流的参考方向，设出各支路电流。

2）对独立节点列出 $n-1$ 个 KCL 方程。

3）取网孔列写 KVL 方程，设定各网孔绕行方向，列出 $m-(n-1)$ 个 KVL 方程。

4）联立求解上述 m 个独立方程，便得出待求的各支路电流。

【例 1-9】 求图 1-37 所示电路中各支路电流和各元件的功率。

解：以支路电流 I_1、I_2、I_3 为变量，应用 KCL、KVL 列出等式

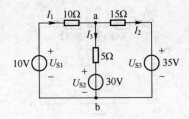

图 1-37 例 1-9

1) 对于两节点 a、b，应用 KCL 可列出一个独立的节点电流方程

节点 a $\qquad -I_1+I_2+I_3=0$

2) 列写网孔独立回路电压方程

$$10I_1+5I_3=30+10$$
$$15I_2-5I_3=35-30$$

3) 联立求解各支路电流得

$$I_1=3\text{ A} \qquad I_2=1\text{ A} \qquad I_3=2\text{ A}$$

I_1、I_2、I_3 均为正值，表明它的实际方向与所选参考方向相同，3 个电压源全部是从正极输出电流，所以全部输出功率。

U_{S1} 输出的功率为 $U_{S1}I_1=(10\times3)\text{ W}=30\text{ W}$

U_{S2} 输出的功率为 $U_{S2}I_2=(35\times1)\text{ W}=35\text{ W}$

U_{S3} 输出的功率为 $U_{S3}I_3=(30\times2)\text{ W}=60\text{ W}$

各电阻吸收的功率为 I^2R，$P=(10\times3^2+5\times2^2+15\times1^2)\text{ W}=125\text{ W}$

功率平衡，表明计算正确。

1.2.4 技能训练——复杂电路的连接与测量

1. 实验目的

1) 学习万用表的使用方法及注意事项。

2) 通过实验验证基尔霍夫电流定律和电压定律，巩固所学理论知识。

3) 加深对参考方向概念的理解。

2. 实验器材

电学通用实验台、直流稳压电源、数字式万用电表、实验模块、导线。

3. 实验内容与步骤

按图 1-38 连接电路，分别测量三条支路电流，并将测量结果记录在表 1-6 中。

表 1-6 3 条支路电流数据

	计 数 值	测 量 值	误 差
I_1/mA			
I_2/mA			
I_3/mA			
$\sum I=$			

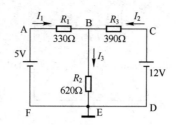

图 1-38 基尔霍夫定律验证电路图

任选两个回路，分别测量两个回路各部分电压。将测量结果填入表 1-7 中。

表 1-7 回路电压数据

	U_{AB}	U_{BE}	U_{EF}	U_{FA}	回路$\sum U$	U_{BC}	U_{CD}	U_{DE}	U_{EB}	回路$\sum U$
计算值										
测量值										
误差										

4. 思考题

1）根据实验数据，验证 KCL 的正确性。

2）根据实验数据，验证 KVL 的正确性。

5. 完成实验报告

1.2.5 知识训练

1. 单项选择题

（1）下列关于电压源和电流源等效变换的说法正确的是（　　　）。

A. 电压源和电流源等效变换前后对外不等效

B. 恒压源和恒流源可以等效变换

C. 电压源和电流源等效变换前后电源内部是不等效的

D. 以上说法都不正确

（2）有一个复杂电路，其中节点 A 由 4 条支路连接而成，$I_1 = 2\,A$，$I_2 = 3\,A$，$I_3 = 6\,A$，其中 I_1、I_2、I_4 都是流入节点的电流，I_3 是流出节点的电流，问 I_4 的数值是（　　　）。

A. 1 A　　　　　B. 5 A　　　　　C. 2 A　　　　　D. 6 A

2. 多项选择题

（1）电压源与电流源等效变换的条件是（　　　）。

A. $I_S = U_S / R_0$　　　　B. $U_S = R_S I_S$　　　　C. $R_0 = 0$　　　　D. $R_0 = R_S$

（2）理想电流源的条件是（　　　）。

A. $R_0 = 0$　　　　B. $U = U_S$　　　　C. $R_S \to \infty$　　　　D. $I = I_S$

（3）理想电压源的条件是（　　　）。

A. $R_0 = 0$　　　　B. $U = U_S$　　　　C. $R_S \to \infty$　　　　D. $I = I_S$

（4）基尔霍夫定律是解决复杂电路分析和计算的基本定律，包含（　　　）。

A. 欧姆定律　　　B. 电磁感应定律　　　C. 电流定律　　　D. 电压定律

（5）支路电流法的解题步骤是（　　　）。

A. 列电流定律方程   B. 列电压定律方程

C. 解联立方程   D. 列欧姆定律

3. 判断题

（　　）（1）恒压源与恒流源不能等效变换。

（　　）（2）电路中某支路电流为负值，说明它的实际方向与假设方向相反。

4. 计算题

（1）如图 1-39 所示，求电压 U 的数值。

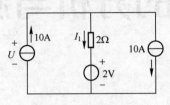

图 1-39　计算题（1）

（2）如图 1-40 所示，求电路中电流 I 的数值。

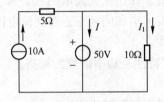

图 1-40　计算题（2）

（3）如图 1-41 所示，已知：$U_{S1} = 130\text{ V}$，$U_{S2} = 117\text{ V}$，$R_1 = 1\ \Omega$，$R_2 = 0.6\ \Omega$，$R_3 = 24\ \Omega$，求各支路电流和各元件的功率。

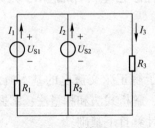

图 1-41　计算题（3）

项目 ②

交流电路的分析与测量

学习目标

1）掌握正弦交流电的基本概念和正弦交流电的三要素。

2）掌握正弦交流电的相量表示法和同频率正弦交流电的加减运算。

3）掌握单一元件的伏安特性。

4）掌握 *RL* 串联电路的伏安特性及功率因数的提高。

5）了解谐振电路。

6）了解三相电源的星形和三角形联结。

7）掌握三相负载的星形和三角形联结。

任务 2.1　正弦交流电基本概念的认知与交流电的运算

任务描述

通过本任务的学习，使读者了解正弦交流电的基本概念和"三要素"的含义，正弦交流电的三种表示方法：波形图法、解析式法和相量法；掌握利用相量图实现同频率交流电的加减运算。为交流电路的分析和计算打下基础。

2.1.1　正弦交流电的基本概念

1. 正弦交流电的概念

大小和方向随时间做正弦规律变化的电动势、电压和电流分别称为交变电动势、交变电压和交变电流，统称为正弦交流电，在此项目中简称为交流电。在电力系统、信息处理领域以及日常生活中所用的大多数是交流电（AC），在交流电作用下的电路称为交流电路。其特点是易于产生，便于控制、变换和传输。

2. 正弦交流电的三要素

正弦交流电在任一瞬时的数值称为交流电的瞬时值，用小写字母来表示，如 u、i 分别表示电压和电流的瞬时值，现以电流为例说明正弦交流电的基本特征。

图 2-1 是正弦交流电流的波形图，反映了电流随时间的变化规律。其表达式为

$$i = I_m \sin(\omega t + \varphi_i) \tag{2-1}$$

（1）周期、频率和角频率

1）周期。交流电完成一次周期性变化所需要的时间称为周期，用字母 T 表示，单位是秒（s）。

2）频率。交流电在单位时间内完成周期性变化的次数称为频率，用字母 f 表示，单位是赫兹（Hz），简称赫。常用的还有千赫（kHz）、兆赫（MHz）、吉赫

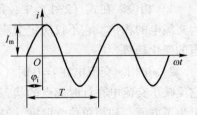

图 2-1　正弦交流电波形图

（GHz）等，它们的关系为 $1\,GHz = 10^3\,MHz = 10^6\,kHz = 10^9\,Hz$。频率与周期互为倒数，即

$$f = \frac{1}{T} \tag{2-2}$$

3）角频率。交流电在单位时间内变化的电角度称为角频率，用字母 ω 表示，单位是弧度/秒（rad/s）。角频率与周期、频率的关系为

$$\omega = \frac{2\pi}{T} = 2\pi f \tag{2-3}$$

ω、T、f 都是反映交流电变化快慢的物理量。ω 越大（即 f 越大或 T 越小），表示交流电周期性变化越快；反之则表示交流电周期性变化越慢。

（2）瞬时值、最大值和有效值

1）瞬时值。正弦交流电的数值是随时间周期性变化的，在某一瞬间的数值称为交流电的瞬时值。规定用小写字母表示，如 e、u、i 分别表示电动势、电压和电流的瞬时值。

2）最大值。交流电在变化过程中出现的最大瞬时值称为交流电的最大值（又称幅值）。规定用大写字母加下标 m 表示，如 E_m、U_m、I_m 分别表示电动势、电压和电流的最大值。

3）有效值。交流电的有效值是根据它的热效应确定的，即在热效应方面与它相当的直流值。以电流为例，当某一交流电流 i 通过电阻 R 时，在一个周期 T 内所产生的热量与某直流电流 I 通过同一电阻在相同时间内产生的热量相等时，则称这一直流电流的数值为该交流电流的有效值。规定有效值用大写字母表示，如 E、U、I 分别表示交流电动势、电压和电流的有效值。

可以证明，正弦交流电的有效值等于最大值的 $\dfrac{1}{\sqrt{2}}$ 倍或 0.707 倍，即

$$\begin{cases} I = \dfrac{I_m}{\sqrt{2}} = 0.707 I_m \\[2mm] U = \dfrac{U_m}{\sqrt{2}} = 0.707 U_m \\[2mm] E = \dfrac{E_m}{\sqrt{2}} = 0.707 E_m \end{cases} \tag{2-4}$$

在电工技术中，通常所说的交流电的电压、电流的数值，都是指它们的有效值，各种使用交流电的电气设备上所标的额定电压和额定电流的数值、交流测量仪表测得的数值，凡不做特别说明的，均指有效值。

（3）相位和初相

1）相位。在式（2-1）中，角度（$\omega t + \varphi_i$）是正弦量在任一瞬时 t 所对应的电角度，称为交流电的相位。它不仅决定交流电在变化过程中瞬时值的大小和方向，还反映了正弦交流电的变化趋势。

2）初相。交流电在 $t=0$ 时（计时起点时）的相位 φ_i 称为交流电的初相位，简称初相，它反映了交流电在计时起点的状态（图2-1），显然，初相 φ_i 与时间起点的选取有关。工程上为了方便，初相单位常取度（°），必要时再化为弧度。

正弦交流电在一个周期内瞬时值两次为零，规定由负值向正值变化之间的零值叫作正弦电流的零值。如果正弦电流的零值发生在时间起点之左，则 φ_i 为正值；如果正弦电流的零值发生在时间起点之右，则 φ_i 为负值。注意，这里所说的零值是指最靠近时间起点者来说的，也就是说，初相角 $|\varphi_i|$ 总是小于或等于 π，一般规定，$-\pi \leq \varphi_i \leq \pi$。

3. 相位差

在正弦交流电路中，有时要比较两个同频率正弦量的相位。两个同频率正弦量相位之差称为相位差，以 φ 表示。如 $i_1 = I_{1m}\sin(\omega t + \varphi_{01})$ A，$i_2 = I_{2m}\sin(\omega t + \varphi_{02})$ A，则

$$\varphi = (\omega t + \varphi_{01}) - (\omega t + \varphi_{02}) = \varphi_{01} - \varphi_{02} \tag{2-5}$$

即两个同频率正弦量的相位差等于它们的初相差。

问题讨论：

（1）若 $\varphi > 0$，如图2-2a所示，$\varphi_{01} > \varphi_{02} > 0$；如图2-2b所示，$\varphi_{01} > 0$，$\varphi_{02} < 0$，则 i_1 比 i_2 先达到最大值也先到零点，称 i_1 超前于 i_2（或 i_2 滞后于 i_1）一个相位角 φ。

（2）若 $\varphi = \pm 180°$，则称它们的相位相反，简称反相，如图2-2c所示。

（3）若 $\varphi = 0$，表明 $\varphi_{01} = \varphi_{02}$，如图2-2d所示，则 i_1 与 i_2 同时达到最大值也同时到零点，称它们是同相位，简称同相。

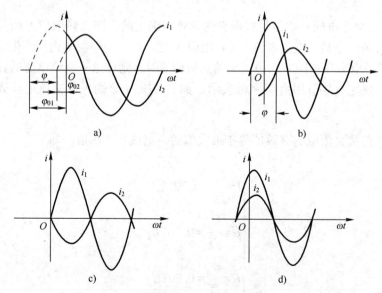

图2-2　两个同频率交流电的相位关系
a）$\varphi_{01} > \varphi_{02} > 0$　b）$\varphi_{01} > 0$，$\varphi_{02} < 0$
c）$\varphi_{01} - \varphi_{02} = 180°$　d）$\varphi_{01} = \varphi_{02}$

在交流电路中，常常需研究多个同频率正弦量之间的关系，为了方便起见，可以选取其中某一正弦量作为参考，称为参考正弦量。令参考正弦量的初相为零，其他各正弦量的初相，即为该正弦量与参考正弦量的相位差（初相差）。一般规定，$-\pi \leqslant \varphi \leqslant \pi$。

【例 2-1】 某正弦电压的最大值为 311 V，初相为 30°，某正弦电流的最大值为 14.14 A，初相为 -60°，它们的频率均为 50 Hz。试分别求出电压和电流的有效值、瞬时值表达式。

解： 电压 u 的有效值

$$U = \frac{U_{m}}{\sqrt{2}} = \frac{311}{\sqrt{2}} \text{V} = 220 \text{V}$$

电流 i 的有效值

$$I = \frac{I_{m}}{\sqrt{2}} = \frac{14.14}{\sqrt{2}} \text{A} = 10 \text{A}$$

电压的瞬时值表达式为

$$
\begin{aligned}
u &= U_{m}\sin(\omega t + \varphi_{u}) \\
&= 311\sin(2\pi f t + 30°) \\
&= 311\sin(314t + 30°) \text{ V} \\
&= 220\sqrt{2}\sin(314t + 30°) \text{ V}
\end{aligned}
$$

电流的瞬时值表达式为

$$
\begin{aligned}
i &= I_{m}\sin(\omega t + \varphi_{i}) \\
&= 14.14\sin(2\pi f t - 60°) \\
&= 14.14\sin(314t - 60°) \text{ A} \\
&= 10\sqrt{2}\sin(314t - 60°) \text{ A}
\end{aligned}
$$

【例 2-2】 已知正弦电压 u 和电流 i_1、i_2 的瞬时值表达式为 $u = 311\sin(\omega t - 145°)$ V，$i_1 = 14.14\sin(\omega t - 30°)$ A，$i_2 = 7.07\sin(\omega t + 60°)$ A。试以电压 u 为参考量，重新写出电压 u 和电流 i_1、i_2 的瞬时值表达式并分析比较 i_2 与 u 的相位关系。

解： 若以电压 u 为参考量，则电压 u 的初相为零，表达式为

$$u = 311\sin\omega t \text{ V}$$

由于 i_1 与 u 的相位差为

$$\varphi_1 = \varphi_{i1} - \varphi_u = -30° - (-145°) = 115°$$

则电流 i_1 超前于 u，i_1 的瞬时值表达式为

$$i_1 = 14.14\sin(\omega t + 115°) \text{ A}$$

由于 i_2 与 u 的相位差为

$$\varphi_2 = \varphi_{i2} - \varphi_u = 60° - (-145°) = 205°$$

则 i_2 超前 u，超前角度为 205°>180°，所以相位差为 360°-205°=155°，即 i_2 滞后 u，滞后的角度为 155°。电流 i_2 的瞬时值表达式为

$$i_2 = 7.07\sin(\omega t - 155°) \text{ A}$$

综上所述，交流电的最大值（或有效值）、频率（或周期）、初相（或相位）是表征交流电变化规律的三个重要物理量，称为正弦交流电的三要素。三要素确定后，交流电的变化情况也就完全确定下来了。

2.1.2 正弦交流电的相量表示法与同频率交流电的加减运算

在分析交流电路时，必然涉及正弦量的代数运算，甚至还有微分、积分运算，如果用三角函数来表示正弦量进行运算，将使计算非常烦琐。为此，我们引入一个数学工具"复数"来表示正弦量，从而使正弦交流电路的分析和计算得到简化。

（1）复数

一个复数有多种表达形式，常见的有代数形式、三角函数形式、指数形式和极坐标形式四种。复数的代数形式是

$$A = a + jb \qquad (2-6)$$

式中，a、b 均为实数，分别称为复数的实部和虚部，复数 A 也可以用由实轴与虚轴组成的复平面上的有向线段 OA 相量来表示，如图 2-3 所示。在图 2-3 中，相量长度 $r = |A|$ 称为复数的模；相量与实轴的夹角 φ 称为复数的辐角，各量之间的关系为

$$r = |A| = \sqrt{a^2 + b^2}, \varphi = \arctan \frac{b}{a}, a = r\cos\varphi, b = r\sin\varphi$$

于是可得复数的三角函数形式为

$$A = |A|(\cos\varphi + j\sin\varphi) \qquad (2-7)$$

将欧拉公式 $e^{j\varphi} = \cos\varphi + j\sin\varphi$ 代入式（2-7），可得复数的指数形式为

$$A = |A|e^{j\varphi} \qquad (2-8)$$

实际使用时，为了便于书写，常把指数形式写成极坐标形式，即

$$A = |A| \angle \varphi \qquad (2-9)$$

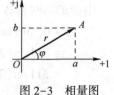

图 2-3　相量图

（2）旋转相量表示法

对照图 2-4，如果有向线段 OA 的模 r 等于某正弦量的幅值，OA 与横轴的夹角为正弦量的初相，OA 逆时针方向以正弦量角速度旋转，则这一旋转矢量任一瞬时在虚轴上的投影为 $r\sin(\omega t + \varphi)$，它正是该正弦量在该时刻的瞬时值表达式。

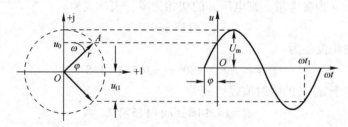

图 2-4　用旋转相量表示正弦量

若 $r = U_{\mathrm{m}}$，则在任意时刻 t，OA 在虚轴上的投影为 $u = U_{\mathrm{m}}\sin(\omega t + \varphi)$。这就是说，正弦量可以用一个旋转相量来表示，该相量的模等于正弦量的幅值，相量与横轴的夹角等于正弦量的初相，相量的旋转角速度等于正弦量的角频率。

一般情况下，求解一个正弦量必须求得它的三要素，但在分析正弦稳态电路时，由于电路中所有的电压、电流都是同频率的正弦量，且它们的频率与正弦电源的频率相同，而电源频率往往是已知的，因此通常只要分析最大值（或有效值）和初相两个要素就够了，旋转相量的角速度 ω 可以省略，所以我们只需用一个有一定长度、与横轴有一定夹角的相量就可以表示正弦量了。

（3）静止相量表示法

由上述可知，正弦量可以用相量来表示，而相量可以用复数来表示，因而，我们可以借用复数来表示正弦量，利用复数的运算规则来处理正弦量的有关运算问题，从而简化运算过

程。如正弦交流电流 $i = I_m \sin(\omega t + \varphi_i)$ 可用复平面上的相量表示，相量的模等于正弦量的幅值 I_m，相量与横轴的夹角等于正弦量的初相 φ_i，如图 2-5 所示。

复平面上的这个相量又可用复数表示为

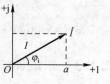

$$\dot{I} = I_m \angle \varphi_i \qquad (2\text{-}10)$$

可以看出上式既可表达正弦量的大小，又可表达正弦量的初相。我们把这个表示正弦量的复数称作相量，将图 2-5 所示的图形称为相量图，用一个复数来表示正弦量的方法称为正弦量的相量表示法。交流电的相量表示法既可以用最大值表示，也可以用有效值表示。

图 2-5　正弦量的相量表示法

注意事项：

1）相量只是代表正弦量，并不等于正弦量。

2）只有当电路中的电动势、电压和电流都是同频率的正弦量时，才能用相量来进行运算。

3）同频率正弦量可以画在同一相量图上。规定，若相量的幅角为正，相量从正实轴绕坐标原点逆时针方向绕行一个幅角；若相量的幅角为负，相量从正实轴绕坐标顺时针绕行一个幅角，如图 2-6a 所示。相量的加减法符合相量运算平行四边形法则，如图 2-6b 所示。

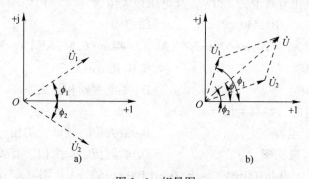

图 2-6　相量图

a）$\varphi_1 > 0$；$\varphi_2 < 0$　b）相量加法图示

通常在分析电路时，用相量图易于理解，用复数计算会得出较准确的结果。此外，为了使相量图简洁明了，有时不画出复平面的坐标轴，只标出原点和正实轴方向即可。

【例 2-3】 已知 $i_1 = 4\sin(\omega t + 90°)$ A，$i_2 = 3\sin \omega t$ A。求 $i = i_1 + i_2$。

解：解法 1　相量运算法。

根据交流电的解析式可以写出相量表示式

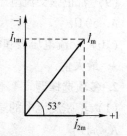

$$\dot{I}_{1m} = 4 \angle 90° \text{ A}, \dot{I}_{2m} = 3 \angle 0° \text{ A}$$

$$\dot{I}_m = \dot{I}_{1m} + \dot{I}_{2m} = (4 \angle 90° + 3 \angle 0°) \text{ A}$$

$$= [(0 + j4) + (3 + j0)] \text{ A}$$

$$= (3 + j4) \text{ A}$$

$$= 5 \angle 53° \text{ A}$$

故 $i = 5\sin(\omega t + 53°)$ A

解法 2　相量图法（图 2-7）。

图 2-7　例 2-3 相量图

$$I_{1m} = 4\,\text{A}, I_{2m} = 3\,\text{A}, \text{则}\ I_m = \sqrt{4^2 + 3^2}\,\text{A} = 5\,\text{A}$$

$$\varphi = \arctan\frac{4}{3} = 53°$$

故 $i = 5\sin(\omega t + 53°)\,\text{A}$

2.1.3 知识训练

1. 单项选择题

(1) 频率是 50 Hz 的交流电,其周期为 (　　) s。

A. 0.2 　　　　　B. 0.02 　　　　　C. 0.002 　　　　　D. 50

(2) 正弦交流电是指:电压、电流、电动势的 (　　)。

A. 大小随时间做周期性变化

B. 大小和方向都随时间按正弦规律做周期性变化

C. 大小和方向都随时间做重复性变化

D. 方向随时间做非周期性变化

(3) 如果交流电压有效值为 220 V,其电压最大值为 (　　) V。

A. 110 　　　　　B. 440 　　　　　C. 380 　　　　　D. 311

(4) 两个正弦量为 $i_1 = 20\sin(628t - 30°)\,\text{A}$,$i_2 = 40\sin(628t - 60°)\,\text{A}$,则 (　　)。

A. i_1 比 i_2 超前 90° 　　　　　　　　B. i_1 比 i_2 滞后 30°

C. i_1 比 i_2 超前 30° 　　　　　　　　D. 不能判断相位关系

(5) 正弦交流电的三要素是指 (　　)。

A. 电阻、电感、电容 　　　　　　　　B. 最大值、频率、初相

C. 电流、电压、电功率 　　　　　　　　D. 瞬时值、最大值、有效值

(6) 交流电压 $u_1 = 10\sin100\pi t\,\text{V}$,$u_2 = 10\sin(100\pi t - 60°)\,\text{V}$,则 (　　)。

A. u_1 超前 u_2 60° 　　　　　　　　B. u_1 滞后 u_2 60°

C. u_1 滞后 u_2 30° 　　　　　　　　D. u_1 超前 u_2 30°

(7) 正弦交流电压 $u = 311\sin(314t + 30°)\,\text{V}$,此电压的角频率为 (　　)。

A. 311 V 　　　　B. 220 V 　　　　C. 314 rad/s 　　　　D. 30°

(8) 正弦交流电流 $i = 10\sin(314t + 45°)\,\text{A}$,此电流的初相角为 (　　)。

A. 45° 　　　　　B. 10 A 　　　　　C. 314 rad/s 　　　　D. 0.02 s

(9) 若正弦交流电压的周期为 0.02 s,那么它的变化周期为 (　　)。

A. 50 Hz 　　　　B. 314 rad/s 　　　　C. 0.02 s 　　　　D. 314 rad/s

(10) 交流电压表和电流表读取的数据值是交流电的 (　　) 值。

A. 最大值 　　　　B. 有效值 　　　　C. 瞬时值 　　　　D. 皆有可能

2. 多项选择题

(1) 正弦交流电的三要素包括 (　　)。

A. 周期 　　　　　B. 电阻 　　　　　C. 有效值 　　　　　D. 初相位

(2) 表示正弦交流电变化快慢的物理量包括 (　　)。

A. 周期 　　　　　B. 初相位 　　　　C. 频率 　　　　　D. 角频率

3. 判断题

（　　）（1）正弦交流电的三要素是最大值、频率和周期。

（　　）（2）正弦交流电的三要素是周期、频率、角频率。

（　　）（3）如果交流电电压的有效值为 220 V，其电压最大值为 311 V。

（　　）（4）正弦交流电中电压的大小和方向不随时间变化。

（　　）（5）交流电的振幅就是有效值。

（　　）（6）大小和方向都变化的电流称为正弦交流电流。

（　　）（7）正弦交流电压 $u = 311\sin(314t + 30°)$ V，此电压的有效值为 220 V。

（　　）（8）正弦交流电流 $i = 10\sin(314t - 45°)$ A，此电流的初相角为 45°。

4. 计算题

已知交流电压 $u_1 = 220\sqrt{2}\sin\left(100\pi t + \dfrac{\pi}{6}\right)$ V，$u_2 = 380\sqrt{2}\sin\left(100\pi t - \dfrac{\pi}{3}\right)$ V。求各交流电压的最大值、有效值、角频率、频率、初相和它们之间的相位差，指出它们之间的"超前"或"滞后"关系，并画出它们的相量图。

任务 2.2　单相交流电路的分析与测量

任务描述

以上研究了交流电的基本概念及其表示方法，下面研究交流电路。最简单的交流电路是由电阻、电感、电容单一电路元件组成的，称为单一参数的交流电路。工程实际中的某些电路可以作为单一参数的交流电路来处理，另外，复杂的交流电路也可以分解为单一参数电路元件的组合，因此，掌握单一参数的交流电路的分析非常重要。下面首先讨论纯电阻、纯电感、纯电容三大基本元件的电压、电流关系及电路中的功率问题，在此基础上讨论 RL 串联电路电压与电流的关系，电阻、感抗与阻抗的关系，有功功率、无功功率与视在功率的关系，最后了解谐振电路。

2.2.1　单一参数的正弦交流电路

1. 纯电阻电路

负载只有电阻元件构成的电路，称为纯电阻电路。如白炽灯、电烙铁、电炉等实际元件组成的交流电路，都可近似看成是纯电阻电路，如图 2-8a 所示。

（1）电压与电流的关系

如图 2-8 所示，电阻 R 两端的电压和电流采用关联参考方向，设电阻两端电压按正弦规律变化，即 $u = U_m\sin\omega t$，根据欧姆定律

图 2-8　纯电阻电路

$$i = \frac{u}{R} = \frac{U_m\sin\omega t}{R} = I_m\sin\omega t$$

式中，$I_m = \dfrac{U_m}{R}$，等式两端同时除以 $\sqrt{2}$，则电压与电流的有效值关系为

$$I = \frac{U}{R} \tag{2-11}$$

根据以上分析，可得出如下结论：

1) 纯电阻电路中电压与电流同相位，即它们的初相角相同 $\varphi_u = \varphi_i$，波形图与相量图如图 2-9 所示。

2) 电压与电流的瞬时值、最大值、有效值关系都满足欧姆定律，即

$$i = \frac{u}{R} \quad I_m = \frac{U_m}{R} \quad I = \frac{U}{R}$$

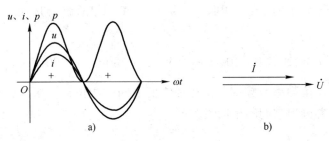

图 2-9　波形图和相量图

a）波形图　b）相量图

（2）功率

1) 瞬时功率。

在任一瞬间，电阻中的电流瞬时值与同一瞬间加在电阻两端的电压瞬时值的乘积，称为电阻的瞬时功率。

$$p(t) = ui = U_m I_m \sin^2 \omega t = UI(1 - \cos 2\omega t)$$

由此可知，$p(t)$ 即为瞬时功率，始终是大于零的，这说明电阻在任意时刻总是消耗能量的，电阻属于耗能元件，如图 2-9a 所示。

2) 平均功率。

瞬时功率在一个周期内的平均值，称为有功功率，用 P 表示，其单位为 W。即

$$P = \frac{1}{T} \int_0^T p(t) \, dt$$

可以证明，电阻消耗的平均功率可表示为

$$P = U_R I = I^2 R = \frac{U_R^2}{R} \tag{2-12}$$

2. 纯电感电路

由电阻很小的电感线圈组成的交流电路，可近似地看成是纯电感电路，如图 2-10 所示。

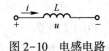

图 2-10　电感电路

（1）电压与电流的关系

设电感 L 两端的电压和电流采用关联参考方向，u、i 均为正弦量，设电流为参考正弦量，即电流的初相为零，则其瞬时表达式为 $i = I_m \sin \omega t$。在关联参考方向下，电感元件的电压、电流关系为

$$u = L\frac{\mathrm{d}i}{\mathrm{d}t} \tag{2-13}$$

则电感元件上的电压为

$$
\begin{aligned}
u &= L\frac{\mathrm{d}i}{\mathrm{d}t} = L\frac{\mathrm{d}(I_\mathrm{m}\sin\omega t)}{\mathrm{d}t} \\
&= \omega L I_\mathrm{m}\cos\omega t \\
&= \omega L I_\mathrm{m}\sin(\omega t + 90°) \\
&= U_\mathrm{m}\sin(\omega t + 90°)
\end{aligned} \tag{2-14}
$$

电压与电流的最大值关系为 $\qquad I_\mathrm{m} = \dfrac{U_\mathrm{m}}{\omega L}$ $\tag{2-15}$

其中，ωL 是一个具有电阻量纲的物理量，单位为 Ω，起阻碍电流通过的作用，称为感抗，用 X_L 表示，即 $X_\mathrm{L} = \omega L = 2\pi f L$，$L$ 为自感系数，单位是亨，用字母 H 表示。

电压与电流的有效值的关系为

$$I = \frac{U}{X_\mathrm{L}} \tag{2-16}$$

根据以上分析，可得出如下结论：

1）纯电感电路中电压的相位超前于电流 $\dfrac{\pi}{2}$，即它们初相角的关系为 $\varphi_\mathrm{u} = \varphi_\mathrm{i} + \dfrac{\pi}{2}$，相量图与波形图如图 2-11 所示。

2）电感电路中具有感抗，感抗 $X_\mathrm{L} = \omega L = 2\pi f L$，是频率的函数，$L$ 一定时，感抗与频率成正比。因此电感在交流电路中起阻碍电流的作用，所以电感具有"通直阻交"的特点。

3）电路中的电压与电流用有效值表示时，满足欧姆定律的关系，即

$$I = \frac{U}{X_\mathrm{L}}$$

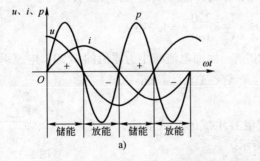
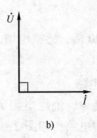

图 2-11 纯电感电路波形图和相量图

a）波形图 b）相量图

（2）功率

1）瞬时功率。

$$p(t) = u_\mathrm{L}i = U_\mathrm{Lm}\sin\left(\omega t + \frac{\pi}{2}\right)I_\mathrm{m}\sin\omega t = U_\mathrm{L}I\sin2\omega t$$

由上式确定的瞬时功率曲线如图 2-11a 所示，在第一和第三个 1/4 周期，$p>0$，线圈吸

收功率，此时线圈从外电路吸收能量并储存在磁场中；在第二和第四个 1/4 周期，$p<0$，线圈输出功率，此时线圈将储存在磁场中的能量输出给外电路。

由以上讨论可知，在一个周期从平均效果来说，纯电感电路是不消耗能量的，它只是与外电路进行能量交换。电感在电路中起着能量的"吞吐"作用，其有功功率（平均功率）为零，所以电感被称为储能元件。

2）无功功率。

在纯电感电路中有功功率为零，但电路中时刻进行着能量的交换，为了表示电感和电源之间能量交换的大小，引入了无功功率的概念。把电路瞬时功率的最大值叫作无功功率，用 Q_L 表示，单位为 var（乏），即

$$Q_L = U_L I_L = \frac{U_L^2}{X_L} = I_L^2 X_L \tag{2-17}$$

注意："无功"的含义是"交换"而不是"消耗"，它是相对"有功"而言的，不能理解为"无用"，生产实际中的具有电感性质的变压器、电动机等设备都是靠电磁转换工作的。

【例 2-4】 已知一个线圈的电感 $L = 25.5$ mH，接到 $u = 220\sqrt{2}\sin 314t$ V 的正弦电源上，试求：1）该电感的感抗 X_L；

2）电路中的电流 I 及电流的瞬时值表达式；

3）其他条件不变，若外加电源的频率变为 1 kH，重求以上各项。

解： 1）感抗 $X_L = \omega L = 314 \times 25.5 \times 10^{-3}$ Ω ≈ 8 Ω

2）$I = \dfrac{U}{X_L} = \dfrac{220}{8}$ A = 27.5 A

电流的有效值为 27.5 A，相位滞后 90°，则瞬时值表示为

$$i = 27.5\sqrt{2}\sin(\omega t - 90°) \text{ A}$$

当频率为 1 kHz 时，$X_L' = 2\pi f L = 2\pi \times 1000 \times 25.5 \times 10^{-3}$ Ω ≈ 160 Ω

$$I_L' = \frac{U}{X_L'} = \frac{220}{160} \text{ A} = 1.375 \text{ A}$$

频率增加 20 倍，感抗也增大 20 倍，因而电流减小为原值的 1/20，电流瞬时值表示为

$$i' = 1.375\sqrt{2}\sin(\omega t - 90°) \text{ A}$$

3. 纯电容电路

由介质损耗少、绝缘电阻大的电容组成的交流电路，可近似地看成是纯电容电路，如图 2-12 所示。

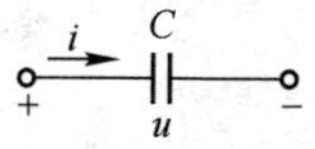

图 2-12 纯电容电路

（1）电压与电流的关系

电容 C 两端的电压和电流采用关联参考方向，如图 2-12 所示，u、i 均为正弦量，设电压为参考正弦量，即电压的初相为零，则其瞬时表达式为 $u = U_m\sin\omega t$，则有

$$i = C\frac{du}{dt} \tag{2-18}$$

则流过电容元件的电流为

$$i = C\frac{du}{dt} = C\frac{d(U_m\sin\omega t)}{dt}$$

$$=\omega CU_\mathrm{m}\cos\omega t$$
$$=\omega CU_\mathrm{m}\sin(\omega t+90°)$$
$$=I_\mathrm{m}\sin(\omega t+90°) \tag{2-19}$$

电压与电流最大值关系为

$$I_\mathrm{m}=\omega CU_\mathrm{m}=\frac{U_\mathrm{m}}{\dfrac{1}{\omega C}} \tag{2-20}$$

式中，$\dfrac{1}{\omega C}$ 具有电阻量纲，单位为 Ω，起阻碍电流通过的作用，称为容抗，用 X_C 表示，即

$$X_\mathrm{C}=\frac{1}{\omega C}=\frac{1}{2\pi f C} \tag{2-21}$$

根据式（2-20）得出电压与电流有效值的关系为

$$I=\frac{U}{X_\mathrm{C}} \tag{2-22}$$

根据以上分析，可得出如下结论：

1）纯电容电路中电压的相位滞后于电流 $\dfrac{\pi}{2}$，即它们初相角的关系为 $\varphi_\mathrm{u}=\varphi_\mathrm{i}-\dfrac{\pi}{2}$，相量图与波形图如图 2-13 所示。

2）电容电路中具有容抗，容抗 $X_\mathrm{C}=\dfrac{1}{\omega C}=\dfrac{1}{2\pi f C}$，是频率的函数，$C$ 一定时，容抗与频率成反比。因此电容在交流电路中随着频率的增加阻碍电流的作用反而降低，对直流有阻断的作用，所以电容具有"通交隔直"的特点。

3）电路中的电压与电流用有效值表示时，满足欧姆定律的关系，即 $I=\dfrac{U}{X_\mathrm{C}}$。

（2）功率

1）瞬时功率。

$$p(t)=u_\mathrm{c}i=U_\mathrm{Cm}\sin\omega t\times I_\mathrm{m}\sin\left(\omega t+\frac{\pi}{2}\right)=U_\mathrm{C}I\sin2\omega t$$

由上式确定的瞬时功率曲线如图 2-13a 所示。由图可看出 $p(t)$ 是一个角频率为 2ω 的正弦量。在第一和第三个 1/4 周期，$p>0$，电容吸收功率，此时电容从外电路吸收能量并以电场能的形式储存起来；在第二和第四个 1/4 周期，$p<0$，电容输出功率，此时电容将储存的能量释放给外电路。

由此可见，在一个周期从平均效果来说，纯电容电路是不消耗能量的，它只是与外电路进行能量交换。电容在电路中起着能量的"吞吐"作用，其有功功率（平均功率）为零。

2）无功功率。

在纯电容电路中时刻进行着能量的交换，和纯电感电路一样，其瞬时功率的最大值被定义为无功功率，反映电容与外电路进行能量交换的幅度，用 Q_C 表示，单位为 var，即

$$Q_\mathrm{C}=U_\mathrm{C}I_\mathrm{C}=\frac{U_\mathrm{C}^2}{X_\mathrm{C}}=I_\mathrm{C}^2X_\mathrm{C} \tag{2-23}$$

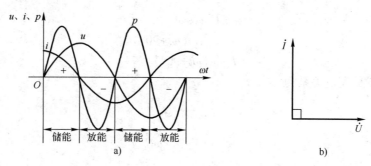

图 2-13　纯电感电路波形图和相量图

a) 波形图　b) 相量图

【例 2-5】 已知一个电容器，其电容 $C = 38.5 \ \mu\text{F}$，接到 $u = 220\sqrt{2}\sin 314t$ V 的正弦电压上，试求：1）该电容的容抗 X_C；

2）电路中的电流 I 及电流的瞬时值表达式；

3）其他条件不变，若外加电源的频率变为 1 kHz，重求以上各项。

解：1）容抗 $X_\text{C} = \dfrac{1}{\omega C} = \dfrac{1}{314 \times 38.5 \times 10^{-6}} \ \Omega \approx 80 \ \Omega$

2）$I = \dfrac{U}{X_\text{C}} = \dfrac{220}{80} \ \text{A} = 2.75 \ \text{A}$

电流的有效值为 2.75 A，相位超前 90°，则瞬时值表示为

$$i = 2.75\sin(\omega t + 90°) \ \text{A}$$

3）当频率为 1 kHz 时，$X_\text{C}' = \dfrac{1}{2\pi f' C} = \dfrac{1}{2\pi \times 1000 \times 38.5 \times 10^{-6}} \ \Omega \approx 4 \ \Omega$

容抗减小了 20 倍，因而电流增大 20 倍，即 $I' = 2.75 \ \text{A} \times 20 = 55 \ \text{A}$，电流瞬时值表示为

$$i' = 55\sin(\omega t + 90°) \ \text{A}$$

2.2.2　RL 串联电路

许多电气设备，如变压器、电动机等都是由多匝线圈绕制而成，其中既有电阻又有电感。由于线圈匝数较多，因此线圈的电阻较大，此时电阻就不可忽略了，线圈相当于电阻与电感的串联电路。分析 RL 串联电路具有重要的实际意义。

1. 电压与电流的关系

如图 2-14a 所示为 RL 串联电路。电路中的各个元件通过的电流相同。

设电路中通过的电流为参考量 $i = I_\text{m}\sin\omega t$，则电阻两端的电压为

$$u_\text{R} = RI_\text{m}\sin\omega t = U_\text{Rm}\sin\omega t$$

电感两端的电压为　$u_\text{L} = X_\text{L}I_\text{m}\sin(\omega t + 90°) = U_\text{Lm}\sin(\omega t + 90°)$

总电压为　　　　$u = u_\text{R} + u_\text{L} = U_\text{Rm}\sin\omega t + U_\text{Lm}\sin(\omega t + 90°) = U_\text{m}\sin(\omega t + \varphi)$

由于各分电压都是同频正弦量，所以用相量法求出总电压为

$$\dot{U} = \dot{U}_\text{R} + \dot{U}_\text{L} \tag{2-24}$$

以电流为参考相量，根据各电压与电流的相位差画出相量图，如图 2-14b 所示。

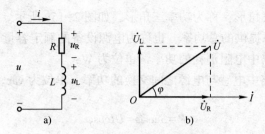

图 2-14 RL 串联电路及其相量图

a) RL 串联电路 b) 相量图

从相量图中还可以看出各电压相量 $\dot{U}$、$\dot{U}_R$ 以及 $\dot{U}_L$ 正好形成一个直角三角形，称为电压三角形，如图 2-15a 所示。在电压三角形中，可以得出总电压与各分电压有效值的关系即

$$U = \sqrt{U_R^2 + U_L^2} \tag{2-25}$$
$$U_R = U\cos\varphi,\ U_L = U\sin\varphi$$

可见，各电压有效值的关系是相量和，而不是代数和，这是与电阻串联电路的本质区别。

从电压三角形中还可以得出总电压与电流之间的相位差为

$$\varphi = \arctan\frac{U_L}{U_R} \tag{2-26}$$

总电压超前总电流一个相位角 $\varphi\ (0 < \varphi < 90°)$。通常把电压超前电流的电路称为电感性电路，具有感性特征的负载称为电感性负载。

由图 2-14b 可求得总电压与电流有效值的关系遵循欧姆定律，即

$$U = \sqrt{U_R^2 + U_L^2} = I\sqrt{R^2 + X_L^2} = I\,|Z| \tag{2-27}$$

式中，$|Z|$ 为复阻抗 Z 的模，简称阻抗，单位为 Ω。

$$|Z| = \frac{U}{I} = \sqrt{R^2 + X_L^2} \tag{2-28}$$

阻抗 $|Z|$、电阻 R 和感抗 X_L 也构成一个直角三角形，称为阻抗三角形，如图 2-15b 所示，在阻抗三角形中 φ 称为阻抗角，等于总电压与电流之间的相位差，即

$$\varphi = \arctan\frac{X_L}{R} = \arctan\frac{U_L}{U_R} \tag{2-29}$$

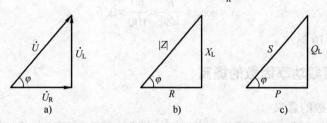

图 2-15 RL 串联电路的电压三角形、阻抗三角形及功率三角形

a) 电压三角形 b) 阻抗三角形 c) 功率三角形

2. 功率

根据功率的定义，将图 2-15a 各电压同乘以电流 I，即可以得到一个由 $UI = S$、$U_R I = P$

及 $U_L I = Q_L$ 组成的直角三角形，称为功率三角形，如图 2-15c 所示。其中：

S 为视在功率，电源提供的总功率，也称为电源设备的额定容量，单位为 V·A；

P 为有功功率，电路中电阻消耗的功率，单位为 W；

Q 为无功功率，电路中电感与电源之间交换的功率，单位为 var。

由功率三角形可知

$$P = S\cos\varphi = UI\cos\varphi \tag{2-30}$$

$$Q = S\sin\varphi = UI\sin\varphi$$

$$S = \sqrt{P^2 + Q^2} = UI$$

可见，视在功率 S 与有功功率 P、无功功率 Q_L 之间遵循勾股定理，不是代数和的关系。电路中只有电阻取用功率，电路中的有功功率就等于电阻消耗的功率。即

$$P = UI\cos\varphi = U_R I = I^2 R = \frac{U_R^2}{R} \tag{2-31}$$

3. 功率因数

功率因数是电路的有功功率与视在功率的比值叫作功率因数，即

$$\lambda = \cos\varphi = \frac{P}{S} \tag{2-32}$$

功率因数的大小是表示电源功率被利用的程度，λ 越大，表明电路对电源输送的功率利用率越高。

【例 2-6】 有电感线圈，电路中的电阻为 60 Ω，电感为 255 mH，将其接入频率为 50 Hz，电压为 220 V 的电路上，分别求 I、U_R、U_L、P、Q_L、S、λ，画出相量图。

解： $X_L = 2\pi fL = (2 \times 3.14 \times 50 \times 255 \times 10^{-3})\ \Omega \approx 80\ \Omega$

$$|Z| = \sqrt{R^2 + X_L^2} = \sqrt{60^2 + 80^2}\ \Omega = 100\ \Omega$$

$$I = \frac{U}{|Z|} = \frac{220}{100}\ A = 2.2\ A$$

$$U_R = RI = (60 \times 2.2)\ V = 132\ V$$

$$U_L = X_L I = (80 \times 2.2)\ V = 176\ V$$

$$P = U_R I = (132 \times 2.2)\ W = 290.4\ W$$

$$Q_L = U_L I = (176 \times 2.2)\ var = 387.2\ var$$

$$S = UI = (220 \times 2.2)\ V·A = 484\ V·A$$

$$\lambda = \cos\varphi = \frac{R}{|Z|} = \frac{60}{100} = 0.6$$

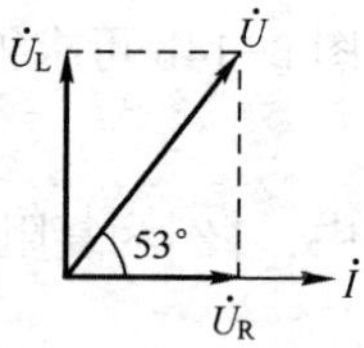

图 2-16 例 2-6 相量图

相量图如图 2-16 所示。

2.2.3 电感性负载功率因数的提高

1. 提高功率因数的意义

功率因数是电力系统中很重要的经济指标，其大小取决于所接负载的性质。实际用电器的功率因数都在 0 和 1 之间，例如白炽灯的功率因数接近 1，荧光灯在 0.5 左右，工农业生产中大量使用的异步电动机满载时可达 0.9 左右，而空载时会降到 0.2 左右。一般情况下，电力系统的负载多属电感性负载，电路功率因数一般不高，这将使电源设备的容量不能得到充分利用，故提高功率因数对国民经济发展有着极其重要的现实意义。

2. 提高电感性电路功率因数的方法

提高电感性电路功率因数的方法是在电感性负载两端并联一个适当的电容器，如图 2-17a 所示。以电压为参考相量，可画出其相量图，如图 2-17b 所示。

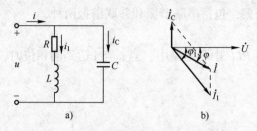

图 2-17 电感性负载功率因数的提高

a）电感性负载与电容并联电路图 b）相量图

由图 2-17b 可知，并联电容前，电路的电流为电感性负载的电流 $\dot{I}_1$，电路的功率因数为电感性负载的功率因数 $\cos\varphi_1$；并联电容后，电路的总电流为 $\dot{I} = \dot{I}_1 + \dot{I}_C$，电路的功率因数变为 $\cos\varphi$。

根据以上分析，得出如下结论：

1）并联电容器后，电感性负载的功率因数没有改变，但整个电路的功率因数提高了，即 $\cos\varphi > \cos\varphi_1$。

2）并联电容器后，流过电感性负载的电流没有改变，但电路的总电流减小了，即 $I < I_1$。

3）并联电容器后，电感性负载所需的无功功率大部分可由电容的无功功率补偿，减小了电源与负载之间的能量交换。但要注意，并联电容的电容量要适当，如果电容量过大，电路的性质就改变了，反而会使电路的功率因数可能降低，这种情况称为过补偿，是不允许的。

目前我国有关部门规定，电力用户功率因数不得低于 0.85。但是当 $\cos\varphi = 1$ 时，电路会发生谐振，这在电力电路中是不允许的，所以通常用户应把功率因数提高到略小于 1。

【例 2-7】某电源 $S_N = 20\ kVA$，$U_N = 220\ V$，$f = 50\ Hz$。试求：1）该电源的额定电流；2）该电源若供给 $\cos\varphi_1 = 0.5$、40 W 的荧光灯，最多可点多少盏？3）若将电路的功率提高到 $\cos\varphi_2 = 0.9$，此时电路的电流是多少？

解：1）额定电流

$$I_N = \frac{S_N}{U_N} = \frac{20 \times 10^3}{220}\ A = 91\ A$$

2）设荧光灯的盏数为 n，即

$$n = \frac{S_N \cos\varphi_1}{P} = \frac{20 \times 10^3 \times 0.5}{40} = 250\ 盏$$

此时电路电流为额定电流，即 $I_1 = 91\ A$。

3）因电路总的有功功率 $P = n \times 40 = 250 \times 40\ W = 10\ kW$，故此时电路中的电流为

$$I = \frac{P}{U\cos\varphi_2} = \frac{10 \times 10^3}{220 \times 0.9}\ A = 50.5\ A$$

2.2.4 谐振电路

电路中的总电压 u 与总电流 i 同相，即总电压 u 与总电流 i 的相位差 $\varphi = 0$，电路呈电阻性，这种现象为电路的谐振，包括串联谐振和并联谐振两种。

1. RLC 串联谐振

如图 2-18a 所示，在 RLC 串联电路中，当 u 与 i 达到同相位时，电路就发生了谐振，称为串联谐振。

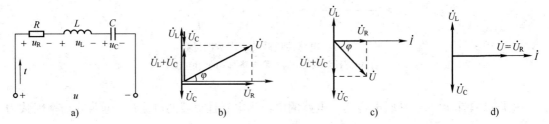

图 2-18　RLC 串联电路及其相量图

a) RLC 串联电路　b) 相量图 $U_L > U_C$　c) 相量图 $U_L < U_C$　d) 相量图 $U_L = U_C$

如图 2-18b 所示，当 $X_L > X_C$，则 $U_L > U_C$，$\varphi > 0$，总电压超前电流一个小于 90° 的 φ，电路呈电感性。

如图 2-18c 所示，当 $X_L < X_C$，则 $U_L < U_C$，$\varphi < 0$，总电压滞后电流一个小于 90° 的 φ，电路呈电容性。

如图 2-18d 所示，当 $X_L = X_C$，则 $U_L = U_C$，$\varphi = 0$，总电压与电流同相位，电路呈电阻性，这种状态又叫作串联谐振。

（1）谐振条件与谐振频率

根据图 2-18d 可得出，RLC 串联电路发生串联谐振的条件为 $X_L = X_C$，即

$$\omega L = \frac{1}{\omega C} \quad 或 \quad 2\pi f L = \frac{1}{2\pi f C}$$

则谐振频率为

$$\omega_0 = \frac{1}{\sqrt{LC}} \quad 或 \quad f_0 = \frac{1}{2\pi\sqrt{LC}} \tag{2-33}$$

由此可知，要使电路发生谐振，可改变 L 或 C，还可改变 f，使之满足谐振条件即可。

（2）串联谐振电路的特点

1）总阻抗最小，$|Z_0| = \sqrt{R^2 + (X_L - X_C)^2} = R$，电路呈电阻性。

2）电流最大，$I_0 = \frac{U}{|Z_0|} = \frac{U}{R}$。

3）电感或电容两端的电压会比总电压高很多倍。

当电路发生谐振时，电感与电容上的电压大小相等，相位相反，相互抵消，所以电路的总电压等于电阻的电压，即 $U = U_R = RI_0$。当感抗或容抗比电阻大很多时，电感或电容的电压就会比总电压高很多倍，因此，串联谐振又称为电压谐振。电感或电容的电压与总电压的比值，称为电路的品质因数，用 Q 表示，即

$$Q = \frac{U_L}{U} = \frac{\omega_0 L}{R} = \frac{1}{\omega_0 CR} \tag{2-34}$$

在无线电工程上可以利用谐振时电感或电容上产生的高电压将微弱的电信号取出，或利用谐振电路的低电阻特性滤除无用信号。但在电力工程上应尽量避免电路发生谐振，因为此时产生的高压会将电感或电容击穿，造成设备损坏。

2. 电感线圈和电容的并联谐振电路

把线圈等效为电阻与电感串联，则线圈和电容的并联电路如图 2-19a 所示。两并联支路的电压 u 相等，电感支路的电流 i_1 滞后于电压 u 一个相位角 φ_1，电容支路的电流 i_C 则超前电压相位角 90°。以电压为参考相量，画出相量图，如图 2-19b 所示，则总电流为电感支路电流与电容支路电流的相量和，即

$$\dot{I} = \dot{I}_1 + \dot{I}_C \tag{2-35}$$

为分析方便，把 $\dot{I}_1$ 分解为水平分量 $\dot{I}_{1h}$ 和垂直分量 $\dot{I}_{1v}$，则总电流的有效值为

$$I = \sqrt{I_{1h}^2 + (I_{1v} - I_C)^2} \tag{2-36}$$

总电流和端电压的相位差为

$$\varphi = \arctan \frac{I_{1v} - I_C}{I_{1h}} \tag{2-37}$$

其中，各支路的电流有效值分别为

$$I_1 = \frac{U}{|Z_1|} = \frac{U}{\sqrt{R^2 + X_L^2}} \quad I_C = \frac{U}{X_C}$$

由以上分析可知，当电容支路电流 I_C 与电感支路电流的垂直分量 I_{1v} 大小相等时，即 $I_C = I_1 \sin\varphi = I_1 \dfrac{X_L}{\sqrt{R^2 + X_L^2}}$ 时，总电流 i 与电压 u 同相，这种情况叫作并联谐振，其相量图如图 2-19c 所示。

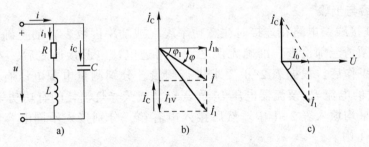

图 2-19 电感线圈和电容并联电路及相量图

a）电感线圈与电容并联电路图 c）相量分析 b）并联谐振相量图

（1）并联谐振条件及谐振频率

如果忽略电阻 R 的影响，根据以上分析，并联谐振的条件为

$$X_L \approx X_C$$

即

$$\omega_0 \approx \frac{1}{\sqrt{LC}}$$

谐振频率为
$$f_0 \approx \frac{1}{2\pi\sqrt{LC}}$$
(2-38)

与串联谐振时的频率公式相同。在电路中线圈电阻损耗较小的情况下，误差是很小的。

（2）谐振时电路的特点

1）总阻抗 $|Z_0|$ 最大，$|Z_0| = \dfrac{(\omega_0 L)^2}{R}$，电路呈现高电阻特性，总电流与端电压同相。

2）电流最小，$I_0 = \dfrac{U}{|Z_0|}$。

3）电感和电容上的电流相位相反，大小几乎相等，并比总电流大很多倍。

将电感中电流（或电容中电流）与总电流之比，定义为电路的品质因数，用 Q 表示，即

$$Q = \frac{I_L}{I_0} = \frac{\omega_0 L}{R}$$
(2-39)

并联谐振又称为电流谐振，是一种用途广泛的谐振电路，在电子技术中常用来选频。

2.2.5 技能训练——荧光灯电路的安装及功率因数的提高

1. 实验目的

1）学习功率因数表（或功率表）的使用。

2）学会安装荧光灯电路，了解各元器件作用。

3）理解提高功率因数的意义和方法。

2. 实验器材

荧光灯灯具、交流电流表、万用表、电容箱、单刀双掷、双极刀开关、功率因数表（或功率表）、导线若干。

3. 实验内容与步骤

按图 2-20 接线，电路在连接时注意功率表（或功率因数表）的正确安装，电路连接完成之后必须请老师检查，准确无误之后方可通电。电源接通之后，先断开开关 S，当荧光灯正常工作后，根据表 2-1 要求进行测量，分别测量电源电压有效值 U、灯管电压 U_R、电路的电流 I、镇流器电压 U_L 及 $\cos\varphi$（或荧光灯消耗的有功功率 P），将测量结果和计算结果均填入表 2-1 中。然后接入电容箱，分别接入不同电容值，再将测量数据填入表 2-1 中。

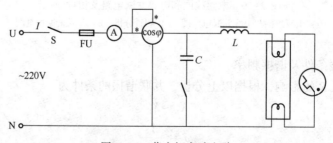

图 2-20　荧光灯实验电路

表 2-1 荧光灯电路的测试数据

电容值/μF	测 量 值					计 算 值
	U/V	U_R/V	U_L/V	I/mA	$\cos\phi$（或 P/W）	P/W（或 $\cos\phi$）
0						
1						
2						
3						
4						

4. 思考题

1）根据表中的数据完成要求的计算。

2）并联电容前后，观察电路中的灯管电压 U_R、电路的电流 I、镇流器电压 U_L 及 $\cos\phi$（或荧光灯消耗的有功功率 P）有无变化？为什么有的量不变而有的量改变？

3）并联电容可提高功率因数，是否并联电容的值越大，功率因数越高，为什么？

4）将负载与电容器串联能否提高功率因数？

5. 完成实验报告

2.2.6 知识训练

1. 单项选择题

（1）电力系统负载大多数是电感性负载，要提高电力系统的功率因数常采用（　　）。

A. 串联电容补偿　　　B. 并联电容补偿　　　C. 串联电感　　　D. 并联电感

（2）RLC 串联交流电路，用万用表测电阻、电感、电容两端电压都是 100 V，则电路端电压是（　　）。

A. 0 V　　　　　　　B. 300 V　　　　　　C. 200 V　　　　　　D. 100 V

（3）纯电感电路中，电压的相位（　　）电流 90°。

A. 超前

C. 等于

B. 滞后

D. 与电流相同，既不超前也不滞后

（4）纯电容电路中，电压的相位（　　）电流 90°。

A. 超前

C. 等于

B. 滞后

D. 与电流相同，既不超前也不滞后

（5）纯电阻电路中，电压与电流的相位关系是（　　）。

A. 电压超前于电流

C. 与电流相同，既不超前也不滞后

B. 电压滞后于电流

D. 无法判断相位关系

（6）电阻 $R=60\,\Omega$、电感 $L=255\,\text{mH}$ 两个元件，串联接入频率为 50 Hz、电压为 220 V 的交流电路上，电路的阻抗为（　　）。

A. 140 Ω　　　　　　B. 20 Ω　　　　　　C. 100 Ω　　　　　　D. 80 Ω

（7）电阻 $R=60\,\Omega$、电感 $L=255\,\text{mH}$ 两个元件，串联接入频率为 50 Hz、电压为 220 V 的交流电路上，电阻两端的电压为（　　）。

A. 220 V　　　　　　B. 311 V　　　　　　C. 176 V　　　　　　D. 132 V

（8）电阻 $R=60\,\Omega$、电感 $L=255\,\text{mH}$ 两个元件，串联接入频率为 $50\,\text{Hz}$、电压为 $220\,\text{V}$ 的交流电路上，电感两端的电压为（　　　）。

A. 220 V　　　　　B. 311 V　　　　　C. 176 V　　　　　D. 132 V

（9）电阻 $R=60\,\Omega$、电感 $L=255\,\text{mH}$ 两个元件，串联接入频率为 $50\,\text{Hz}$、电压为 $220\,\text{V}$ 的交流电路上，电路的无功功率为（　　　）。

A. 484 W　　　　　B. 290 W　　　　　C. 387 var　　　　　D. 132 W

（10）电阻 $R=60\,\Omega$、电感 $L=255\,\text{mH}$ 两个元件，串联接入频率为 $50\,\text{Hz}$、电压为 $220\,\text{V}$ 的交流电路上，电路的有功功率为（　　　）。

A. 484 W　　　　　B. 290 W　　　　　C. 387 W　　　　　D. 132 W

（11）纯电阻电路中，电压和电流的有效值关系为（　　　）。

A. $U=I+R$　　　B. $U=2IR$　　　C. $U=\dfrac{I}{R}$　　　D. $U=IR$

（12）在 RLC 串联电路中，当 $X_L>X_C$ 时，此电路呈现（　　　）性质。

A. 电感性　　　　　B. 电阻性　　　　　C. 电容性　　　　　D. 任何性质均可能

2. 多项选择题

（1）对于纯电阻电路，下列说法正确的有（　　　）。

A. 电阻元件上电压和电流都是同频率正弦量

B. 电压瞬时值和电流瞬时值遵循欧姆定律

C. 电压与电流同相位

D. 电压有效值和电流有效值之比等于 R

（2）对于纯电感电路，下列说法正确的有（　　　）。

A. 电感元件上电压和电流都是同频率正弦量

B. 电压滞后电流 90°

C. 电压超前电流 90°

D. 电压有效值和电流有效值之比等于 X_L

（3）对于纯电容电路，下列说法正确的有（　　　）。

A. 电容元件上电压和电流都是同频率正弦量

B. 电压超前电流 90°

C. 电压滞后电流 90°

D. 电压有效值和电流有效值之比等于 X_C

3. 判断题

（　　）（1）纯电感电路中，电压与电流的相位差为 90°。

（　　）（2）纯电阻电路中，电压与电流同相。

（　　）（3）纯电容电路中，电压与电流的相位差为 90°。

（　　）（4）纯电感电路中，电压超前于电流 90°。

（　　）（5）在 RL 串联的交流电路中，电路负载表现为电感性负载。

（　　）（6）在 RL 串联的交流电路中，电路的总电流等于流过电感的电流。

（　　）（7）在 RL 串联的交流电路中，电路的总电压等于电感两端电压与电阻两端电压的和。

（　　）（8）在 RL 串联的交流电路中，电路的总功率等于电感功率与电阻功率的和。

（　　）（9）在 RL 串联的交流电路中，电路的总阻抗等于电感的感抗与电阻的和。

（　　）（10）在纯电阻电路中，电压和电流的有效值关系为 $U=IR$。

（　　）（11）在纯电感电路中，电压和电流的有效值关系为 $U=IX_L$。

（　　）（12）在纯电容电路中，电压和电流的有效值关系为 $U=IX_C$。

（　　）（13）在 RL 串联电路中，电路的总阻抗的模是 $Z=X_L+R$。

4. 分析与简答题

（1）简要说明为什么电感元件具有"通直阻交"的特点。

（2）简要说明为什么电容元件具有"通交隔直"的特点。

（3）在"荧光灯电路"实验中，都用到了哪些元器件？各元器件的作用是什么？

5. 计算题

有一电感性电路，其等效电阻 $R=60\,\Omega$，电感 $L=255\,mH$。将其接入频率为 50 Hz、电压为 220 V 的交流电路上，分别求 I、U_R、U_L、有功功率 P、视在功率 S 及功率因数 λ，画出相量图。

任务 2.3　三相交流电源的分析

任务描述

前面所学习的内容是单相交流电路的分析和计算，但是在现代电力网中，电能的产生、输送和分配一般都采用三相制供电系统。因此要了解三相交流电的基本概念，掌握对称三相电源的联结方式及其线电压与相电压的关系。

2.3.1　三相交流电的产生及特点

三相交流电源是一个由三个频率相同、最大值相等、相位互差 120° 电角度的单相交流电源按一定方式组合而成的整体供电系统，简称三相电源。三相交流发电机是目前使用最普遍的三相电源。

1. 三相交流电的产生

三相交流电源是利用电磁感应的原理，由三相交流发电机来产生的。三相交流发电机的结构示意图如图 2-21 所示，主要由磁极和电枢组成，其中转动的部分叫转子，不动的部分叫定子。电枢是由三个结构相同，彼此相隔 120° 机械角的绕组（由线圈绕在铁心上制成）构成的。为了区分三个绕组，不同国家采用不同的标注方法，美国规定为 A、B、C 三相，我国则分别规定为 U 相（黄）、V 相（绿）和 W 相（红）。用 U_1U_2、V_1V_2 和 W_1W_2 分别表示三个绕组，其中 U_1、V_1 和 W_1 分别表示三个绕组的首端，U_2、V_2 和 W_2 分别表示三个绕组的末端。当转子以角速度 ω 逆时针匀速旋转时，三个绕组由于切割磁力线便产生了三个频率相同、最大值相等、相位互差 120° 的正弦电动势，这样的电动势，称为三相对称电动势，即三相对称电源。

三相绕组及其电动势示意图如图 2-22 所示。若不考虑三相绕组的电阻和电抗，三相电源可用三个电压源进行等效，其电路符号如图 2-23 所示。

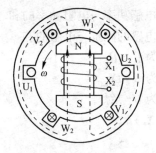

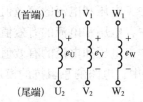

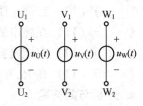

图 2-21　三相发电机结构示图　　图 2-22　三相绕组及其电动势示意图　　图 2-23　三相电源电路符号

2. 表达方法及特点

（1）解析式（瞬时值表达式）表示法

假设每个绕组的电动势参考方向都是由绕组的末端指向始端，若以 U 相电动势作为参考相，则三个电动势的解析式为

$$e_U = E_m \sin\omega t = \sqrt{2}E\sin\omega t \qquad (2\text{-}40)$$

$$e_V = E_m\sin(\omega t - 120°) = \sqrt{2}E\sin(\omega t - 120°)$$

$$e_W = E_m\sin(\omega t - 240°) = \sqrt{2}E\sin(\omega t + 120°)$$

（2）波形图表示法

三相交流电动势的波形图如图 2-24 所示，由波形图可以看出，任意时刻三相对称电源的电动势瞬时值之和为零，即 $e_U(t) + e_V(t) + e_W(t) = 0$。

（3）相量表示法及相量图

三相交流电动势用相量形式表示为

$$\dot{E}_U = E\angle 0° = Ee^{j0°} \qquad (2\text{-}41)$$

$$\dot{E}_V = E\angle -120° = Ee^{-j120°}$$

$$\dot{E}_W = E\angle 120° = Ee^{j120°}$$

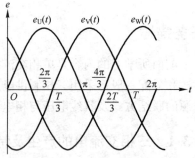

图 2-24　三相交流电动势的波形图

三相交流电动势的相量图如图 2-25 所示，可见三相对称电源电动势的相量和为零，即 $\dot{E}_U + \dot{E}_V + \dot{E}_W = 0$，如图 2-26 所示。

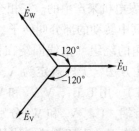

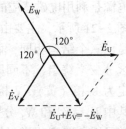

图 2-25　三相对称电动势的相量图　　　　图 2-26　三相对称电动势的相量合成

3. 相序

三相电瞬时值达到正的最大值的先后顺序称为相序。如果三个电动势的相序为 U 相→V 相→W 相，则称为正序；若三个电动势的相序为 U 相→W 相→V 相，则称为逆序。若不加

特殊说明，三相电动势的相序均指正序。

2.3.2 三相电源的星形联结

1. 电路图

如图 2-27 所示，将发电机三相绕组的末端 U_2、V_2、W_2 连成一点 N，而把始端 U_1、V_1、W_1 作为与外电路相联结的端点，就构成了三相电源的星形联结。N 点称为中性点，从中性点引出的导线称为中性线。从始端 U_1、V_1、W_1 引出的三根导线称为相线或端线，俗称火线，常用 L_1、L_2、L_3 表示。

这种由三根相线和一根中性线构成的供电方式称为三相四线制（通常在低压供电电网中采用），日常生活中见到的单相供电电路是由一根相线和一根中性线组成；只由三根相线所组成的供电方式称为三相三线制（在高压输电工程中采用）。

2. 相电压与线电压

三相四线制供电系统可输送两种电压：一种是相线与中性线之间的电压 u_U、u_V、u_W，称为相电压；另一种是相线与相线之间的电压 u_{UV}、u_{VW}、u_{WU}，称为线电压。

由基尔霍夫定律可以得出线电压与相电压之间的关系式

$$\left.\begin{array}{l} u_{UV} = u_U - u_V \\ u_{VW} = u_V - u_W \\ u_{WU} = u_W - u_U \end{array}\right\}$$

它们的相量图如图 2-28 所示。由相量图可知，线电压也是对称的，在相位上比相应的相电压超前 30°；若线电压的有效值用 U_L 表示，相电压的有效值用 U_P 表示，则它们的大小关系为

$$U_L = \sqrt{3}\,U_P \tag{2-42}$$

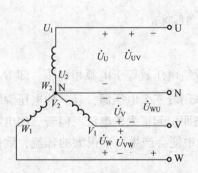

图 2-27 三相电源的星形联结

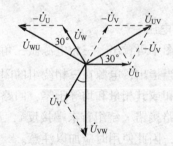

图 2-28 三相电源各电压相量之间的关系

通过以上分析，我们知道三相对称电源做星形联结时，三个线电压和三个相电压都是对称的，各线电压的有效值等于相电压有效值的 $\sqrt{3}$ 倍，而且各线电压在相位上比其对应的相电压超前 30°。

我们通常所说的 220 V、380 V 电压，就是指三相对称电源做星形联结时的相电压和线电压的有效值。

【例 2-8】已知三相四线制供电系统，线电压为 380 V，试求相电压的大小？

解：

$$U_P = \frac{U_L}{\sqrt{3}} = \frac{380}{\sqrt{3}} \text{ V} = 220 \text{ V}$$

【例 2-9】星形联结的对称三相电源中，已知线电压 $u_{UV} = 380\sin\omega t$ V，试求出其他各线电压和各相电压的解析表达式。

解：根据星形对称三相电源的特点，求得各线电压分别为

$$u_{VW} = 380\sin(\omega t - 120°) \text{ V}$$
$$u_{WU} = 380\sin(\omega t + 120°) \text{ V}$$

根据 $\dot{U}_L = \sqrt{3}\dot{U}_P \angle 30°$，则各相电压分别为 $u_U = 220\sin(\omega t - 30°)$ V

$$u_V = 220\sin(\omega t - 150°) \text{ V}$$
$$u_W = 220\sin(\omega t + 90°) \text{ V}$$

2.3.3 三相电源的三角形联结

1. 电路图

三相电源的三角形联结就是把每相绕组的末端与它相邻的另一相绕组的首端依次相连，即 U_1 连 W_2、V_1 连 U_2、W_1 连 V_2，使三相绕组构成一闭合回路，U_1、V_1、W_1 上分别引出三相端线连接负载，电路及相量图如图 2-29 所示。

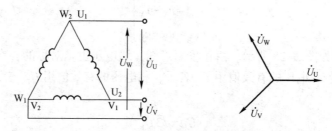

图 2-29 三相电源的三角形联结

2. 电压

从图中可看出，三相电源做三角形联结时，电源线电压就等于电源相电压，即 $U_L = U_P$。

应当指出，电源在三相绕组的闭合回路中同时作用着三个电压源，且三相电压源瞬时值的代数和或其相量和均等于零，回路中不会发生短路而引起很大的电流。但若三相电源不对称或电路接错（绕组首末端接反），那么在三相绕组中便会产生一个很大的环流，致使发电机烧坏，因此使用时应加以注意。

在生产实践中，发电机绕组基本上采用星形联结；三相电力变压器二次侧也相当于一个三相电源，星形联结、三角形联结都有采用。

2.3.4 知识训练

1. 单项选择题

（1）三相交流电是由三个频率相同，在相位上互差（　　）电角度、幅度大小相等的三个相电压组成的供电系统。

A. 30°　　　　　　B. 60°　　　　　　C. 90°　　　　　　D. 120°

(2) 三相交流电产生后，通过三相变压器（　　）后进行远距离输送。

A. 降压　　　　　　　　　　　　B. 升压

C. 不变　　　　　　　　　　　　D. 升压和降压都可能

(3) 把三相电压到达正的最大值、零、负的最大值的先后次序称为（　　）。

A. 相位　　　　　B. 相位差　　　　C. 相序　　　　D. 时序

(4) 将发电机的三个绕组的尾端连接在一起的接法，称为（　　）形联结。

A. 星　　　　　　B. 角　　　　　　C. 菱　　　　　　D. 环

(5) 星形联结的三相电源线电压是相电压的（　　）倍。

A. 1　　　　　　B. 2　　　　　　C. $\sqrt{3}$　　　　　D. 不能确定

(6) 已知三相四线制供电系统中，相电压有效值为220 V，则线电压有效值是（　　）。

A. 110 V　　　　B. 220 V　　　　C. 380 V　　　　D. 不能确定

(7) 三相四线制供电电源有三根端线，一根（　　）。

A. 中性线　　　　B. 相线　　　　C. 地线　　　　D. 火线

(8) 通常三相四线制中用 L_1、L_2、L_3 表示三根相线，用（　　）表示中性线。

A. X　　　　　　B. Y　　　　　　C. Z　　　　　　D. N

(9) 三角形联结的三相电源，线电压是相电压的（　　）倍。

A. 1　　　　　　B. 2　　　　　　C. 3　　　　　　D. 不能确定

(10) 三相电源星形联结时，线电压与相电压的相位关系是（　　）。

A. 线电压超前相电压　　　　　　B. 线电压滞后相电压

C. 线电压与相电压同相位　　　　D. 线电压与相电压反相位

2. 多项选择题

(1) 下列用电器中（　　）必须接在三相电源上才能正常工作。

A. 白炽灯　　　　B. 计算机　　　　C. 三相异步电动机 D. 三相变压器

(2) 三相交流发电机有三相绕组分别称为（　　）。

A. U 相　　　　　B. V 相　　　　　C. W 相　　　　　D. Z 相

(3) 三相交流电的特点是（　　）。

A. 频率相同　　　B. 相位相同　　　C. 幅值相等　　　D. 相位相差90°

(4) 三相交流电源中的三根端线也叫（　　）。

A. 中性线　　　　B. 相线　　　　C. 地线　　　　D. 火线

(5) 三相电源星形联结时，线电压与相电压的关系是（　　）。

A. 线电压超前相电压30°　　　　B. 线电压与相电压相等

C. 线电压是相电压的$\sqrt{3}$倍　　　D. 线电压滞后相电压30°

(6) 在三相电路中，如果负载对称，则每相负载（　　）相同。

A. 电流　　　　　B. 电压　　　　　C. 阻抗　　　　　D. 功率

3. 判断题

（　　）(1) 三相交流电是由三个在相位上互差90°电角度、幅度大小相等的三个相电压组成的供电系统。

（　　）（2）电路中线电压等于相电压。

（　　）（3）三相电源星形联结时，线电压在数值上等于相电压的 3 倍。

（　　）（4）三相电源星形联结时，线电压等于相电压。

（　　）（5）三相电源星形联结时，线电压超前相电压 30°。

任务 2.4　三相负载的分析与测量

任务描述

前面所学习的内容是三相交流电源的联结与特点，三相负载是需要三相电源供电的负载，因此要了解三相负载类型，掌握对称三相电路的分析与计算方法，能够正确进行三相交流电路的联结与测量。

使用交流电的电气设备非常多，这些电气设备统称为负载。按它们对电源的要求分为单相负载和三相负载。单相负载是指只需单相电源供电的设备，如荧光灯、电炉、电视机等。三相负载是指需要三相电源供电的负载，如三相异步电动机等。因为使用任何电气设备都要求负载所承受的电压等于它的额定电压，所以，负载要采用一定的联结方式，来满足负载对电压的要求。

2.4.1　三相负载的星形联结

图 2-30 所示为三相电源和三相负载都为星形联结方式组成的三相四线制电路。每相负载的阻抗为 Z_U、Z_V、Z_W，如果 $Z_U = Z_V = Z_W = Z$，则称为对称三相负载。其中流过相线的电流称为线电流，分别用 i_U、i_V、i_W 表示，其有效值用 I_L 表示；流过每相负载的电流称为相电流，分别用 i_{UN}、i_{VN}、i_{WN} 表示，其有效值用 I_P 表示；流过中性线的电流称为中性线电流，用 i_N 表示，其有效值用 I_N 表示；加在负载上的电压称为相电压，分别用 U_U、U_V、U_W 表示，为有效值。

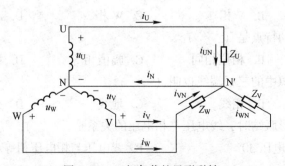

图 2-30　三相负载的星形联结

由图可知，负载星形联结时，三相负载的线电压就是电源的线电压，而加在各相负载两端的相电压等于电源的相电压，负载相电流等于线电流。每一相电源与负载、中性线构成独立的回路，故可采用单相交流电的分析方法对每相负载进行独立分析。

相电流、相电压与各相负载的相量关系为

$$\left.\begin{array}{l} \dot{I}_{\mathrm{U}} = \dfrac{\dot{U}_{\mathrm{U}}}{Z_{\mathrm{U}}} \\[3mm] \dot{I}_{\mathrm{V}} = \dfrac{\dot{U}_{\mathrm{V}}}{Z_{\mathrm{V}}} \\[3mm] \dot{I}_{\mathrm{W}} = \dfrac{\dot{U}_{\mathrm{W}}}{Z_{\mathrm{W}}} \end{array}\right\} \tag{2-43}$$

电源相电压与线电压的有效值关系为 $U_{\mathrm{P}} = \dfrac{U_{\mathrm{L}}}{\sqrt{3}}$

即

$$\left.\begin{array}{l} I_{\mathrm{P}} = I_{\mathrm{L}} = \dfrac{U_{\mathrm{P}}}{|Z_{\mathrm{P}}|} \\[3mm] \varphi_{\mathrm{P}} = \arccos \dfrac{R}{|Z_{\mathrm{P}}|} \end{array}\right\} \tag{2-44}$$

根据 KCL，中性线上的电流为

$$\dot{I}_{\mathrm{N}} = \dot{I}_{\mathrm{U}} + \dot{I}_{\mathrm{V}} + \dot{I}_{\mathrm{W}}$$

在通常情况下，中性线电流总是小于线电流，而且各相负载越接近对称，中性线电流就越小。因此，中性线的导线截面可以比相线的小一些。

1. 对称负载

如果负载对称，即 $Z_{\mathrm{U}} = Z_{\mathrm{V}} = Z_{\mathrm{W}} = Z_{\mathrm{P}}$，此时

$$I_{\mathrm{U}} = I_{\mathrm{V}} = I_{\mathrm{W}} = I_{\mathrm{P}} = I_{\mathrm{L}} = \dfrac{U_{\mathrm{P}}}{|Z_{\mathrm{P}}|} \tag{2-45}$$

$$\varphi_{\mathrm{U}} = \varphi_{\mathrm{V}} = \varphi_{\mathrm{W}} = \varphi_{\mathrm{P}} = \arccos \dfrac{R_{\mathrm{P}}}{|Z_{\mathrm{P}}|} \tag{2-46}$$

即每相电流的大小、相电流与相电压的相位差均相同，各负载中的相电流是对称的。若以 $\dot{I}_{\mathrm{U}}$ 为参考相量，相电流相量关系如图 2-31 所示。

根据相量图可知，有 $\dot{I}_{\mathrm{N}} = \dot{I}_{\mathrm{U}} + \dot{I}_{\mathrm{V}} + \dot{I}_{\mathrm{W}} = 0$。

因此，对称负载星形联结时，中性线可省去，电路可简化为三相三线制，如图 2-32 所示。中性线省去后，并不影响三相负载的工作，三个相电流便借助各相线及各相负载互成回路，各相负载的相电压仍为对称的电源相电压。

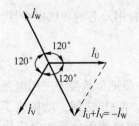

图 2-31 星形对称负载电流相量图

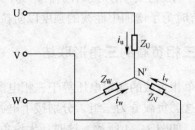

图 2-32 三相对称负载的星形联结

2. 不对称负载

在三相负载不对称的星形联结中，中性线的作用在于能使三相负载成为三个互不影响的独立回路，从而保证各相负载的正常工作。所以，在三相四线制中，规定中性线不能去掉，并且不准安装熔断器和开关，有时中性线还要采用刚性导线来加强机械强度，以免断开。另一方面，在联结三相负载时，应尽量使其平衡，以减小中性线上的电流。

图 2-33 所示为常见的照明电路和动力电路，包括大量的单相负载（如照明灯具）和对称的三相负载（如三相异步电动机）。这些单相负载被接在每条相线与中性线之间，组成一条供电电路，由于各楼层负载不尽相同，也不可能在同一时间内使用，所以这是一典型的不对称负载，应尽量均衡地分别接到三相电路中去，以减少中性线的电流，而不应把它们集中在三相电路中的某一相电路里。像这样把各相负载分别接在每条相线与中性线之间的供电形式称为三相四线制，目前我国低压配电系统普遍采用三相四线制，线电压是 380 V，相电压为 220 V。我们平时所接触的负载，如电灯、电视机、电冰箱、电风扇等家用电器，它们工作时都是用两根导线接到电路中，采用的就是三相四线制。

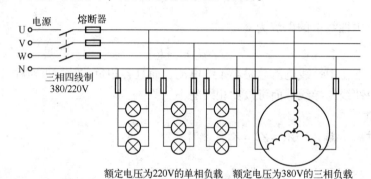

图 2-33　三相四线制供电电路图

采用三相四线制供电方式有如下特点：

1）不对称三相负载做星形联结且无中性线时，由于负载阻抗的不对称，三相负载的相电压不对称，且负载电阻越大，负载承受的电压越高。就是说有的相电压可能超过负载的额定电压，负载可能被损坏（白炽灯过亮烧毁）；有的相电压可能低些，负载不能正常工作（白炽灯暗淡无光）。

2）中性线的作用是保证星形联结时三相不对称负载的相电压对称不变。

3）对于不对称的三相负载，如照明系统，必须采用三相四线制供电方式，中性线不能去掉，且中性线上不允许接熔断器或刀开关。

4）有时为了增加中性线的强度以防拉断，还要采用带有钢丝芯的导线做中性线。

2.4.2　三相负载的三角形联结

如果单相负载的额定电压等于三相电源的线电压，则必须把负载接于三相电源的两根相线之间，这类负载分为三组，分别接于电源的 U-V、V-W、W-U 之间，就构成了负载的三角形联结，如图 2-34 所示。这时，无论负载是否对称，各相负载所承受的电压均为对称的电源线电压，即

$$U_{\Delta P} = U_L \tag{2-47}$$

以下仅讨论对称负载的情况。

分析 2-35 图可知，三相负载做三角形联结时，相电流与线电流是不相同的。对于这种电路的每一相，可按照单相交流电路的方法来计算相电流。在三相负载对称的情况下，各相电流也是对称的，其大小为

$$I_{UV} = I_{VW} = I_{WU} = I_{\Delta P} = \frac{U_{\Delta P}}{|Z_P|} = \frac{U_L}{|Z_P|} \qquad (2-48)$$

同时，各相电流与各相电压的相位差也相同，即

$$\varphi_U = \varphi_V = \varphi_W = \varphi_P = \arccos \frac{R_P}{|Z_P|} \qquad (2-49)$$

故三个相电流的相位差互为 120°，各相电流的正方向由加在该相的电压的正方向来确定。

根据 KCL 可求出，各线电流与相电流之间的关系为

$$\left. \begin{aligned} \dot{I}_U &= \dot{I}_{UV} - \dot{I}_{WU} \\ \dot{I}_V &= \dot{I}_{VW} - \dot{I}_{UV} \\ \dot{I}_W &= \dot{I}_{WU} - \dot{I}_{VW} \end{aligned} \right\}$$

由此可做出线电流和相电流的相量图，如图 2-35 所示。

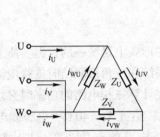

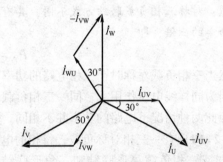

图 2-34　三相负载的三角形联结　　　图 2-35　三相对称负载线电流和相电流的相量图

从相量图中可得到线电流和相电流的大小关系，即

$$I_{\Delta L} = \sqrt{3} I_{\Delta P} \qquad (2-50)$$

可见，三相对称负载为三角形联结时，各线电流、相电流均是对称的，线电流的大小为相电流的 $\sqrt{3}$ 倍；各线电流在相位上比其对应的相电流滞后 30°。

综上所述，三相负载既可做星形联结，也可做三角形联结，具体如何联结，应根据负载的额定电压和电源线电压的关系而定。当各相负载的额定电压等于电源相电压（线电压的 $1/\sqrt{3}$）时，三相负载应做星形联结；如果各相负载的额定电压等于电源的线电压，三相负载就必须做三角形联结。

2.4.3　三相交流电路的功率

三相交流电路中，无论联结方式是星形还是三角形，负载对称还是不对称，三相电路总的有功功率等于各相负载的有功功率之和，即

$$P = P_U + P_V + P_W \tag{2-51}$$

三相电路总的无功功率等于各个负载的无功功率之和，即

$$Q = Q_U + Q_V + Q_W \tag{2-52}$$

三相电路总的视在功率根据功率三角形为

$$S = \sqrt{P^2 + Q^2} \tag{2-53}$$

如果三相负载是对称的，则三相电路总的有功功率等于每相负载上所消耗的有功功率的三倍，即

$$P = 3P_P = 3U_P I_P \cos\varphi_P \tag{2-54}$$

式中的 φ_P 为相电压与相电流之间的相位差（阻抗角）。

在实际应用中，因为三相电路中的线电压和线电流比较容易测量，故时常用它们来表示三相功率。将上述几个公式代入，则可得到

$$P = \sqrt{3} U_L I_L \cos\varphi_P \tag{2-55}$$

注：式中的 φ_P 仍为相电压与相电流之间的相位差。

同理可得到用线电压和线电流表示的无功功率和视在功率，

$$\left.\begin{array}{l} Q = \sqrt{3} U_L I_L \sin\varphi_P \\ S = \sqrt{3} U_L I_L \end{array}\right\} \tag{2-56}$$

注意：对称三相负载联结方式不同，其有功功率也不同，接成△时的有功功率是接成丫时有功功率的三倍，即

$$P_\triangle = 3P_丫 \tag{2-57}$$

虽然当三相负载对称时，三相电路的功率计算公式在形式上是统一的，但实质上是不一样的，因为同样线电压作用下，同一三相负载采用星形联结和三角形联结时的线电流是不一样的，因此两种情况下电路的功率并不相同。这一点，在计算三相电路的功率时必须注意。

【例 2-10】 有一三相对称负载，每相的电阻 $R = 30\,\Omega$，感抗 $X_L = 40\,\Omega$，电源线电压 $U_L = 380\,V$，试求三相负载星形联结和三角形联结两种情况下电路的有功功率，并比较所得的结果。

解：

$$|Z|_P = \sqrt{R^2 + X_L^2} = \sqrt{30^2 + 40^2}\,\Omega = 50\,\Omega$$

$$U_P = \frac{U_L}{\sqrt{3}} = \frac{380}{\sqrt{3}}\,V = 220\,V$$

$$\cos\varphi_P = \frac{R}{|Z_P|} = \frac{30}{50} = 0.6$$

1）三相负载星形联结时

$$I_{丫L} = I_{丫P} = \frac{U_P}{|Z_P|} = \frac{220\,V}{50\,\Omega} = 4.4\,A$$

$$\begin{aligned} P_丫 &= \sqrt{3} U_L I_{丫L} \cos\varphi_P \\ &= \sqrt{3} \times 380\,V \times 4.4\,A \times 0.6 \\ &= 1.7424\,kW \end{aligned}$$

2）当三相负载三角形联结时

$$I_{\triangle L}=\sqrt{3}\,I_{\triangle P}=\sqrt{3}\,\frac{U_L}{|Z_P|}=\sqrt{3}\times\frac{380\text{ V}}{50\text{ }\Omega}=13.2\text{ A}$$

$$P_\triangle=\sqrt{3}\,U_L I_{\triangle L}\cos\varphi_P$$
$$=\sqrt{3}\times380\text{ V}\times13.2\text{ A}\times0.6$$
$$=5.2272\text{ kW}$$

比较 1)、2) 的结果：$\dfrac{P_\triangle}{P_Y}=3$

可见，同样的负载，接成三角形时的有功功率是接成星形时有功功率的 3 倍。无功功率和视在功率也都是这样。

通过上述计算可知：虽然当三相负载对称时，三相电路的功率计算公式在形式上是统一的，但在同样电源电压作用下，同一三相负载采用星形联结和三角形联结两种情况下电路的功率并不相同。这说明电路消耗的功率与负载联结方式有关，要使负载正常运行，必须正确地联结电路。

2.4.4 技能训练——三相负载的联结与测量

1. 实验目的

1) 学习三相电路中负载的星形联结方法。学习常用电工仪表的使用。

2) 通过实验验证负载星形联结时，线电压 U_L 和相电压 U_P、线电流 I_L 和相电流 I_P 的关系。

3) 了解不对称负载星形联结时中性线的作用。

2. 实验器材

通用电学实验台、三相调压器、白炽灯组、万用表、500 mA 交流电流表及导线。

3. 实验内容与步骤

1) 选取白炽灯组，按图 2-36 实验电路的接法连接电路。

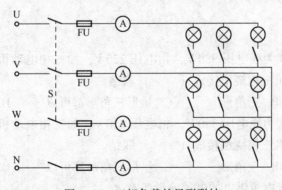

图 2-36 三相负载的星形联结

2) 每相均开三盏灯（对称负载），测量各线电压，线电流、相电压及中性线电流，并将所测得的数据填入下表中。

3) 将三相负载分别开一盏灯、两盏灯和三盏灯（不对称负载），再分别测量各线电压、线电流、相电压及中性线电流，并将所测得的数据填入表 2-2 中。

表 2-2　三相负载的星形联结的测量数据

负载情况	中性线	线电压			相电压			白炽灯亮度		
		U_{L1}	U_{L2}	U_{L3}	U_{P1}	U_{P2}	U_{P3}	L_U	L_V	L_W
对称	有									
	无									
不对称	有									
	无									

负载情况	中性线	线电流			相电流			中性线电流
		I_{L1}	I_{L2}	I_{L3}	I_{P1}	I_{P2}	I_{P3}	I_N
对称	有							
	无							
不对称	有							
	无							

4. 注意事项

每次实验完毕，均需将三相调压器旋钮调回零位，如改变接线，切断三相电源，待教师检查无误后重新接通电源，以确保人身安全。

5. 思考题

1）用实验数据具体说明中性线的作用以及线电压 U_L 和相电压 U_P、线电流 I_L 和相电流 I_P 的关系，并画出它们的相量图。

2）为什么照明供电电路均采用三相四线制？

3）在三相四线制中，中性线是否允许接入熔断器或开关？

6. 完成实验报告

2.4.5　知识训练

1. 单项选择题

（1）我国低压制式为线电压 380 V，相电压 220 V，如三相电动机每相绕组额定电压为220 V，则应将该电动机三相绕组接成（　　）联结。

A. 星形　　　　　B. 三角形　　　　C. 星形三角形都可以　　D. 不能确定

（2）我国低压制式为线电压 380 V，相电压 220 V，如三相电动机每相绕组额定电压为380 V，则应将该电动机三相绕组接成（　　）联结。

A. 星形　　　　　B. 三角形　　　　C. 星形三角形都可以　　D. 不能确定

（3）使用三相交流电源供电的电器或设备有（　　）。

A. 冰箱　　　　　B. 计算机　　　　C. 三相异步电动机　　　　D. 白炽灯

（4）工作在交流电路中的电动机当相序改变后，电动机会（　　）。

A. 加运转　　　　B. 停止运转　　　C. 反向旋转　　　　D. 不确定

（5）在三相电路中，如果三相不对称负载做星形联结时，则每相负载（　　）相同。

A. 电流　　　　　B. 电压　　　　　C. 阻抗　　　　D. 功率

2. 多项选择题

（1）三相负载可以接成（　　）联结方式。

A. 星形　　　　B. 三角形　　　　C. 环形　　　　　　　　D. 不能确定

（2）在三相电路中，如果三相不对称负载做星形联结时，则每相负载（　　）不相同。

A. 电流　　　　B. 电压　　　　C. 阻抗　　　　　　　　D. 功率

3. 判断题

（　　）（1）工作在交流电路中的电动机，当相序改变后，要反向旋转。

（　　）（2）三相负载做星形联结时，中性线中没有电流流过。

（　　）（3）三相负载有星形和三角形两种联结方式。

（　　）（4）为了确保安全用电，在供电电路中无论是相线还是中性线都必须安装熔断器。

（　　）（5）在三相四线制中，如果三相负载对称，则四根线中的电流均相等。

（　　）（6）在三相电路中，如果负载对称，则每相负载取用的功率相同。

（　　）（7）在三相电路中，如果负载的额定电压等于电源的线电压，应接成三角形。

（　　）（8）在三相电路中，如果负载的额定电压等于电源的相电压，应接成星形。

4. 分析与简答题

（1）简单描述住宅用的三相电采用的是哪种联结方式，这种联结方式又称为几相几线制。为了保护电路，开关和熔断器要接在什么位置？

（2）对称三相负载做星形联结。试分析：1）无中性线时，如果某相导线突然断掉，其余两相负载能否正常工作。2）有中性线时，如果某相导线突然断掉，其余两相负载能否正常工作。

5. 计算题

（1）三相负载为星形联结，其阻值分别为 $R_U = 5\,\Omega$ $R_V = 5\,\Omega$ $R_W = 20\,\Omega$，接入相电压为 220 V 的三相四线制电源上，求其相电流和中性线电流。若三相负载 $R_U = R_V = R_W = 20\,\Omega$ 时，求相电流和中性线电流。

（2）每组阻抗为 50 Ω 的三相对称负载，星形联结在线电压为 380 V 的三相四线对称电源上，求其相电流、线电流和三相负载消耗的功率。

（3）每组阻抗为 50 Ω 的三相对称负载，三角形联结在线电压为 380 V 的三相四线对称电源上，求其相电流、线电流和三相负载消耗的功率。

项目 **3**

磁路的认知与应用

学习目标

1) 理解磁场基本物理量的意义。
2) 了解铁磁材料基本知识及磁路的基本定律。
3) 掌握简单磁路的分析、计算方法。
4) 了解铁磁材料的特性及其应用。
5) 了解电磁铁的基本工作原理及应用，掌握简单电磁铁电路的分析、计算方法。
6) 能够正确分析、计算简单电磁铁电路。
7) 理解电磁感应现象，掌握电磁感应定律。
8) 能够利用电磁感应定律分析生活中的常见电磁现象。
9) 理解自感和互感应。

任务 3.1　磁路的认知

任务描述

通过对磁场的基本物理量和磁路物理量的学习，掌握各物理量的表示方法、常用单位、物理意义以及各物理量之间的关系。掌握磁路的概念、磁路基本定律并能够利用磁路定律分析简单磁路问题。

3.1.1　磁路的基本物理量

1. 磁感应强度

磁感应强度是定量描述磁场中各点磁场强弱和方向的物理量。实验表明，处于磁场中某点的一小段与磁场方向垂直的通电导体，如果通过它的电流为 I，其有效长度（即垂直磁力线的长度）为 L，则它所受到的电磁力 F 与 I 的比值是一个常数。当导体中的电流 I 或有效长度 L 变化时，此导体受到的电磁力 F 也要改变，但对磁场中确定的点来说，不论 I 和 L 如何变化，比值 F/IL 始终保持不变。这个比值就称为磁感应强度。即

$$B = \frac{F}{IL} \tag{3-1}$$

式中，B 为磁感应强度，单位为 T（特斯拉）；F 为通电导体所受电磁力，单位为 N；I 为导体中的电流，单位为 A；L 为导体的长度，单位为 m。

磁感应强度是矢量，它的方向与该点的磁场方向相同，即与放置于该点的可转动的小磁针静止时 N 极的指向一致。

磁场中通电导体受力的方向、磁场的方向、导体中电流的方向三者之间的关系，可用左手定则来判断，如图 3-1 所示。

图 3-1　导体电流方向、受力方向、磁场方向的关系
a）磁场中通电导体所受作用力　b）左手定则

若磁场中各点的磁感应强度的大小、方向都相同，则称为匀强磁场。

2. 磁通量

在匀强磁场中，磁感应强度与垂直于它的某一面积的乘积，称为该面积的磁通，用 Φ 表示，即

$$\Phi = BS \tag{3-2}$$

式中，Φ 为磁通，单位为 Wb（韦伯）；S 为与磁场垂直的面积，单位为 m^2。当 $S = 1 \, m^2$、$B = 1 \, T$ 时，$\Phi = 1 \, Wb$。

式（3-2）只适用于磁场方向与面积垂直的均匀磁场。当磁场方向与面积不垂直时，则磁通为

$$\Phi = BS\sin\theta \tag{3-3}$$

式中，θ 为磁场方向与面积 S 的夹角。

3. 磁导率

磁场的强弱不仅与产生它的电流有关，还与磁场中的磁介质有关。例如，对结构一定的长螺线管来说，电流增大时，磁场中各点的磁感应强度也增强，铁心线圈的磁场就比空心线圈的磁场强得多。就是说在磁场中放入不同的磁介质，磁场中各点的磁感应强度将受到影响。这是由于磁介质具有一定的磁性，产生了附加磁感应强度。在磁场中衡量物质导磁性能的物理量称为磁导率，用 μ 表示。磁导率是表征物质导磁能力的物理量，它表明了物质对磁场的影响程度。在电流大小以及导体的几何形状一定的情况下，磁导率越大，对磁感应强度的影响就越大。不同的介质的磁导率不同，为了比较各种物质的导磁性能，将任一物质的磁导率与真空中的磁导率的比值称为该物质的相对磁导率，用 μ_r 表示，即

$$\mu_r = \frac{\mu}{\mu_0} \tag{3-4}$$

式中，μ_0 为真空磁导率，是一个常数，$\mu_0 = 4\pi \times 10^{-7} \, H/m$；$\mu$ 为物质的磁导率。

任一物质的磁导率为

$$\mu = \mu_0 \mu_r \tag{3-5}$$

相对磁导率是没有单位的，它随磁介质的种类不同而不同，其数值反映了磁介质磁化后对原磁场影响的程度，它是描述磁介质本身特性的物理量。用相对磁导率可以很方便、准确地衡量物质的导磁能力，并以此将物质分为铁磁材料和非铁磁材料。自然界中大多数物质的导磁性能较差，如空气、木材、铜、铝等，其磁导率为 $\mu_r \approx 1$，称为非铁磁材料；只有铁、钴、镍及其合金等，其磁导率 $\mu_r \gg 1$，称为铁磁材料。这种物质中产生的磁场要比真空中产生的磁场强千倍甚至万倍以上。通常把铁磁性物质称为强磁性物质，它在电工技术方面得到广泛应用。

4. 磁场强度

在分析计算各种铁磁材料中的磁感应强度与电流的关系时，还要考虑磁介质的影响。为了区别导线电流与磁介质对磁场的影响以及计算上的方便，引入一个仅与导线中电流和载流导线的结构有关而与磁介质无关的辅助物理量来表示磁场的强弱，称为磁场强度，用 H 表示。

$$H = \frac{B}{\mu} \tag{3-6}$$

磁场强度的单位为 A/m，磁场强度是矢量，其方向与磁场中该点的磁感应强度的方向一致。

3.1.2 磁路的基本定律

1. 主磁通和漏磁通

如图 3-2 所示，当线圈中通入电流时，大部分磁通经过铁心、衔铁和气隙形成闭合回路，这部分磁通称为主磁通，还有一小部分磁通没有经过衔铁和气隙，而是经过空气自成回路，这部分磁通称为漏磁通。

2. 磁路

磁通的闭合路径称为磁路，分为有分支磁路和无分支磁路。在无分支磁路中，通过每一个横截面积的磁通都相等。在变压器、电动机等电器设备中，为了把磁通约束在一定的空间范围内，均采用高磁导率的硅钢片等铁磁材料制造铁心，使绝大部分磁通经过铁心形成闭合通路，图 3-3 所示为几种电气设备的磁路。图 3-3a 为单相变压器的磁路，它由同一种铁磁材料构成；图 3-3b 为直流电动机的磁路，图 3-3c 为继电器的磁路。后两种磁路常由几种不同的材料构成，而且磁路中还有很短的气隙。

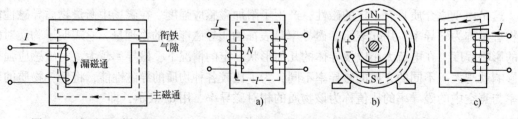

图 3-2　主磁通和漏磁通　　　　　图 3-3　几种电气设备的磁路

3. 磁路欧姆定律

线圈如图 3-4 所示，其中磁介质是均匀的，磁导率为 μ，若在匝数为 N 的绕组中通以电

流 I，试计算线圈内部的磁通 Φ。

设磁路的平均长度为 l，根据磁通的连续性原理，通过无分支的磁路中各段磁路的磁通都相等，如果各段磁路的横截面积都相等，则磁路平均长度 l 上各点的磁感应强度 B 和磁场强度 H 值也应相等。由全电流定律可得

$$H = \frac{IN}{l}$$

磁路平均长度上各点的磁感应强度为

$$B = \mu H$$

磁路中的平均磁通为

$$\Phi = BS = \frac{IN\mu S}{l} = \frac{IN}{\dfrac{l}{\mu S}}$$

令

$$R_m = \frac{l}{\mu S} \tag{3-7}$$

得

$$\Phi = \frac{IN}{R_m} = \frac{F}{R_m} \tag{3-8}$$

式（3-8）称为磁路的欧姆定律。式中 F 为磁通势 $F = IN$，R_m 为磁阻。即磁路中的磁通等于磁通势除以磁阻。磁路的欧姆定律是分析磁路的基本定律。磁路欧姆定律与电路欧姆定律形式相似，在一个无分支的电路中，回路中的电流等于电动势除以回路的总电阻 R；在一个无分支的磁路中，回路中的磁通等于磁通势 IN 除以回路中的总磁阻 R_m。

由式（3-7）可见，磁阻 R_m 的大小不但与磁路的长度 l 和横截面积 S 有关，还与磁路材料的磁导率 μ 有关。当 l 和 S 一定时，μ 越大，R_m 越小；μ 越小，R_m 越大。铁磁材料的 μ 一般很大，所以 R_m 很小。而非铁磁材料如空气、纸等的 μ 接近于 μ_0，所以它们的 R_m 很大。在实际应用中，许多电气设备的磁路往往不是由单一的铁磁材料组成的。图 3-5a 为电磁铁的磁路，当衔铁还没有被吸住时，磁通不但要通过铁心，还要通过气隙，其等效磁路如图 3-5b 所示。由磁路欧姆定律可得如下关系式

$$\Phi = \frac{IN}{R_m} = \frac{IN}{R_{m1} + R_{m2} + R_{m3}}$$

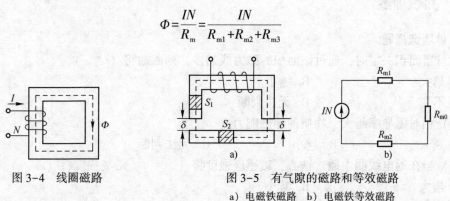

图 3-4　线圈磁路　　图 3-5　有气隙的磁路和等效磁路
a）电磁铁磁路　b）电磁铁等效磁路

由于气隙的磁阻 $R_{m0} \gg (R_{m1} + R_{m2})$，若要使磁路中获得一定的磁通值，磁路中有气隙时所需要的磁通势要远远大于没有气隙时的磁通势。所以当磁路的长度和截面积已经确定时，为了减小磁通势（即减小励磁电流或线圈匝数），除了选择高磁导率的铁磁材料外，还应当尽可能地缩短磁路中不必要的气隙长度。

由于铁心的磁导率不是常数，它随铁心的磁化状况而变化，因此磁路欧姆定律通常不能用来进行磁路的计算，但在分析电气设备磁路的工作情况时，要用到磁路欧姆定律的概念。

4. 磁路基尔霍夫定律

磁路基尔霍夫定律是计算带有分支的磁路的重要工具。

磁路基尔霍夫第一定律（KCL）表明，对于磁路中的任一节点，通过该节点的磁通代数和为零，或传入该节点的磁通代数和等于穿出该节点的磁通代数和，即

$$\sum \Phi = 0 \tag{3-9}$$

它是磁通连续性的体现。

磁路基尔霍夫第二定律（KVL）表明：沿磁路中的任意回路，磁压降（Hl）的代数和等于磁通势（NI）的代数和，即

$$\sum Hl = \sum NI \tag{3-10}$$

它说明了磁路的任意回路中，磁通势和磁压降的关系。当回路的绕行方向与电流参考方向符合安培定则时磁通势（NI）取正，否则取负；当回路的绕行方向与磁通方向一致时磁压降（Hl）取正，否则取负。

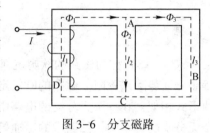

图 3-6　分支磁路

如图 3-6 所示为有分支的磁路，线圈匝数为 N，通以电流为 I，三条支路的磁通分别为 Φ_1、Φ_2 和 Φ_3，磁通与电流参考方向如图 3-6 所示，它们的关系符合安培定则。对节点 A 则有

$$\Phi_1 = \Phi_2 + \Phi_3$$

对回路 BCDB 则有

$$H_1 l_1 + H_3 l_3 = IN$$

式中，H_1 表示 CDA 段的磁场强度，l_1 为该段的平均长度；H_3 表示 ABC 段的磁场强度，l_3 为该段的平均长度。

3.1.3　知识训练

1. 单项选择题

（1）当面积一定时，通过该面积的磁力线越多，则磁通将（　　　）。

A. 越大　　　　　　　　B. 越小

C. 不变　　　　　　　　D. 无法判断

（2）相对磁导率越大，物质的导磁能力（　　　）。

A. 越大　　　　　　　B. 越小　　　　　　　C. 无法判断

（3）当在通电线圈中插入铁心，磁感应强度将（　　　），磁场强度将（　　　）。

A. 增大　　　　　　　　B. 减小

C. 不变　　　　　　　　D. 无法判断

2. 简答题

（1）磁场的基本物理量有哪些？它们各自的物理意义及相互关系怎样？

（2）什么是磁路？分哪几种类型？

（3）磁路中的气隙很小，为什么磁阻却很大？

任务3.2 铁磁材料的认知

任务描述

铁磁材料主要指铁、镍、钴及其合金等。由于铁磁材料的磁导率很大，具有铁心的线圈，其磁场远比没有铁心的线圈的磁场强，所以电动机变压器等电气设备都要采用铁心做磁路。通过学习铁磁材料的磁化特点和磁性能的分析，掌握铁磁材料的应用。

3.2.1 铁磁材料的性质

1. 铁磁材料的磁化

铁磁材料具有很强的被磁化特性。铁磁材料内部存在着许多小的自然磁化区，称为磁畴。这些磁畴犹如小的磁铁，在无外磁场作用时呈杂乱无章的排列，对外不显磁性，如图3-7a所示。当有外磁场时，在磁场力作用下磁畴将按照外磁场方向顺序排列，产生一个很强的附加磁场，此时称铁磁材料被磁化。磁化后，附加磁场与外磁场相叠加，从而使铁磁材料内的磁场大大增强，如图3-7b所示。

材料的磁感应强度 B 和外加磁场强度 H 之间的对应关系曲线，称为磁化曲线。通过实验得出铁磁材料的磁化曲线，如图3-8所示。它是一条非线性曲线，横轴为外加磁场强度 H，纵轴为铁磁材料的磁感应强度 B。铁磁材料磁化曲线的特征是：

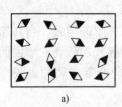

图3-7 铁磁材料磁畴示意图
a) 磁化前 b) 磁化后

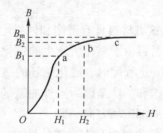

图3-8 铁磁材料磁化曲线图

Oa 段：B 与 H 几乎成正比地增加；

ab 段：B 的增加缓慢下来；

b 点以后：B 增加很少；

c 点时磁感应强度达到最大值 B_m，以后不再增加，近于直线。

由磁化曲线可见，铁磁材料的 B 与 H 不成正比，这说明铁磁材料的磁感应强度与外加磁场强度是非线性的关系，所以铁磁材料的 μ 值不是常数，随磁场强度的变化而变化，不同的磁场强度，铁磁材料所对应的磁导率是不同的。铁磁材料的磁化曲线在磁路计算上极为重要。几种常见铁磁材料的磁化曲线如图3-9所示。

2. 铁磁材料的磁性能

（1）铁磁材料具有高导磁性

铁磁材料的磁导率通常都很高，即 $\mu_r \gg 1$（如坡莫合金，其 μ_r 可达 2×10^5）。铁磁材料

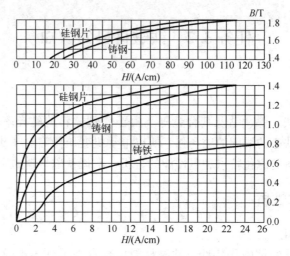

图 3-9　常见铁磁材料的磁化曲线

能被强烈地磁化，具有很高的导磁性能。从铁磁材料的磁化曲线（图 3-8）可以看出：在磁化曲线的 Oa 段，当 H 由 0 向 H_1 增加时，铁磁材料内部磁畴的磁场按外磁场的方向顺序排列，使铁磁材料内的磁场大为加强，B 迅速增大，且 B 与 H 基本上呈线性关系。这一段曲线称为起始磁化曲线。

磁性物质的高导磁性被广泛地应用于电工设备中，如电机、变压器及各种铁磁元件的线圈中都放有铁心。在这种具有铁心的线圈中通入不太大的电流，便可以产生较大的磁通和磁感应强度。

（2）铁磁材料具有磁饱和性

铁磁材料由于磁化所产生的磁化磁场不会随着外加磁场的增强而无限的增强，当外加磁场增大到一定程度时，磁化磁场的磁感应强度将趋向某一定值，不再随外加磁场的增强而增强，达到饱和。这是因为当外加磁场 H 达到一定强度时，铁磁材料的全部磁畴的磁场方向都转向与外部磁场方向一致。

（3）铁磁材料具有磁滞特性

铁磁材料的磁滞特性是在交变磁化中体现出来的。当磁场强度 H 的大小和方向反复变化时，铁磁材料在交变磁场中反复磁化，其磁化曲线是一条回形闭合曲线，称为磁滞回线，如图 3-10 所示。

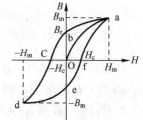

图 3-10　磁滞回线

从图中可以看到，当 H 从 0 增加到 H_m 时，B 沿 Oa 曲线上升到饱和值 B_m，随后 H 值从 H_m 逐渐减小，B 值也随之减小，但 B 并不沿原来的 Oa 曲线下降，而是沿另一条曲线 ab 下降；当 H 下降为零时，B 下降到 B_r 值。这是由于铁磁材料被磁化后，磁畴已经按顺序排列，即使撤掉外磁场也不能完全恢复到其杂乱无章的排列，而对外仍显示出一定的磁性，这一特性称为剩磁，即图中的 B_r 值。要使剩磁消失，必须改变 H 的方向。当 H 向反方向达到 H_c 时剩磁消失，H_c 称为矫顽磁力。铁磁材料在磁化过程 B 的变化落后于 H 的变化，这一现象称为磁滞。

当继续增加反向 H 值，铁磁材料被反方向磁化，当反向 H 值达到最大值 H_m 时，B 值也随之增加到反方向的饱和值 B_m。当 H 完成一个循环，铁磁材料的 B 值即沿闭合曲线 abcdefa

变化，这个闭合曲线称为磁滞回线。铁磁材料在交变磁化过程中，由于磁畴在不断地改变方向，使铁磁材料内部分子振动加剧，温度升高，造成能量消耗。这种由于磁滞而引起的能量损耗，称为磁滞损耗。磁滞损耗程度与铁磁材料的性质有关，不同的铁磁材料其磁滞损耗不同，硅钢片的磁滞损耗比铸钢或铸铁的小。磁滞损耗对电机或变压器等电气设备的运行不利，是引起铁心发热的原因之一。

3.2.2 铁磁材料的分类与用途

铁磁材料在工程技术上应用很广，不同的铁磁材料导磁性能不相同，其磁滞回线和磁化曲线也不同。根据磁滞回线的不同，可将铁磁材料分为软铁磁材料、硬铁磁材料和矩铁磁材料三类。

1. 软铁磁材料

图3-11a所示为软铁磁材料的磁滞回线。这类材料的剩磁、矫顽磁力、磁滞损耗都较小，磁滞回线狭长，容易磁化，也容易退磁，适用于交变磁场，可用来制造变压器、继电器、电磁铁、电机以及各种高频电磁元件铁心。常用的软磁材料有铸钢、铸铁、硅钢片、玻莫合金和铁氧体等，其中硅钢片是制造变压器、交流电动机、接触器和交流电磁铁等电气设备的重要导磁材料；铸铁、铸钢一般用来制造电动机的机壳；而铁氧体是用来制造高频磁路的导磁材料。

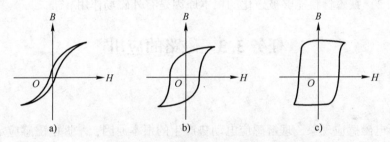

图3-11 不同铁磁材料的磁滞回线

a）软铁磁材料 b）硬铁磁材料 c）矩铁磁材料

2. 硬铁磁材料

图3-11b所示为硬铁磁材料的磁滞回线。它的剩磁、矫顽磁力、磁滞损耗都较大，磁滞回线较宽，磁滞特性显著，磁化后，能得到很强的剩磁，而不易退磁，因此，这类材料适用于制造永久磁铁。广泛应用于各种磁电式测量仪表、扬声器、永磁发电机以及通信装置中。常用的硬铁磁材料有碳钢、钨钢、铝镍钴合金、钡铁氧体等。

3. 矩铁磁材料

矩铁磁材料的磁滞回线形状近似于矩形，如图3-11c所示。它的剩磁很大，但矫顽力较小，易于翻转，在很小的外磁场作用下就能磁化，一经磁化便达到饱和值，去掉外磁场，磁性仍能保持在饱和值。矩铁磁材料主要用来做记忆元件，如计算机存储器等。

3.2.3 知识训练

1. 单项选择题

（1）铁磁材料能够被磁化的根本原因是（　　　）。

A. 有外磁场作用　　　　　　　　　　B. 有良好的导磁性能

C. 反复交变磁化　　　　　　　　　　D. 其内部有磁畴

（2）铁磁材料在磁化过程中，当外加磁场 H 不断增加，而测得的磁感应强度几乎不变的性质称为（　　）。

A. 高导磁性　　　　B. 磁饱和性　　　　C. 磁滞性　　　　D. 剩磁

（3）软磁材料主要特点是（　　）。

A. 剩磁小，磁滞损耗小　　　　　　　B. 剩磁大，磁滞损耗小

C. 剩磁大，磁滞损耗大　　　　　　　D. 剩磁小，磁滞损耗大

（4）用铁磁材料做电动机的铁心，主要是利用其中的（　　）特性。

A. 高导磁性　　　　B. 磁饱和性　　　　C. 磁滞性　　　　D. 剩磁

2. 多项选择题

（1）铁磁材料的特性有（　　）。

A. 高导磁性　　　　B. 磁饱和性　　　　C. 磁滞性　　　　D. 剩磁

（2）根据铁磁材料的特点可将其分为以下哪几种（　　）。

A. 软铁磁材料　　　B. 硬铁磁材料　　　C. 矩铁磁材料　　　D. 非铁磁材料

3. 判断题

（　　）（1）软铁磁材料适合制造电机的铁心，而硬铁磁材料适合制造永久磁铁。

（　　）（2）铁磁材料能够被磁化的根本原因是有外磁场作用。

任务 3.3　磁路的应用

任务描述

通过分析电磁感应现象，理解感应电动势产生的根本原因，掌握电磁感应定律，利用电磁感应定律分析和处理实际问题。掌握自感应和互感应的产生，了解电磁铁的基本原理及其应用，了解磁滞损耗和涡流损耗。

3.3.1　电磁感应、自感应、互感应

1. 电磁感应

实验指出，当导体对磁场做相对运动切割磁力线时，导体中便有感应电动势产生；当穿过闭合回路的磁通量发生变化时，回路中便有感应电动势产生。这两种本质上一样，但在不同条件下产生感应电动势的现象，统称为电磁感应。

从形式上看，产生感应电动势有两种方法——切割磁力线和磁通量变化。

（1）切割磁力线产生感应电动势

如图 3-12a 所示，当处在匀强磁场 B 中的直导线 l 以速度 v 垂直磁场方向运动切割磁力线时，导线中便产生感应电动势，感应电动势为

$$E = Blv$$

式中，E 为感应电动势，单位为 V；B 为磁感应强度，单位为 T；l 为导线的有效长度，单位为 m；v 为导线的运动速度，单位为 m/s。

E 的方向可由右手定则来判断, 如图 3-12b 所示。

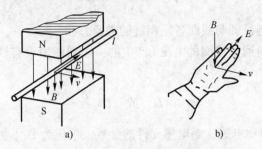

图 3-12 导体中的感应电动势

根据感应电动势的产生原理, 可制造出各种发电机。

(2) 磁通量变化产生感应电动势

如图 3-13 所示, 将线圈放在磁场中, 当磁体垂直移动时, 穿过线圈的磁通亦发生变化, 此时线圈中就产生感应电动势。线圈中感应电动势的大小与穿过线圈的磁通的变化率成正比, 即穿过线圈的磁通变化越快, 产生的感应电动势越大; 穿过线圈的磁通变化越慢, 产生的感应电动势越小; 磁通不变化时, 感应电动势为零。这一变化规律称为法拉第电磁感应定律。

感应电动势的方向可用楞次定律来确定。楞次定律指出: 如果回路中的感应电动势是由于穿过回路的磁通变化产生的, 则感应电动势在闭合回路中将产生一电流, 由这一电流产生的磁通总是阻碍原磁通的变化。根据楞次定律, 若选择磁通 Φ 与感应电动势 E 的参考方向仍符合右手螺旋关系 (图 3-14), 则表达式为

$$E = -\frac{\mathrm{d}\Phi}{\mathrm{d}t}$$

式中, "-"号包含了楞次定律的含义。

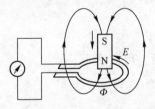

图 3-13 变化的磁通产生感应电动势图

图 3-14 感应电动势的正方向

如果同一变化的磁通穿过 N 匝线圈, 则线圈中产生的感应电动势为

$$E = -N\frac{\mathrm{d}\Phi}{\mathrm{d}t}$$

2. 自感应和互感应

(1) 自感应

当线圈中电流变化时, 便在线圈周围产生变化的磁通, 这个变化的磁通穿过线圈本身时, 线圈中便产生感应电动势。这种由于线圈本身电流变化而产生感应电动势的现象, 称为自感应, 简称自感, 所产生的电动势称为自感电动势, 用 e 表示。自感电动势同样可以用电磁感应公式来表示, 当线圈的匝数为 N 时, 自感电动势为

$$e = -N\frac{\mathrm{d}\Phi}{\mathrm{d}t} = -\frac{\mathrm{d}\Psi}{\mathrm{d}t} \tag{3-11}$$

式中，$\Psi = N\Phi$，称为磁链，即与线圈各匝相链的磁通总和。

通常磁通或磁链是由通过线圈的电流 i 产生的，当线圈中没有铁磁材料时，Ψ 或 Φ 与 i 成正比关系，即

$$\Psi = N\Phi = Li \quad \text{或} \quad L = \frac{\Psi}{i} = \frac{N\Phi}{i} \tag{3-12}$$

式中，L 为自感系数，简称电感，是电感元件的参数，单位为 H（亨）。

由式（3-12）可见，线圈的匝数 N 越多，其电感越大；线圈中单位电流产生的磁通越大，电感 L 越大。较小的电感单位为 mH 或 μH，换算关系为

$$1\mathrm{H} = 10^3\,\mathrm{mH} = 10^6\,\mu\mathrm{H}$$

将 $\Psi = Li$ 代入式（3-11）得

$$e_{\mathrm{L}} = -L\frac{\mathrm{d}i}{\mathrm{d}t} \tag{3-13}$$

式（3-13）为电感元件自感电动势与线圈中电流关系的基本表达式，是分析电感元件的基本公式。

（2）互感应

如图 3-15 所示，当线圈 1 中电流变化时，产生的变化磁通穿过邻近的线圈 2，使线圈 2 中产生感应电动势。这种由于一个线圈中电流变化，而在另一线圈中产生感应电动势的现象，称为互感应，所产生的电动势称为互感电动势。两个互感线圈称为磁耦合线圈。

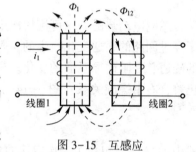

图 3-15　互感应

由图 3-15 可见，线圈 1 中的部分磁通 Φ_{12} 穿过线圈 2 的磁链 Ψ_{12} 等于 Φ_{12} 与线圈 1 的匝数的乘积。因为 Ψ_{12} 是由 i_1 电流产生的，所以 Ψ_{12} 是 i_1 的函数，即

$$\psi_{12} = Mi_1$$

式中，比例系数 M_{12} 称为线圈 2 对线圈 1 的互感系数。可以证明

$$M_{12} = M_{21} = M$$

式中，M 为两个线圈的互感系数，单位为 H。

互感系数的大小取决于两个线圈的几何尺寸、匝数、相对位置和磁介质。当磁介质为非铁磁材料时，M 为常数。

工程上常用耦合系数 k 表示两个线圈耦合的紧密程度，耦合系数的定义式为

$$k = \frac{M}{\sqrt{L_1 L_2}}$$

由于互感磁通是自感磁通的一部分，所以 $k<1$。当 k 接近于零时，为弱耦合；当 k 接近于 1 时，为强耦合；当 $k=1$ 时，称两线圈为全耦合，此时的自感磁通全部为互感磁通。

两个线圈之间的耦合程度或耦合系数的大小与两个线圈的结构、相互位置及磁介质有关。如果两个线圈紧密地绕在一起，如图 3-16a 所示，则 k 可以接近于 1；如果两个线圈离得较远或轴线相互垂直，如图 3-16b 所示，线圈 1 产生的磁通不穿过线圈 2；而线圈 2 产生

的磁通穿过线圈1时，线圈上半部和线圈下半部磁通的方向正好相反，其互感作用相互抵消，则 k 值很小，甚至可以接近于零。由此可知，改变或调整线圈的相对位置，可改变耦合系数的大小。

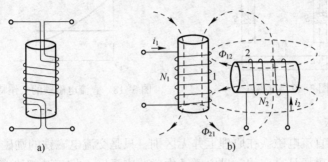

图 3-16　互感线圈
a) 紧密耦合　b) 非紧密耦合

在电力电子技术中，为了利用互感原理传递能量或信号，常采取紧密耦合的方式。例如，变压器利用铁磁材料作为导磁磁路，以使 k 值接近于1。

3.3.2　电磁铁

电磁铁是工程技术中常用的电气设备，是利用通电的铁心线圈吸引衔铁而工作的电器。电磁铁由于用途不同其型式各异，但基本结构相同，都是由励磁线圈、静铁心和衔铁（动铁心）三个主要部分组成。电磁铁根据使用电源不同，分为直流电磁铁和交流电磁铁两种。如果按照用途来划分电磁铁，主要可分成以下五种：1) 牵引电磁铁：主要用来牵引机械装置、开启或关闭各种阀门，以执行自动控制任务；2) 起重电磁铁：用做起重装置来吊运钢锭、钢材、铁砂等铁磁材料；3) 制动电磁铁：主要用于对电动机进行制动以达到准确停车的目的；4) 自动电器的电磁系统：如电磁继电器和接触器的电磁系统、自动开关的电磁脱扣器及操作电磁铁等；5) 其他用途的电磁铁：如磨床的电磁吸盘以及电磁振动器等。

1. 直流电磁铁

图 3-17 所示为直流电磁铁的结构示意图。当电磁铁的励磁线圈中通入励磁电流时，铁心对衔铁产生吸力。衔铁受到的吸力与两磁极间的磁感应强度 B 成正比，在 B 为一定值的情况下，吸力的大小还与磁极的面积成正比，即 $F \propto B^2 S$。经过计算，作用在衔铁上的吸力用公式表示为

$$F = \frac{10^7}{8\pi} B^2 S \tag{3-14}$$

式中，F 为电磁吸力，单位为 N；B 为气隙中的磁感应强度，单位为 T；S 为铁心的横截面积，单位为 m^2。

直流电磁铁的吸力 F 与气隙的关系，即 $F = f_1(\delta)$；电磁铁的励磁电流 I 与气隙的关系，即 $I = f_2(\delta)$，称为电磁铁的工作特性，可由实验得出，其特性曲线如图 3-18 所示。

从图 3-18 中可见，直流电磁铁的励磁电流 I 的大小与衔铁的运动过程无关，只取决于电源电压和线圈的直流电阻，而作用在衔铁上的吸力则与衔铁的位置有关。当电磁铁起动时，衔铁与铁心之间的气隙最大，磁阻最大，因磁动势不变，磁通最小，磁感应强度亦最

小，吸力最小。当衔铁吸合后，$\delta = 0$，磁阻最小，吸力最大。

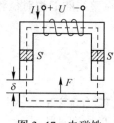

图 3-17　电磁铁

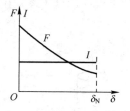

图 3-18　直流电磁铁的工作特性

2. 交流电磁铁

交流电磁铁与直流电磁铁在原理上并无区别，只是交流电磁铁的励磁线圈上加的是交流电压，电磁铁中的磁场是交变的。设电磁铁中磁感应强度 B 按正弦规律变化，即

$$B = B_m \sin\omega t$$

代入式（3-14），得电磁吸力的瞬时值为

$$
\begin{aligned}
F &= \frac{10^7}{8\pi} B^2 S = \frac{10^7}{8\pi} S B_m^2 \sin^2 \omega t \\
&= \frac{10^7}{8\pi} S B_m^2 \left(\frac{1 - \cos 2\omega t}{2} \right) \\
&= \frac{1}{2} F_m - \frac{1}{2} F_m \cos 2\omega t
\end{aligned}
\tag{3-15}
$$

式中，$F_m = \dfrac{10^7}{8\pi} S B_m^2$，为电磁吸力的最大值。从式（3-15）可见，电磁吸力是脉动的，在零和最大值之间变动。但实际上吸力的大小取决于平均值。设电磁吸力的平均值为 F_0。则有

$$F_0 = \frac{1}{2} F_m = \frac{10^7}{16\pi} S B_m^2 = \frac{10^7}{16\pi} \frac{\Phi_m^2}{S} \tag{3-16}$$

式中，$\Phi_m = B_m S$，为磁通的最大值，在外加电压一定时，交流磁路中磁通的最大值基本保持不变 $\left(\Phi_m \approx \dfrac{U}{4.44Nf} \right)$。因此，交流电磁铁在吸合衔铁的过程中，电磁吸力的平均值也基本保持不变。

由于交流电磁铁的吸力是脉动的，工作时要产生振动，从而产生噪音和机械磨损。为了减小衔铁的振动，可在磁极的部分端面上嵌装上一个铜制的短路环，如图 3-19 所示。当总的交变磁通 Φ 的一部分 Φ_1 穿过短路环时，环内产生感应电流，阻止磁通 Φ_1 变化，从而造成环内磁通 Φ_1 与环外磁通 Φ_2 产生相位差，于是有这两部分磁通产生的吸力不会同时为零，使振动减弱。需要指出的是，交流电磁铁的线圈电流在刚吸合时要比工作时大几倍到十几倍。由于吸合时间很

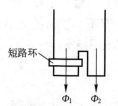

图 3-19　短路环

短，吸合后电流立即降为正常值，因此对线圈没有大的影响。如果由于某种意外原因电磁铁的衔铁被卡住，或因为工作电压低而不能吸合，则线圈会因为长时间过电流而烧毁。

电磁铁的用途极为广泛，如图 3-20 所示工业生产中使用的起重电磁铁，电气设备中的接触器、继电器、制动器、液压电磁阀等。

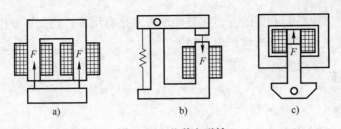

图 3-20 几种电磁铁

a）起重电磁铁 b）继电器 c）液压电磁铁

3.3.3 涡流

直流励磁的铁心线圈和交流励磁的铁心线圈有着不同的工作特性。首先表现在功率损耗方面，直流铁心线圈的功率损耗主要是线圈内阻的损耗，称为铜损，用 ΔP_{Cu} 表示（$\Delta P_{Cu} = I^2R$）；而在交流铁心线圈中，由于磁通是交变的，除了线圈内阻的功率损耗外，还存在着铁心中的磁滞损耗和涡流损耗，涡流损耗和磁滞损耗合称为铁损耗，简称为铁损，用 ΔP_{Fe} 表示。铁损将使铁心发热，从而影响设备绝缘材料的使用寿命。

1. 磁滞损耗

磁滞损耗是因铁磁物质在反复磁化过程中，磁畴来回翻转，克服彼此间的阻力而产生的发热损耗。理论与实践证明，磁滞回线包围的面积越大，磁滞损耗也越大。

磁滞损耗是变压器、电动机等电工设备铁心发热的原因之一，为了减少磁滞损耗，交流铁心都选用软铁磁材料，如硅钢等。

2. 涡流损耗

如图 3-21a 所示，当铁心线圈中通有交流电流时，它所产生的交变磁通穿过铁心，铁心内就会产生感应电动势和感应电流，这种感应电流在垂直于磁力线方向的截面内形成环流，故称为涡流。涡流在变压器和电动机等设备的铁心中要消耗电能而转变为热能，从而形成涡流损耗。

涡流损耗会造成铁心发热，严重时会影响电工设备的正常工作。为了减小涡流损耗，电气设备的铁心一般都不用整体的铁心，而用硅钢片叠成，如图 3-21b 所示。硅钢片可由含硅 2.5% 的硅钢轧制而成，其厚度为 0.35~1 mm，硅钢片表面涂有绝缘层，使片间相互绝缘。由于硅钢片具有较高的电阻率，且涡流陂限制在较小的截面内流通，电流值很小，因此大大减少了损耗。

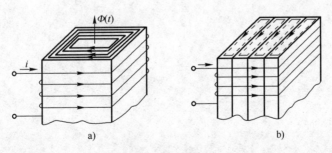

图 3-21 涡流

a）涡流的产生 b）涡流的减少

涡流对许多电工设备是有害的，但在某些场合却是有用的。比如工业用高频感应电炉就是利用涡流的热效应来加热和冶炼炉内金属的。

3.3.4 知识训练

1. 单项选择题

（1）线圈中产生感应电动势的大小与通过线圈的（　　）成正比。

A. 磁通的变化率 　　　　　　　　　　　B. 磁通的变化量

C. 磁通量的大小 　　　　　　　　　　　D. 磁感应强度的大小

（2）楞次定律的内容是（　　）。

A. 感应电压所产生的磁场总是阻止原磁通的变化

B. 感应电压所产生的电场总是停止原电场的变化

C. 感应电流所产生的磁场总是阻碍原磁通的变化

D. 感应电压所产生的磁场总是顺着原磁场的变化

2. 多项选择题

（1）产生感应电动势的原因有（　　）。

A. 导体切割磁力线　　B. 导体运动　　　　C. 磁通变化　　　　D. 电流变化

（2）下列现象中利用了电磁感应原理的有（　　）。

A. 变压器　　　　　　B. 电磁铁　　　　　C. 涡流　　　　　　D. 电磁炉

3. 判断题

（　　）（1）变压器的工作原理是电磁感应现象中的自感应。

（　　）（2）导体在磁场中做切割磁力线运动时，导体中就产生感应电动势。

变压器与电动机的认知

学习目标

1) 掌握变压器的基本结构及其作用。
2) 掌握变压器的运行技术指标。
3) 了解变压器铭牌数据。
4) 掌握常见变压器的用途及特点。

任务 4.1　变压器的认知

任务描述

变压器的基本结构分为铁心与绕组，铁心组成磁路，绕组组成电路，通过电磁感应原理将一次侧电能进行一定的变换传递到二次侧。变压器运行的常见指标有容量、效率、损耗等。除了电力变压器，自耦变压器、电流互感器、电压互感器也是常用的变压器。学好变压器相关知识，可以给学习电动机知识打下良好的基础。

4.1.1　单相变压器的基本结构

变压器是一种静止的电气设备，它利用电磁感应原理，将一种电压等级的交变电压转换为同频率的另一种电压等级的交变电压。因其主要用途是变换电压，故称为变压器。变压器不仅具有变换电压的作用，此外，还具有变换电流、变换阻抗、改变相位和电磁隔离的作用。变压器的基本结构主要由两部分组成：铁心——变压器的磁路；绕组——变压器的电路。对于不同种类的变压器，还装有其他附件。

1. 铁心

铁心是变压器的主磁路，并作为变压器的机械骨架。铁心由铁心柱和铁轭构成，铁心柱上套装绕组，铁轭连接铁心柱，具有使磁路闭合的作用。对铁心的要求是导磁性能要好、磁滞损耗及涡流损耗要尽量小，因此均采用 $0.3 \sim 0.35\,\mathrm{mm}$ 厚、表面涂有绝缘漆的硅钢片制作。单相变压器的铁心可分为叠片式和卷制式两种，如图 4-1 所示。

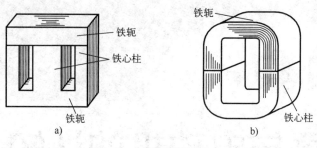

图 4-1　单相变压器铁心

a）叠片式铁心　b）卷制式铁心

2. 绕组

变压器的绕组通常称为线圈，是变压器中的电路部分。小型变压器一般用相互绝缘的漆包圆铜线绕制而成，对容量稍大的变压器则用扁铜线或扁铝线绕制。通常变压器有两种绕组，工作时与电源相连的绕组称为一次绕组（或原绕组），匝数为 N_1；与负载相连的绕组称为二次绕组（或副绕组），匝数为 N_2。在变压器中，接高压电的绕组称为高压绕组，接低压电的绕组称为低压绕组。

4.1.2　单相变压器的工作原理

一次绕组加上交流电压 u_1 后，绕组中便有交流电流 i_1 通过，i_1 将在铁心中产生与 u_1 同频率的交变磁通 ϕ，根据电磁感应原理，将分别在两个绕组中感应出电动势 e_1 和 e_2，如图 4-2 所示，变压器的图形及文字符号如图 4-3 所示。

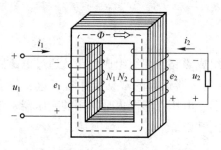

图 4-2　变压器工作原理示意图　　　　　图 4-3　变压器图形和文字符号

若把负载接在二次绕组上，则在电动势 e_2 的作用下，有电流 i_2 流过负载，实现了电能的传递。理论分析和实践都表明，一次、二次绕组感应电动势的大小与绕组匝数成正比，故只要改变一次、二次绕组的匝数比，就可达到改变输出电压的目的，这就是变压器的基本工作原理。

4.1.3　单相变压器的运行特性

单相变压器的运行特性主要有外特性与效率特性，而表征变压器运行性能的主要指标则有电压变化率和效率。

1. 外特性

变压器一次侧接上额定电压，二次侧开路时，二次侧的端电压就等于二次侧额定电压。

外特性是指一次侧加额定电压，负载功率因数一定时，二次侧端电压随负载电流变化的关系。

2. 电压变化率

电压变化率也称为电压调整率，是描述变压器负载变化时二次侧电压变化程度的一种指标。假定变压器一次侧接上额定电压、二次侧开路时，二次侧的端电压为其额定值，当二次侧接入负载后，二次侧电压将发生变化。空载和负载的二次侧电压之差与二次额定电压的比值就是电压变化率。电压变化率越小，变压器的稳定性能越好。

3. 效率

（1）变压器的容量

变压器的额定容量是由额定电压和额定电流的乘积即视在功率表示。

（2）变压器的损耗

输入功率与输出功率之差就是变压器内部的功率损耗，有铁损和铜损。铁损因磁滞损耗和涡流损耗而产生，称为不变损耗；铜损因电流在电阻上发热而产生，因此称为可变损耗。

（3）变压器的效率

变压器输出有功功率与输入有功功率之比的百分比称为变压器的效率。变压器是静止电器，没有机械损耗，所以效率很高，一般大于90%，大容量变压器可达97%左右。

（4）效率特性

由数学推导可知，变压器的铜损与铁损相等时，效率达到最高。

4.1.4 三相变压器

三相变压器的用途是变换三相电压。它主要用于输电、配电系统中，常称为电力变压器。三相变压器的结构和三台单相变压器相比，简化了结构和节约了材料。变压器的每个铁心柱上都绕有一次或二次绕组，相当于一个单相变压器。在三相电力变压器中，目前使用最广泛的是三相油浸式电力变压器，其外形示例如图4-4所示，它主要由铁心、绕组、套管、油箱、储油柜、冷却装置和保护装置等部件组成。

1. 三相变压器的结构

1）铁心。铁心是三相变压器的磁路部分，与单相变压器一样。

2）绕组。绕组是三相电力变压器的电路部分。一般用绝缘纸包的扁铜线或扁铝线绕成，绕组的作用是作为电流的通路，产生磁通和感应电动势。

3）信号式温度计。用于显示变压器油温。

4）吸湿器。用于除去变压器油内含的水分。

5）储油柜。当变压器油温度过高导致体积膨胀时，多余的油会进入储油柜。

6）油表。用于显示油的液面高度。

7）安全气道。在有爆炸危险的情况时，因为安全气道的结构最薄弱，首先损坏，释放压力，减小大爆炸的风险。

8）气体继电器。在变压器油温度过高产生有害气体时，发出信号。

9）高、低压套管。用于高、低压接线。

10）分接开关。根据输入电压的高低选择开关的位置，可以调整输出电压。

11）油箱。用于储存变压器油。

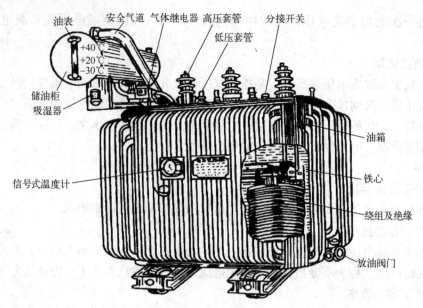

图 4-4 三相油浸式电力变压器

12）放油阀门。用于维护时放出变压器油。

2. 三相电力变压器的铭牌

每台变压器上都装有铭牌，如图 4-5 所示，在铭牌上标明了变压器工作时规定的使用条件，主要有型号、额定值、器身重量等有关技术数据以及制造编号和制造厂家。

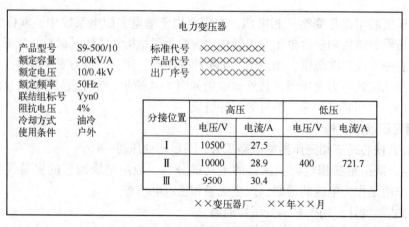

图 4-5 电力变压器铭牌

1）型号 S9-500/10 表示第九代设计的三相电力变压器，容量为 500 kVA，高压侧电压为 10 kV。

2）额定容量指在额定使用条件下所能输出的视在功率，对三相变压器而言，额定容量指三相容量之和。

3）额定电压指变压器长时间运行时所能承受的工作电压。在三相变压器中，额定电压指的是线电压。

4）额定电流指变压器在额定容量下，允许长期通过的电流。同样，三相变压器的额定电流指的是线电流。

5）额定频率，我国规定标准工频为 50 Hz。

6）联结组标号规定了高低压侧三相绕组的接法和电压相位关系。Yyn0 表示一次侧为星形联结，二次侧为星形联结并引出中性线，0 表示一、二次线电压的相位差为 0。

4.1.5 几种常用变压器

1. 自耦变压器

（1）结构特点及用途

前面叙述的变压器，其一次、二次绕组是分开绕制的，它们虽装在同一铁心上，但相互之间是绝缘的，即一次、二次绕组之间只有磁的耦合，而没有电的直接联系，这种变压器称为双绕组变压器。如果把一次、二次绕组合二为一，使二次绕组成为一次绕组的一部分，这种只有一个绕组的变压器称为自耦变压器，如图 4-6 所示。可见自耦变压器的一次、二次绕组之间除了有磁的耦合外，还有电的直接联系。由结构可知，自耦

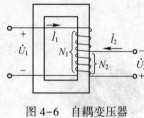

图 4-6　自耦变压器
结构示意图

变压器可节省铜和铁的消耗，从而减小变压器的体积、重量，降低制造成本，且有利于大型变压器的运输和安装。在实验室中常用具有滑动触点的自耦调压器获得可任意调节的交流电压。此外，自耦变压器还常用做异步电动机的起动补偿器，对电动机进行减压起动。

自耦变压器效率比双绕组变压器低。

（2）使用注意事项

因为一次、二次绕组有电的直接联系，故非常不安全，使用中外壳必须可靠接地，因为输出电压是可调节的，因而使用前后都要将输出值调至最小。一般用于三相电动机减压起动控制电路。

2. 仪用互感器

电工仪表中的交流电流表一般可直接用来测量 20 A 以下的电流，交流电压表可直接用于测量 450 V 以下的电压。而在实践中有时往往需测量几百安、几千安的大电流及几千伏、几十千伏的高电压，此时必须加接仪用互感器。

仪用互感器是作为测量用的专用设备，分电流互感器和电压互感器两种，它们的工作原理与变压器相同。

使用仪用互感器的目的：一是扩大测量仪表（电流表及电压表）的测量范围；二是为了测量人员的安全，使测量回路与高压电网相互隔离。

仪用互感器除用于交流电流及交流电压的测量外，还用于各种继电保护装置的测量系统。

（1）电流互感器

电流互感器在电工测量中用来按比例变换交流电流。其基本结构形式及工作原理与单相变压器相似，它也有两个绕组：一次绕组（一次线圈）串联在被测的交流电路中，流过的是被测电流 i_1，一般只有一匝或几匝，用粗导线绕制；二次绕组（二次线圈）匝数较多，与交流电流表相接。其外观示例及原理示意图如图 4-7 所示。

使用电流互感器时必须注意以下事项：

1) 在运行时，电流互感器的二次绕组绝对不允许开路。

因为二次绕组开路时，电流互感器处于空载运行状态，此时一次绕组流过的电流（被测电流）全部为励磁电流，使铁心中的磁通急剧增大，造成铁心过热，烧损绕组；另一方面，将在二次绕组中感应出很高的电压，可能使绝缘击穿，并危及测量人员和设备的安全。因此在检修或更换时，必须先将电流互感器的二次绕组短接。

2) 电流互感器的铁心及二次绕组一端必须可靠接地。

（2）电压互感器

电压互感器在电工测量中用来按比例变换交流电压，其外观示例及原理示意图如图4-8所示。

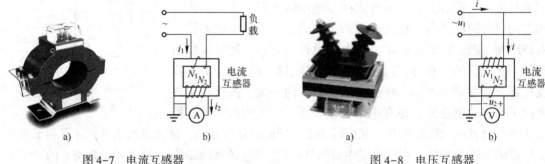

图 4-7　电流互感器
a）外形图　b）原理图

图 4-8　电压互感器
a）外形图　b）电路原理图

使用电压互感器时必须注意以下事项：

1) 电压互感器的二次绕组在使用时绝不允许短路。若二次绕组短路，将产生很大的短路电流，导致电压互感器烧坏。

2) 电压互感器的铁心及二次绕组的一端必须可靠地接地，以保证工作人员及设备的安全。

3) 电压互感器有一定的额定容量，使用时二次绕组回路不宜接入过多的仪表，以免影响电压互感器的测量精度。

4.1.6　技能训练——变压器的绝缘测试与变压比测试

1. 实验目的

（1）掌握变压器绝缘测试方法。

（2）掌握变压比测试方法。

（3）掌握绝缘电阻表的使用方法。

2. 实验器材

万用表、绝缘电阻表、螺钉旋具、尖嘴钳、变压器、导线等。

3. 数据处理

1) 测试变压器外壳与绕组间的绝缘电阻值三次，计算平均值并记录；

2) 测试变压器高低压绕组间的绝缘电阻值三次，计算平均值并记录；

3) 将变压器高压侧接三个不高于额定电压的交流电压，分别测量输出与输入电压值各三次，然后计算变压比平均值并记录。

4. 注意事项

1）万用表使用时，注意档位功能的选择。使用后选择交流最大档位并关闭电源。

2）螺钉旋具、尖嘴钳使用时应注意安全。

3）绝缘电阻表的手摇时间不应少于 90 s，摇速要均匀（每分钟 120 转左右）。

4）将最终结果汇报给指导教师。

5. 完成实验报告

4.1.7 知识训练

1. 判断题

（　）（1）变压器能够变频。

（　）（2）变压器通常效率较低。

（　）（3）电压互感器使用中不用接地。

（　）（4）变压器铭牌丢失将无法使用。

（　）（5）变压器可用水来冷却。

2. 简答题

（1）变压器常见应用有哪些？

（2）变压器主要结构及其作用是什么？

（3）常见变压器有哪些？

（4）变压器铭牌上都有哪些重要信息？

（5）变压器有哪些制冷方式？

任务 4.2　三相异步电动机的认知

任务描述

电动机是用来将电能转换成机械能的工具。三相异步电动机主要由定子和转子两大部分组成，定子绕组通入三相交流电形成旋转磁场，转子绕组在磁场的作用下，产生感应电流，该电流受磁场力作用，形成驱动转矩从转轴输出。三相异步电动机运行时主要有起动、调速、反转、制动等几个环节，每个环节都有相应的方式方法来使电动机运转得更好。拆装电动机是维护电动机必备技能。

4.2.1　三相异步电动机的结构

三相异步电动机是交流电动机的一种，又称感应电动机。它具有结构简单、制造容易、坚固耐用，维修方便、成本较低、价格便宜等一系列优点，因此被广泛应用在工业、农业、国防、航天、科研、建筑、交通以及人们的日常生活当中。

三相异步电动机在结构上主要由两大部分组成，即静止部分和转动部分。静止部分称为定子，转动部分称为转子。转子装在定子腔内，定子、转子之间有一缝隙，称为气隙。此外还有机座、端盖、轴承、接线盒、风扇等其他部分。如图 4-9 所示为三相笼型异步电动机的结构图。

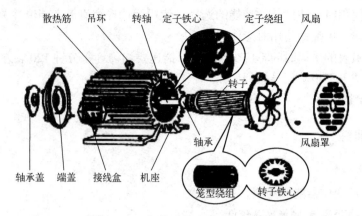

图 4-9　三相笼型异步电动机结构图

4.2.2　三相异步电动机的工作原理

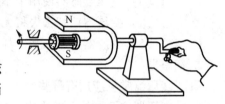

图 4-10　三相异步电动机原理示意图

　　如图 4-10 所示是一个装有手柄的蹄形磁铁，磁极间放有一个可以自由转动的由铜条组成的转子。当摇动磁铁时，发现转子跟着磁极一起转动。如果摇动得快，转子转得也快；摇得慢，转得也慢；反着摇，转子马上反转。这是因为当磁场旋转时，其磁力线将切割笼型转子的导体，在导体中会有感应电动势产生，该电动势就会在导体中产生电流，电流在磁场中将受电磁力的作用，产生转矩，驱动笼型转子随磁场的旋转方向而转动，这就是异步电动机的基本原理。

　　实用电动机不能靠磁铁的旋转产生旋转，而是采用三相交流电来产生旋转磁场，从而实现了从电能向机械能的转换。三相异步电动机是利用定子绕组中三相交流电所产生的旋转磁场与转子绕组内的感应电流相互作用而旋转的。

4.2.3　三相异步电动机的铭牌数据与运行特性

1. 铭牌

　　每台电动机的外壳上都附有一块铭牌，铭牌上显示着这台电动机的一些基本数据和指标，如图 4-11 所示。

三相异步电动机			
型号Y112M-2		编号××××	
4kW		8.2A	
380V	2890r/min	L_W　79dB(A)	
接法△	防护等级　IP44	50Hz	××kg
JB/T 10391—2008	工作制　S1	B级绝缘	××年××月
××电机厂			

图 4-11　三相异步电动机铭牌示例

铭牌数据的含义如下：

（1）型号

如 Y112M-2，Y 表示异步电动机；112 表示机座中心高度为 112 mm；M 表示中机座（S 表示短机座，L 表示长机座）；2 表示两极电动机。

（2）电压

电压是指电动机定子绕组应加的线电压的有效值，即电动机的额定电压。Y 系列三相异步电动机的额定电压统一为 380 V。有的电动机铭牌上标有两种电压值，如 380 V/220 V，是对应定子绕组采用丫/△两种接法时应加的线电压的有效值。

（3）频率

频率是指电动机所用的交流电源的频率，我国电力系统规定为 50 Hz。

（4）功率

功率是指在额定电压、额定频率下满载运行时电动机转轴上输出的机械功率，即额定功率，又称额定容量。

（5）电流

电流是指电动机在额定运行时定子绕组的线电流的有效值，即额定电流。

（6）接法

接法是指电动机在额定电压下，三相定子绕组应采用的联结方法。Y 系列三相异步电动机规定额定功率在 3 kW 及以下的为丫联结，4 kW 及以上的为△联结。铭牌上标有两种电压、两种电流的电动机，应同时标明丫/△两种接法。

三相异步电动机的外部接线如图 4-12 所示。

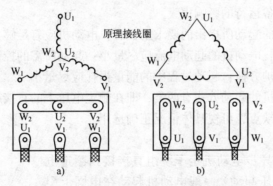

图 4-12　三相异步电动机的外部接线图

a）星形联结　b）三角形联结

2. 工作方式

S1 表示连续工作制；S2 表示短时工作制；S3 表示断续周期工作制。

3. 机械特性

机械特性是指在一定运行条件下，电动机的转速与转矩之间的关系。典型机械特性曲线，如图 4-13 所示。

用机械特性曲线来分析三相异步电动机的运行性能：

1）曲线的 AC 段。在这一段的曲线近似于线性，随着

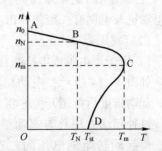

图 4-13　三相异步电动机的
典型机械特性曲线

异步电动机的转矩增加而转速略有下降，从空载点 A 到满载的额定运行点 B 点，转速仅下降 1%~6%，可见三相异步电动机在 AC 段的工作区域有较 "硬" 的机械特性。

2）额定运行状态在 B 点，电动机工作在额定运行状态，在额定电压、额定电流下产生额定的电磁转矩，以拖动额定的负载，此时对应的转速、转差率均为额定值（额定值均用下标 "N" 表示）。电动机工作时应尽量接近额定状态运行，以使电动机有较高的效率和功率因数。

3）临界状态 C 点被称为 "临界点"，在该点产生的转矩为最大转矩，它是电动机运行的临界转矩，因为一旦负载转矩大于最大转矩，电动机因无法拖动而使转速下降，工作点进入曲线的 CD 段。在 CD 段随着转速的下降转矩继续减小，使转速很快下降至零，电动机出现堵转。C 点为曲线 AC 段与 CD 段交界点，所以称为 "临界点"，该点对应的转差率称为临界转差率。电动机产生的最大转矩与额定转矩之比称为电动机的过载能力。

4）起动状态 D 点称为 "起动点"。在电动机起动瞬间，电动机轴上产生的转矩称为起动转矩（又称为 "堵转转矩"）。起动转矩是衡量电动机起动性能好坏的重要指标，通常用起动转矩比额定转矩的倍数表示。

4.2.4　三相异步电动机的运行控制

三相异步电动机在运行的过程中，主要有起动、反转、调速和制动几个控制环节。

1. 起动

起动是指电动机通电后转速从零开始逐渐加速到正常运转的过程。由电动机所拖动的各种生产、运输机械及电气设备经常需要进行起动和停止，所以电动机起动、调速和制动性能的好坏对这些机械或设备运行的影响很大。

对三相异步电动机的起动所提出的要求主要有：电动机应有足够大的起动转矩；在保证足够起动转矩的前提下，电动机的起动电流应尽量小；起动所需的控制设备应尽量简单，力求价格低廉，操作及维护方便；起动过程中的能量损耗应尽量小。

三相笼型异步电动机的起动方式有两类，即在额定电压下的直接起动和降低起动电压的减压起动，它们各有优缺点，可视具体情况正确选用。

（1）直接起动

直接起动是将三相异步电动机定子绕组直接接到额定电压的电源上，故又称全压起动。一般电动机起动在电网上引起的电压降不超过 10%~15% 时，允许直接起动。

直接起动的优点是所需设备简单、起动时间短，缺点是对电动机及电网有一定的冲击。

（2）减压起动

1）定子串电阻或电抗减压起动。

如图 4-14 所示，电动机起动时在定子绕组中串电阻减压，起动结束后再用开关 S 将电阻短路，全压运行。

这种起动方法具有起动平稳、运行可靠，设备简单的优点，但起动转矩随电压的二次方降低，只适合空载或轻载起动。

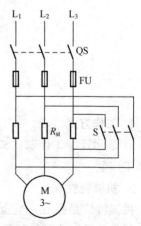

图 4-14　定子绕组串电阻减压起动电路图

2）自耦变压器减压起动。

自耦变压器用作电动机减压起动时，就称为起动补偿器。起动时，自耦变压器的高压侧接电网，低压侧接电动机定子绕组。起动结束，切除自耦变压器，电动机定子绕组直接接至额定电压运行，如图4-15所示。

3）星形-三角形减压起动。

这种起动方法只适用于绕组在工作的时候采用三角形联结的三相异步电动机。起动时，定子绕组接成星形联结，待电动机转速升高后，再改为三角形联结。如图4-16所示。这样，在起动时就把定子每相绕组上的电压降为正常工作的 $1/\sqrt{3}$ 。

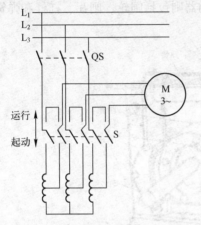

图4-15 自耦变压器减压起动电路图

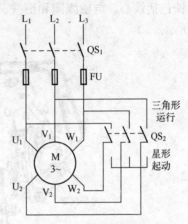

图4-16 星-三角减压起动电路图

2. 三相异步电动机的反转

由三相异步电动机的工作原理可知：三相异步电动机的转动方向始终与定子绕组所产生的旋转磁场方向相同。而旋转磁场方向与通入定子绕组的电流相序有关。故要改变异步电动机的转向，方法为改变通入定子绕组的电流相序。

3. 三相异步电动机的调速

（1）变极调速

三相异步电动机定子绕组所形成的磁极对数取决于定子绕组中电流的方向，只要改变定子绕组的接线方式，就能改变磁极对数，从而改变电动机的转速，如图4-17、图4-18所示。

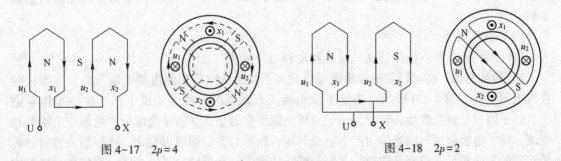

图4-17 $2p=4$ 图4-18 $2p=2$

（2）变频调速

变频调速是利用电动机的同步转速随频率变化的特性，通过改变电动机的供电频率进行调速的方法。在异步电动机诸多的调速方法中，变频调速的性能最好，调速范围广、效率高、稳定性好。

改变异步电动机定子绕组供电电源的频率 f_1，可以改变同步转速 n_1，从而改变转速 n。如果频率 f_1 连续可调，则可平滑地调节转速，此为变频调速原理。市场上有专门的变频器供选择使用。

4. 制动

（1）机械制动

电磁抱闸是机械制动中最常用的装置，它主要包括制动电磁铁和闸瓦制动器两个部分。制动电磁铁包括铁心、电磁线圈和衔铁，闸瓦制动器则包括闸轮、闸瓦、杠杆和弹簧等。如图 4-19 所示。

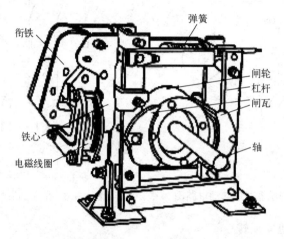

图 4-19　电磁抱闸

电磁抱闸的基本原理是：制动电磁铁的电磁线圈与三相异步电动机的定子绕组并联，闸瓦制动器的转轴与电动机的转轴相连。当电动机通电运行时，电磁抱闸的线圈也通电，产生电磁力吸引衔铁，克服了弹簧拉力，迫使杠杆将闸瓦和闸轮分开，使电动机的转轴可自由转动。一旦电动机的电源被切断，电磁抱闸的线圈也与电动机同时断电，电磁吸力消失，衔铁被释放，在弹簧拉力的作用下，闸瓦紧紧地抱住闸轮，这样电动机被迅速制动而停转。

电磁抱闸制动装置在起重机械（如桥式起重机、提升机、电梯等）中被广泛采用，这种制动方法不但可以准确定位，而且在电动机突然断电时，可以避免重物自行坠落而造成事故。

（2）电气制动

电气制动有三种：能耗制动、反接制动和回馈制动。

1）能耗制动。将运行着的异步电动机的定子绕组从三相交流电源上断开后，立即接到直流电源上，如图 4-20 所示，当定子绕组通入直流电时，在电动机中将产生一个恒定磁场。转子因机械惯性继续旋转时，转子导体切割恒定磁场，在转子绕组中产生感应电动势和电流，转子电流和恒定磁场作用产生电磁转矩，根据右手定则可以判定电磁转矩的方向与转子转动的方向相反，为制动转矩。在制动转矩作用下，转子转速迅速下降，当转速与转矩均为零时，制动过程结束。这种方法是将转子的动能转变为电能，消耗在转子回路的电阻上，所以称为能耗制动。

能耗制动的优点是制动能力强，制动过程平稳。缺点是需要一套专门供制动使用的直流电源。

2）反接制动。改变电动机定子绕组与电源的连接相序，则转子产生的转矩与实际转向正好相反，从而达到制动的效果，原理如图 4-21 所示。

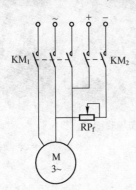
图 4-20　能耗制动原理图

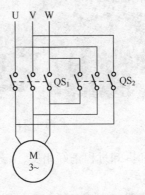
图 4-21　反接制动原理图

采用反接制动必须注意：当电动机转速接近零值时应及时切断电源，否则电动机就会反向起动而达不到制动的目的。

3）回馈制动。使电动机在外力（如起重机下放重物）作用下，其电动机的转速超过旋转磁场的同步转速，如图 4-22a 所示。起动机下放重物，在下放开始时，实际转速小于同步转速，电动机处于电动状态。在位能转矩作用下，电动机的转速大于同步转速时，转子中感应电动势、电流和转矩的方向都发生了变化，如图 4-22b 所示，转矩方向与转子转向相反，形成制动转矩。此时电动机将机械能转变为电能馈送电网，所以称回馈制动。

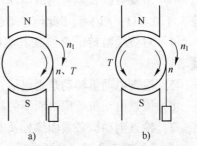
图 4-22　异步电动机回馈制动
a）$n < n_1$ 电动运行　b）$n > n_1$ 回馈制动

回馈制动可向电网回输电能，所以经济性能好，但只有在实际转速大于同步转速时才能实现制动，而且只能限制电动机转速，不能制停。

4.2.5　三相异步电动机的拆装与日常维护

1. 拆装

电动机一般的拆卸过程如图 4-23 所示。

1）卸带轮或联轴器，拆电动机尾部风扇罩。

2）卸下定位键或螺钉，并拆下风扇。

3）旋下前后端盖紧固螺钉，并拆下前轴承外盖。

4）用木板垫在转轴前端，将转子连同后端盖一起用锤子从止口中敲出。

5）抽出转子。

6）将木方伸进定子铁心顶住前端盖，再用锤子敲击木方卸下前端盖，最后拆卸前后轴承及轴承内盖。

图 4-23 三相异步电动机拆卸步骤图

安装过程和拆卸过程正好相反。

2. 日常维护

（1）起动前的准备和检查

1）检查电动机起动设备接地是否可靠和完整，接线是否正确与良好。

2）检查电动机铭牌所示电压、频率与电源电压、频率是否相符。

3）新安装或长期停用的电动机起动前应检查绕组相对相、相对地绝缘电阻。绝缘电阻应大于 $0.5\,\Omega$，如果低于此值，须将绕组烘干。

4）对绕线型转子应检查其集电环上的电刷装置是否能正常工作，电刷压力是否符合要求。

5）检查电动机转动是否灵活，滑动轴承内的油是否达到规定油位。

6）检查电动机所用熔断器的额定电流是否符合要求。

7）检查电动机各紧固螺栓及安装螺栓是否拧紧。

上述各检查全部达到要求后，可起动电动机。电动机起动后，空载运行 30 min 左右，注意观察电动机是否有异常现象，如发现噪声、振动、发热等不正常情况，应采取措施，待情况消除后，才能投入运行。

（2）运行中的维护

1）电动机应经常保持清洁，不允许有杂物进入电动机内部；进风口和出风口必须保持畅通。

2）用仪表监视电源电压、频率及电动机的负载电流。电源电压、频率要符合电动机铭牌数据，电动机负载电流不得超过铭牌上的规定值，否则要查明原因，采取措施，不良情况消除后方能继续运行。

3）采取必要手段检测电动机各部位温升。

4）对于绕线型转子电动机，应经常注意电刷与集电环间的接触压力、磨损及火花情况。电动机停转时，应断开定子电路内的开关，然后将电刷提升机构扳到起动位置，断开短路装置。

电动机运行后定期维修，一般分小修、大修两种。小修属一般检修，对电动机起动设备及整体不做大的拆卸，约一季度一次，大修要将所有传动装置及电动机的所有零部件都拆卸下来，并将拆卸的零部件做全面的检查及清洗，一般一年一次。

4.2.6 技能训练——三相异步电动机的拆装与测试

1. 实验目的

1）掌握三相异步电动机的拆装方法。

2）掌握三相异步电动的测试方法。

3）掌握万用表、绝缘电阻表的使用方法。

4）熟悉拆装工具的使用方法。

2. 实验器材

铁锤、紫铜棒、拉具、扳手，绝缘电阻表、万用表等。

3. 实验内容与步骤

1）拆卸三相异步电动机，每个步骤照相备查。

2）测试三相异步电动机的相间绝缘与对地绝缘电阻值三次，计算平均值并记录。

3）测量三相异步电动机绕组直流电阻阻值三次，计算平均值并记录。

4）安装三相异步电动机。

4. 注意事项

1）万用表使用时应注意档位功能的选择。使用后选择交流最大档位并关机。

2）锤子、铜棒使用时应注意安全。

3）绝缘电阻表的手摇时间应不少于90 s，摇速要均匀。

4）将最终结果汇报给指导教师。

5. 完成实验报告

4.2.7 知识训练

1. 判断题

（　）（1）机械制动无需电源。

（　）（2）串电阻减压起动无机械冲击。

（　）（3）自耦变压器减压起动有触电危险。

（　）（4）三相异步电动机不能反转。

（　）（5）变频调速效果好于变极调速。

（　）（6）能耗制动需要有直流电源。

2. 简答题

（1）三相异步电动有哪些主要结构？

（2）三相异步电动机由哪些材料构成？

（3）三相异步电动机有哪些起动方式？

（4）三相异步电动机有哪些调速方式？

（5）三相异步电动机有哪些制动方式？

（6）三相异步电动机如何实现反转？

项目 5

常用低压电器的认知与基本的控制电路分析

学习目标

1）了解常见低压电器元件的种类，熟悉低压电器元件的用途。

2）能够识别常见的主令电器，熟悉主令电器原理与结构，了解主令电器的分类，能够根据实际情况进行选择和使用。

3）能够识别常见的熔断器，熟悉熔断器原理与结构，了解熔断器的分类，能够根据实际情况进行选择和使用。

4）能够识别常见的继电器，熟悉继电器原理与结构，了解继电器的分类，能够根据实际情况进行选择和使用。

5）能够识别常见的接触器，熟悉接触器原理与结构，了解接触器的分类，能够根据实际情况进行选择和使用。

6）能够识别常见的低压断路器，熟悉低压断路器原理与结构，了解低压断路器的分类，能够根据实际情况进行选择和使用。

7）能够选用合适的低压电器元件正确连接基本的控制电路，并对电路进行检查修改。

任务 5.1   常用低压电器的认知

任务描述

主令电器主要用于手动发出运行指令。熔断器一般多用于短路保护；继电器和接触器主要用于小电流控制大电流，避免人被大电流通断带来的电弧等伤害；断路器可以实现短路、过载、失电压、欠电压等保护；热继电器用于过载保护；时间继电器用于时间控制；速度继电器用于速度控制。

5.1.1   常用低压电器的分类

常用低压电器的主要种类和用途如表 5-1 所示。

表 5-1 常用低压电器的主要种类和用途

序号	类别	主要品种	用 途
1	断路器	塑料外壳式断路器	主要用于电路的过载保护，短路、欠电压、漏电保护，也可用于不频繁接通和断开电路
		框架式断路器	
		限流式断路器	
		漏电保护式断路器	
		直流快速断路器	
2	刀开关	开关板用刀开关	主要用于电路的隔离，有时也能分断负荷
		负荷开关	
		熔断器式刀开关	
3	转换开关	组合开关	主要用于电源切换，也可用于负荷通断或电路的切换
		换向开关	
4	主令电器	按钮	主要用于发布命令或程序控制
		限位开关	
		微动开关	
		接近开关	
		万能转换开关	
5	接触器	交流接触器	主要用于远距离频繁控制负荷，切断带负荷电路
		直流接触器	
6	起动器	磁力起动器	主要用于电动机的起动
		星-三角起动器	
		自耦减压起动器	
7	控制器	凸轮控制器	主要用于控制回路的切换
		平面控制器	
8	继电器	电流继电器	主要用于控制电路中，将被控量转换成控制电路所需电量或开关信号
		电压继电器	
		时间继电器	
		中间继电器	
		温度继电器	
		热继电器	
9	熔断器	有填料熔断器	主要用于电路短路保护，也用于电路的过载保护
		无填料熔断器	
		半封闭插入式熔断器	
		快速熔断器	
		自复熔断器	
10	电磁铁	制动电磁铁	主要用于起重、牵引、制动等地方
		起重电磁铁	
		牵引电磁铁	

5.1.2 常用低压电器的主要功能

1. 概述

低压电器能够依据操作信号或外界现场信号的要求，自动或手动地改变电路的状态、参数，实现对电路或被控对象的控制、保护、测量、指示、调节。低压电器的作用有以下几点。

1）控制作用。如电梯的上下移动、快慢速自动切换与自动停层等，可用按钮等实现。

2）保护作用。能根据设备的特点，对设备、环境以及人身实行自动保护，如电动机的过热保护，电网的短路保护、漏电保护等，可用熔断器和断路器等实现。

3）测量作用。利用仪表及与之相适应的电器，对设备、电网或其他非电参数进行测量，如电流、电压、功率、转速、温度、湿度等，可用速度继电器、液位继电器等实现。

4）调节作用。低压电器可对一些电量和非电量进行调整，以满足用户的要求，如柴油机油门的调整、房间温湿度的调节、照度的自动调节等，可用继电器等实现。

5）指示作用。利用低压电器的控制、保护等功能，检测出设备运行状况与电气电路工作情况，如绝缘监测、保护掉牌指示等，可用指示灯等实现。

6）转换作用。在用电设备之间转换或对低压电器、控制电路分时投入运行，以实现功能切换，如励磁装置手动与自动的转换，供电的市电与自备电的切换等，可用刀开关和断路器等实现。

对低压配电电器要求是灭弧能力强、分断能力好、热稳定性能好、限流准确等。对低压控制电器，则要求其动作可靠、操作频率高、寿命长并具有一定的负载能力。

当然，低压电器作用远不止这些，随着科学技术的发展，新功能、新设备会不断出现。

2. 常用低压电器

（1）按钮

按钮是一种常用的控制电器，常用来接通或断开控制电路，从而达到控制电动机或其他电气设备运行目的的一种开关。按钮的实物图如图 5-1 所示，符号如图 5-2 所示。

图 5-1 按钮的实物图

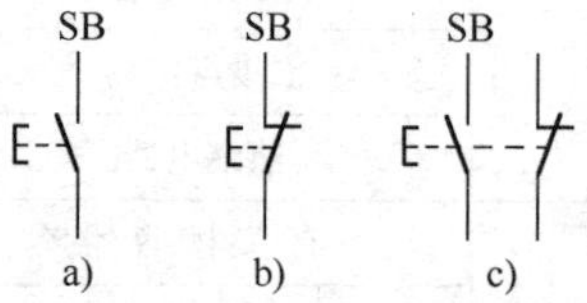

图 5-2 按钮的图形和文字符号

a）常开触点 b）常闭触点 c）复合触点

（2）行程开关

行程开关是位置开关（又称限位开关）的一种，是一种常用的小电流主令电器。它利用机械运动，达到一定的控制目的。通常，这类开关被用来限制机械运动的位置或行程，使运动机械按一定位置或行程自动停止、反向运动、变速运动或自动往返运动等。行程开关的实物图如图 5-3 所示，符号如图 5-4 所示。

图 5-3　行程开关的实物图

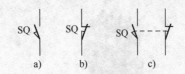

图 5-4　行程开关的图形和文字符号
a）常开触点　b）常闭触点　c）复合触点

（3）刀开关

刀开关又称闸刀开关或隔离开关，它是手控电器中最简单而且使用较广泛的一种低压电器，一般用于电路检修时的彻底断电。刀开关的实物图如图 5-5 所示，符号如图 5-6 所示。

图 5-5　刀开关的实物图

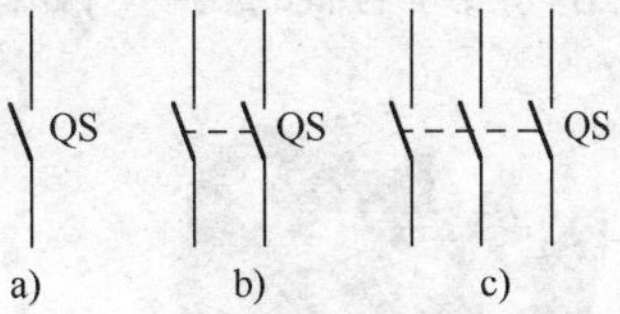

图 5-6　刀开关的图形和文字符号
a）单极　b）双极　c）三极

注意：刀开关的安装方向必须垂直于地面。

（4）熔断器

熔断器是运用某些金属过热熔化的原理制成的一种过电流保护器。熔断器广泛应用于高低压配电系统和控制系统以及用电设备中，作为短路和过电流的保护器，是应用最普遍的保护器件之一。熔断器的实物图如图 5-7 所示，符号如图 5-8 所示。

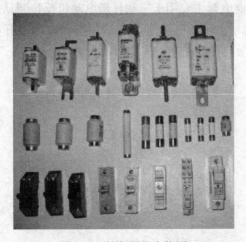

图 5-7　熔断器的实物图

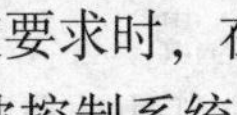

图 5-8　熔断器的图形和文字符号

（5）中间继电器

中间继电器是一种电控制器件，是当输入量的变化达到规定要求时，在电气输出电路中使被控量发生预定的阶跃变化的一种电器。它具有控制系统和被控制系统之间的互动关系。

中间继电器的实物图如图 5-9 所示，符号如图 5-10 所示。

图 5-9　中间继电器的实物图

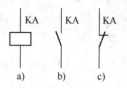

图 5-10　中间继电器的图形和文字符号

a）线圈　b）常开触点　c）常闭触点

（6）热继电器

热继电器作为电动机的过载保护器件，以其体积小、结构简单、成本低等优点在生产中得到了广泛应用。热继电器的实物图如图 5-11 所示，符号如图 5-12 所示。

图 5-11　热继电器的实物图

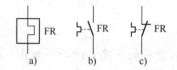

图 5-12　热继电器的图形和文字符号

a）热元件　b）常开触点　c）常闭触点

（7）速度继电器

速度继电器又称反接制动继电器。速度继电器主要用于三相异步电动机反接制动的控制电路中，在电动机转速接近零时立即发出信号，切断电源使之停车（否则电动机开始反方向起动）。速度继电器的实物图如图 5-13 所示，符号如图 5-14 所示。

图 5-13　速度继电器的实物图

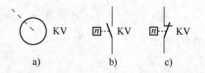

图 5-14　速度继电器的图形和文字符号

a）转子　b）常开触点　c）常闭触点

（8）时间继电器

时间继电器是一种利用电磁原理或机械原理实现延时控制的控制电器。时间继电器的实物图如图 5-15 所示，符号如图 5-16 所示。

（9）交流接触器

交流接触器是可快速切断或接通交流主回路的装置，所以经常运用于控制电动机通断电,也可用作控制工厂设备、电热器、工作母机和各样电力机组等电力负载,接触器不仅能接通和切断电路,而且还具有低电压释放保护作用。接触器控制容量大,适用于频繁操作和远距离控制,是自动控制系统中的重要器件之一。接触器的实物图如图5-17所示,符号如图5-18所示。

图 5-15 时间继电器的实物图

a) 空气阻尼式 b) 电动式 c) 电子式

KT ⎍ KT   KT   KT   KT   KT   KT

a)   b)   c)   d)   e)

图 5-16 时间继电器的图形和文字符号

a) 线圈 b) 瞬动常开触点 c) 瞬动常闭触点 d) 通电延时触点 e) 断电延时触点

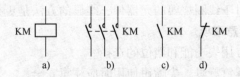

KM   KM   KM   KM

a)   b)   c)   d)

图 5-17 接触器的实物图　　　图 5-18 接触器的图形和文字符号

a) 线圈 b) 主触点 c) 常开辅助触点 d) 常闭辅助触点

(10) 低压断路器

低压断路器(也叫空气自动开关,简称空开)是一种不仅可以接通和分断正常负荷电流和过负荷电流,还可以接通和分断短路电流的开关电器。低压断路器在电路中除起控制作用外,还具有一定的保护功能,如过负荷、短路、欠电压和漏电保护等。低压断路器广泛应用于低压配电系统各级馈出线,各种机械设备的电源控制和用电终端的控制和保护。一部分低压断路器带有利用零序电流互感器作为核心元件的漏电保护器,注意,漏电保护器应该一个月测试一次是否功能良好。低压断路器的实物图如图 5-19 所示，符号如图 5-20 所示。

图 5-19　低压断路器的实物图　　　图 5-20　低压断路器
a）普通低压断路器　b）带漏电保护器的低压断路器　　　　的图形和文字符号
c）万能低压断路器

5.1.3　技能训练——常用低压电器的检测与维修

1. 实验目的

1）掌握低压电器的检测方法。
2）掌握低压电器的维修技巧。
3）了解常见低压电器的工作原理。
4）掌握常见低压电器的结构。

2. 实验器材

万用表、螺钉旋具、尖嘴钳、熔断器、刀开关、行程开关、断路器、交流接触器、中间继电器、热继电器等。

3. 实验内容与步骤

1）用万用表电阻档测试熔断器、刀开关、行程开关、断路器、交流接触器、中间继电器、时间继电器、热继电器的各种触点通断状态及接触电阻。
2）对于测试结果不符合理论预期的元器件进行再次测试，确认后进行拆解和维修。
3）对于触点氧化造成的接触电阻增大等情况，采用拆下灭弧罩，对触点进行检查和清洁的方式进行维修。
4）对于线圈烧毁的元器件，维修的方法是更换新的线圈。

4. 注意事项

1）万用表功能和档位的选择。
2）螺钉旋具、尖嘴钳使用时应注意安全。
3）砂纸裁切成小块小条，不至于浪费。
4）拆解每个步骤都要照相，备查。

5. 完成实验报告

5.1.4　知识训练

1. 填空题

（1）熔断器是用于交、直流电器和电气设备的（　　　　　）保护。
（2）熔断器式刀开关、大电流刀开关用于（　　　　　）。

（3）接触器是在正常工作条件下，用来频繁地（　　　　　）电动机等主电路，并能（　　　　　）控制的开关电器。

（4）接触器按主触点接通或分断电流性质的不同分为（　　　　　）与（　　　　　）。

（5）接触器的工作原理：接触器电磁线圈（　　　　　）后，在铁心中产生（　　　　　），于是在衔铁气隙处产生（　　　　　），将衔铁吸合。

（6）电磁式中间继电器实质上是一种（　　　　　），其特点是触点数量较多，用在电路中起（　　　　　）和（　　　　　）作用。

（7）延时继电器是输入信号输入后，（　　　　　），输出才做出反应。

（8）时间继电器按延时方式可分为（　　　　　）和（　　　　　）。

（9）热继电器是（　　　　　）产生的热量使检测元件（　　　　　），推动（　　　　　）的一种保护电器。

（10）由于热继电器发热元件具有热惯性，所以在电路中不能做（　　　　　）过载保护，更不能做（　　　　　），主要用做电动机的（　　　　　）。

2. 判断题

（　　）（1）当负载电流达到熔断器熔体的额定电流时，熔体将立即熔断，从而起到过载保护的作用。

（　　）（2）低压配电装置应装设短路保护、过负荷保护和接地故障保护。

（　　）（3）熔断器的熔断电流即其额定电流。

（　　）（4）低压刀开关的主要作用是检修时实现电气设备与电源的隔离。

（　　）（5）交流接触器吸引线圈的额定电压与接触器的额定电压总是一致的。

（　　）（6）刀开关与断路器串联安装的电路中，送电时应先合上负荷侧刀开关，再合上电源侧刀开关，最后接通断路器。

（　　）（7）交流接触器的短路环的作用是过电压保护。

（　　）（8）低压断路器瞬时动作，电磁式过电流脱扣器和热脱扣器都是起短路保护作用的。

（　　）（9）低压断路器瞬时动作，电磁式过电流脱扣器是起过载保护作用的。

（　　）（10）断路器的分励脱扣器和失电压脱扣器都能对断路器进行远距离分闸，因此它俩的作用是完全相同的。

任务 5.2　三相异步电动机基本控制电路

任务描述

点动控制实现的是不连续运转，连续控制实现的是电动机长时间运转。两地控制实现的是不同地点控制同一台电动机，顺序控制实现的是对多台电动机的起动有先有后的控制，正反转控制实现的是安全高效的电动机反转变换。减压起动实现的是起动过程中对电动机进行的限流保护。

5.2.1　三相异步电动机点动和连续控制电路

1. 三相异步电动机点动控制电路

生产机械不仅需要连续运转，有的生产机械还需要点动运行，还有的生产机械要求用点动运行来完成调整工作。

所谓点动控制就是按下按钮，电动机通电运转，松开按钮，电动机断电停止的控制方式。

（1）电气原理图

图 5-21 为电动机点动控制电路原理图。

（2）工作原理

按下点动起动按钮 SB，接触器 KM 线圈通电吸合，接触器 KM 主触点闭合，电动机接通三相交流电源起动旋转。当松开按钮 SB 后，接触器 KM 线圈断电，主触点断开，切断三相交流电源，电动机停止旋转。按钮 SB 的按下时间长短直接决定了电动机接通电源的运转时间长短。

2. 三相异步电动机连续控制电路

前面介绍的点动控制电路不便于使电动机长时间动作，所以不能满足许多需要连续工作的状况。电动机的连续运转也称为长动控制，是相对点动控制而言的。它是指在按下起动按钮起动电动机后，松开按钮，电动机仍然能够通电连续运转的控制方式。

（1）电气原理图

图 5-22 为三相异步电动机单一方向连续运转控制的电路原理图。

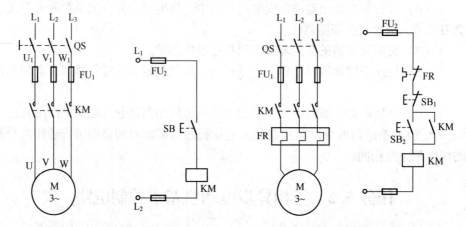

图 5-21　电动机点动控制电路　　　图 5-22　电动机连续控制电路

（2）工作原理

电动机起动时，合上电源开关 QS，接通整个电路电源。按下起动按钮 SB_2 后，其常开触点闭合，接触器 KM 线圈通电吸合，KM 常开主触点与并接在起动按钮 SB_2 两端的常开辅助触点同时闭合，前者使电动机接入三相交流电源起动旋转；后者使 KM 线圈经 SB_2 常开触点与接触器 KM 自身的常开辅助触点两路供电而吸合。松开起动按钮 SB_2 时，虽然 SB_2 一路已断开，但 KM 线圈仍通过自身常开辅助触点这一通路而保持通电，从而确保电动机继续运转。

这种依靠接触器自身辅助触点而使其线圈保持通电，称为接触器自锁，也叫电气自锁。要使电动机停止运转，可按下停止按钮 SB_1，接触器 KM 线圈断电释放，KM 的常开主触点、常开辅助触点均断开，切断电动机主电路和控制电路，电动机停止转动。当手松开停止按钮后，SB_1 的常闭触点在复位弹簧作用下，虽又恢复到原来的常闭状态，但原来闭合的 KM 自锁触点早已随着接触器 KM 线圈断电而断开，接触器已不再依靠自锁触点使这条路通电了。

5.2.2　三相异步电动机两地控制与顺序控制

1. 三相异步电动机两地控制电路

（1）电气原理图

图 5-23 是较为常见的两地控制且具有过载保护接触器自锁的三相异步电动机正转控制电路。图中，SB_{11}、SB_{12} 为安装在甲地点的起动按钮和停止按钮；SB_{21}、SB_{22} 为安装在乙地点的起动按钮和停止按钮。

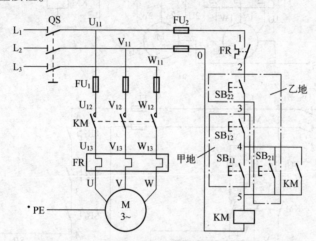

图 5-23　两地控制接触器自锁电路

（2）工作原理

起动：在图 5-23 所示电路中，合上电源开关 QS，按下起动按钮 SB_{11} 或 SB_{21}，接触器 KM 线圈通电，主电路中 KM 三个常开主触点闭合，三相异步电动机 M 通电运转，控制电路中 KM 自锁触点闭合，实现自锁，保证电动机连续运转。

停止：在图 5-23 所示电路中，按下停止按钮 SB_{12} 或 SB_{22}，接触器 KM 线圈断电，主电路中 KM 三个常开主触点恢复断开，三相异步电动机 M 断电停止运转，控制电路中 KM 自锁触点恢复断开，解除自锁。

2. 两台三相异步电动机顺序控制电路

（1）电气原理图

图 5-24 为常见的通过主电路来实现两台电动机顺序控制的电路，电路的特点是 M_2 的主电路接在控制 M_1 的接触器主触点的下方。图 5-24a 所示电路中，电动机 M_2 是通过接插器 X 接在接触器 KM_1 主触点下面的，因此，只有当 KM_1 主触点闭合，电动机 M_1 起动运转后，电动机 M_2 才有可能接通电源运转。M7120 型平面磨床的砂轮电动机和冷却泵电动机就采用这种方式来实现两台电动机的顺序控制。而在图 5-24b 所示电路中，电动机 M_1 和 M_2 分别通过

接触器 KM_1 和 KM_2 来控制，接触器 KM_2 的主触点接在接触器 KM_1 主触点的下面，这样也保证了当 KM_1 主触点闭合、电动机 M_1 起动运转后，M_2 才有可能接通电源运转。

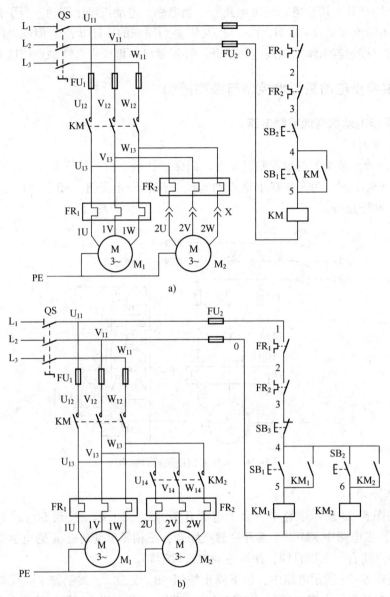

图 5-24 主电路实现顺序控制电路图

a) 主电路由插线器控制 b) 主电路由接触器控制

（2）工作原理

在图 5-24 所示电路中，合上电源开关 QS，按下起动按钮 SB_1，接触器 KM_1 线圈通电，其主触点闭合，电动机 M_1 起动运转，自锁触点闭合，实现自锁。电动机起动运转后，在图 5-24a 中，M_2 可随时通过接触器与电源相连或断开，使之起动运转或停止；在图 5-24b 中，再按下 SB_2，接触器 KM_2 线圈通电，其主触点闭合，电动机 M_2 起动运转，自锁触点闭合，实现自锁。

停止时，按下 SB_3，接触器 KM_1、KM_2 线圈均断电，其主触点分断，电动机 M_1、M_2 同时断电停止运转，自锁触点均断开，解除自锁。

5.2.3 三相异步电动机正反转控制电路

生产机械的运动部件往往要求实现正反两个方向的运动，如机床主轴正转和反转，起重机吊钩的上升与下降，机床工作台的前进与后退，机械装置的夹紧与放松等。这就要求拖动电动机实现正反转来控制。我们通过前面电动机工作原理有关知识的学习可知，只要将接至三相异步电动机的三相交流电源进线中的任意两相对调，即可实现三相异步电动机的反转。

（1）电气原理图

图 5-25 是接触器控制电动机正反转电路。

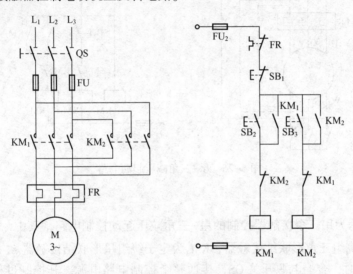

图 5-25　接触器互锁正反转控制电路

（2）工作原理

如图 5-25 所示接触器互锁正、反转控制电路中，按下正转起动按钮 SB_2，正转接触器 KM_1 线圈通电，KM_1 辅助常闭触点断开，实现对接触器 KM_2 线圈的互锁，其自锁触点和主触点都闭合，分别实现自锁和接通电动机正转电源，电动机通电正转。要想实现反转，必须先按停止按钮 SB_1，切断正转接触器 KM_1 线圈支路，KM_1 主电路的主触点和控制电路中的自锁触点恢复断开，互锁触点恢复闭合，解除对 KM_2 的互锁，然后按下反转起动按钮 SB_3，才能实现电动机反向起动。

同理可知，按下反转起动按钮 SB_3，反转接触器 KM_2 线圈通电，KM_2 辅助常闭触点断开，实现对接触器 KM_1 线圈的互锁，其自锁触点和主触点都闭合，分别实现自锁和接通电动机反转电源，电动机通电反转。

接触器互锁正、反转控制电路的优点是：可以避免由于误操作以及因接触器故障而引起的电源短路事故的发生。但存在的主要问题是：从一个转向过渡到另一个转向时要先按停止按钮 SB_1，不能直接过渡，其运行状态必须是正转→停止→反转

5.2.4 三相异步电动机星–三角减压起动控制电路

1. 电路原理图

三相异步电动机减压起动方法中的星–三角减压起动，电路图如图5-26所示。

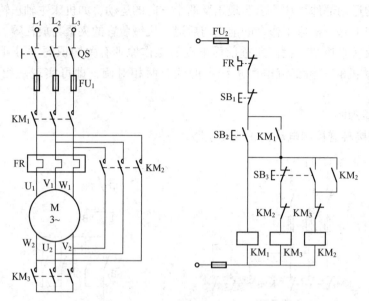

图5-26 星–三角减压起动电路

2. 工作原理

图5-26所示为用三个接触器控制的星–三角减压起动控制电路，其中，KM₁为电源接触器，KM₂为定子绕组三角形联结接触器，KM₃为定子绕组星形联结接触器。

电动机起动时，合上电源开关QS，接通整个控制电路电源。其控制过程为：按下星形减压起动按钮SB₂，接触器KM₁、KM₃线圈同时通电，KM₁辅助触点闭合实现自锁，KM₁主触点闭合接通三相交流电源；KM₃主触点闭合将电动机三相定子绕组尾端短接，电动机星形起动；KM₃的常闭辅助触点（互锁触点）断开，对KM₂线圈互锁，使KM₂线圈不能得电。待电动机转速上升至一定值时，按下三角形全压运行切换按钮SB₃，SB₃常闭触点先断开，使KM₃线圈断电，KM₃主触点断开解除定子绕组的星形联结；KM₃常闭辅助触点（互锁触点）恢复闭合，为KM₂线圈通电做好准备，SB₃按钮常开辅助触点闭合后，KM₂线圈通电并自锁，KM₂主触点闭合，电动机定子绕组首尾顺次联结成三角形运行；KM₂常闭辅助触点（互锁触点）断开，使KM₃线圈不能通电。

电动机停转时，按下停止按钮SB₁接触器，KM₁线圈断电释放，KM₁的常开主触点、常开辅助触点（自锁触点）均断开，切断电动机主电路和控制电路，电动机停止转动。接触器KM₂的常开主触点、常开辅助触点（自锁触点）均断开，解除电动机定子绕组的三角形联结，为下次星形减压起动做好准备。

5.2.5 技能训练——三相异步电动机正反转控制电路的安装与检测

1. 实验目的

1）进一步理解互锁的概念及作用。

2）熟练掌握电气控制原理图的分析方法。

3）进一步掌握不同互锁的特点。

4）能够按图接线并对电路进行检测。

5）掌握接触器互锁电动机正反转原理。

6）电路原理图见本任务中相关内容（图5-25）。

2. 实验器材

通用电学试验台、三相笼型异步电动机、刀开关、熔断器、按钮、交流接触器、热继电器、万用表、连接导线等。

3. 实验内容与步骤

1）用万用表检测低压电器、电动机定子绕组、导线等，保证实验器材完好。

2）按电气原理图接线。

3）用万用表检测电路。

4）经指导教师检查无误后方可通电。

5）通电后规范操作，仔细观察运行现象。如有异常情况立即断电，并进行故障检测与排除，直到正常运行。

4. 注意事项

1）主电路必须换相。

2）接触器互锁触点接线必须正确，否则将会造成主电路中两相电源短路事故。

3）电路连接完毕后，必须经过认真的检查并经指导教师允许后，方可通电试车，以防止严重事故发生。

4）要认真听取和仔细观察指导教师在示范过程中的讲解和操作。

5）工具、仪表使用要正确，同时要做到安全操作和文明作业。

5. 完成实验报告

重点描述实验过程中的故障现象，分析故障原因，简述故障诊断与排除所采取的措施。

5.2.6 知识训练

1. 判断题

（   ）（1）点动控制可以轻易地改装成长动控制。

（   ）（2）星-三角联结可以用于调速运行。

（   ）（3）自锁环节一定含有常闭按钮。

（   ）（4）互锁环节一定含有常开按钮。

（   ）（5）接触器一般有常开常闭触点各两对。

（   ）（6）分析控制电路一般从右向左进行。

2. 简答题

（1）什么叫"自锁"？接触器自锁电路由什么部件组成自锁环节？如何连接？

（2）在长动控制电路中，当电源电压降低到某一值时电动机会自动停转，其原理是什么？

（3）连续运转和点动控制有什么不同？各应用在什么场合？

（4）什么叫互锁？常见电动机正反转控制电路中有几种互锁形式？如何实现？

（5）画出接触器互锁三相异步电动机正反转控制电路，并叙述其工作原理。

（6）三相异步电动机接触器互锁和按钮互锁正反转控制电路各有何特点？

项目 6

二极管的认知与应用

学习目标

1) 掌握半导体的结构、分类与 PN 结特性。
2) 掌握半导体二极管的结构与特性参数。
3) 了解常用半导体二级管特性与参数。
4) 了解识别二极管的方法。

任务 6.1 二极管的认知

任务描述

半导体器件是现代电子技术的重要组成部分，它具有体积小、重量轻、可靠性高等特点。随着集成电路应用不断发展，电子产品更加微型化，半导体器件应用领域更加广泛。本任务简要介绍半导体的基本知识，重点说明二极管结构、工作原理和特性参数，了解识别和选购二极管的常用方法，为后续学习二极管应用电路打下坚实的基础。

6.1.1 二极管的结构

多数现代电子器件是由性能介于导体与绝缘体之间的半导体材料制造而成的。导电能力强的物质称为导体。几乎不导电的物质称为绝缘体。半导体就是导电性能介于导体和绝缘体之间的一类物质，如硅（Si）、锗（Ge）、砷、金属氧化物和硫化物等。半导体在现代电子技术中应用十分广泛，其导电能力具有不同于其他物质的一些特点，即其导电能力受外界因素的影响十分敏感，例如：热敏性半导体的导电能力随着温度的升高而增加；光敏性半导体的导电能力随着光照强度的加强而增加；杂敏性半导体的导电能力因掺入适量杂质而有很大的变化等。

1. 本征半导体

本征半导体是完全纯净且晶体结构完整的半导体晶体。

（1）本征半导体结构

半导体较典型的应用材料是硅和锗，它们都是四价元素，最外层都有四个价电子。半导体的硅晶体结构如图 6-1 所示，它们原子之间形成有序的排列，邻近原子之间形成稳定的共价键联结。

（2）本征激发

本征半导体共价键中的价电子并不像绝缘体那样被束缚得很牢，在室内常温下，受热运动激发，其价电子会获得足够的能量从而摆脱共价键的束缚，成为自由电子。同时，在共价键相应处会留下一个空位，叫空穴。这种产生自由电子和空穴的现象，叫本征激发。

受本征激发从而在本征半导体中产生的自由电子和空穴成对出现，数量相同，而且随着温度升高，其电子与空穴对的浓度也会增高，因而具备很有限的导电能力。温度越高，本征半导体内的自由电子和空穴对数目越多，其导电能力越强，这就是半导体导电能力受温度影响的主要原因，如图 6-2 所示。

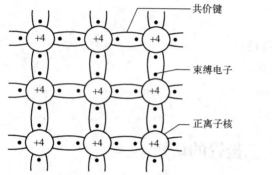

图 6-1　硅晶体结构

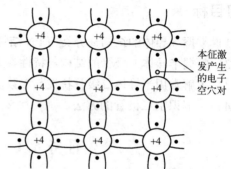

图 6-2　本征激发产生自由电子和空穴

本征半导体在外加电场作用下，束缚电子就可随机填充到邻近的空穴上，同时在这个束缚电子原处又留下了新的空穴，其他束缚电子又同样可移到这个新空穴上，这样就在共价键中出现一定的电荷迁移。在外电场的作用下做定向运动，即都能运载电荷形成电流，这样的自由电子和空穴通常称为载流子。空穴的移动方向与电子移动方向相反，把空穴看成是带正电的粒子（正电荷），其电量与自由电子（负电荷）相等，符号相反。

2. 杂质半导体

在本征半导体中掺入微量的杂质，可以使本征半导体的导电能力得到有效提高。根据掺入杂质的性质不同，杂质半导体分为 N 型半导体和 P 型半导体两大类。

（1）N 型半导体

在硅（或锗）本征半导体内掺入少量的五价元素杂质（磷、砷等），因为磷或砷这样的五价元素原子与相邻的四价元素硅原子或锗原子之间形成共价键后，会多出一个电子，这个多出的电子极易受热激发而摆脱原子束缚成为自由电子，参与导电，同时使五价元素杂质对应位置出现一个空穴，形成带正电荷的杂质元素离子，使半导体仍保持电中性，如图 6-3 所示。

同时，杂质半导体受本征激发仍会产生电子和空穴，这样，自由电子成为此杂质半导体中占多数的载流子，称为多子；空穴成为少数载流子，称为少子。这种主要依靠自由电子为多数载流子参加导电的杂质半导体，称为 N 型半导体。

（2）P 型半导体

在硅（或锗）本征半导体内掺入少量的三价元素杂质（硼、铟等），因为硼或铟这样的三价元素原子与相邻的四价元素硅原子或锗原子之间形成共价键后，会多留出一个空穴，这个多出的空穴，参与导电，同时使三价元素杂质形成带负电荷的杂质元素离子，使半导体仍保持电中性，如图 6-4 所示。

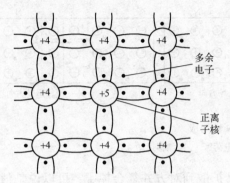

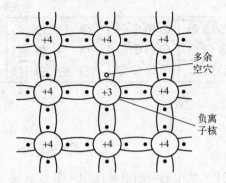

图 6-3 N 型半导体共价键结构   图 6-4 P 型半导体共价键结构

同时，杂质半导体受本征激发仍会产生自由电子和空穴，这样，空穴成为此杂质半导体中占多数的载流子，称为多子；自由电子成为少数载流子，称为少子。这种主要依靠空穴为多数载流子参加导电的杂质半导体，称为 P 型半导体。

3. PN 结形成

杂质半导体中的正负电荷数是相等的，因此保持电中性。在实际应用中，利用特定的掺杂工艺，使一块本征半导体的两边分别形成 N 型半导体和 P 型半导体，在这两种杂质半导体交界处会形成 PN 结。

1）扩散运动。在一块本征半导体上形成的 N 型半导体和 P 型半导体交界处结构如图 6-5a 所示。N 区中的多子是自由电子，P 区中的多子是空穴。由于在交界面两侧有很高的多子浓度差，这使 N 区和 P 区中的多子都会从浓度高区向浓度低区扩散。此时，N 区中自由电子浓度高、空穴浓度低；P 区中空穴浓度高、自由电子浓度低。接着，N 区中的自由电子扩散到 P 区，P 区中的空穴扩散到 N 区。若无电场对扩散运动的作用，扩散运动将持续到使两侧自由电子与空穴浓度差消失为止，扩散运动方向由 P 区指向 N 区。如图 6-5a 所示。

2）建立内电场。在 N 区和 P 区中多子扩散运动的进行中，N 区中杂质原子失去一个自由电子，就会形成一个正离子，这个自由电子扩散到 P 区后与 P 区的空穴复合后，在 P 区就会形成一个负离子；同样，P 区中杂质原子失去一个空穴，就会形成一个负离子，这个空穴扩散到 N 区后与 N 区的自由电子复合后，在 N 区就会形成一个正离子。这些不能移动的带电粒子，在交界面 N 区一侧形成带正电的电荷区，在交界面 P 区一侧形成带负电的负电荷区，这样在 N 区和 P 区交界面就形成了很薄的空间电荷区。同时，在空间电荷区中产生了电场，称为内电场，如图 6-5b 所示。内电场方向由 N 区指向 P 区。

3）漂移运动。由于内电场方向由 N 区指向 P 区，因此在内电场作用下，N 区和 P 区中的少子发生漂移，即 N 区少子空穴进入空间电荷区向 P 区漂移，P 区少子自由电子进入空间电荷区向 N 区漂移，如图 6-5c 所示。少子的漂移运动方向与多子的扩散运动方向相反。最初，内电场弱时，多子的扩散运动占优势；随着扩散运动进行，空间电荷区逐渐变宽，使内电场增强；内电场的增强，使少子漂移运动加强，同时扩散运动被削弱；当漂移运动与扩散运动相等时，交界面处的正负离子数不再变化，空间电荷区也不再变化，此时达到动态平衡状态，形成 PN 结。

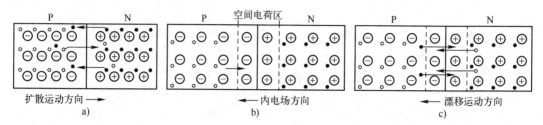

图 6-5　PN 结形成

a）扩散运动　b）空间电荷区　c）漂移运动

在 PN 结中的空间电荷区中，多数载流子已扩散到对方并复合掉了，可以说是消耗了，因此空间电荷区也称耗尽区。它的电阻率很高，是高阻区。

4. PN 结单向导电特性

PN 结未在外加电压作用下时，呈现平衡状态。当给 PN 结两端加上外加电压后，PN 结就会呈现出其导电特性。

（1）外加正向电压

在 PN 结的 P 端接高电位，N 端接低电位，称为 PN 结正向偏置，简称正偏，如图 6-6 所示。当 PN 结正偏时，其外加电场与 PN 结内电场方向相反，在外电场的作用下，使空间电荷区变窄，从而使内电场减弱，打破了未加外电场时扩散运动与漂移运动的平衡，增强了扩散运动。即 P 区空穴向 N 区扩散，同时，N 区自由电子向 P 区扩散，形成了同向的电流。正电荷移动方向即流过 PN 结的电流方向是由 P 区指向 N 区。

PN 结正偏电压越大，其内电场被削弱得越厉害，多子的扩散运动越强烈，因而产生的正向电流随着正向电压的增加而迅速增加。

（2）外加反向电压

在 PN 结的 P 端接低电位，N 端接高电位，称为 PN 结反向偏置，简称反偏，如图 6-7 所示。当 PN 结反偏时，其外加电场与 PN 结内电场方向相同，在外电场的作用下，使空间电荷区变厚，从而使内电场增强，空间电荷区变宽，从而使由少子漂移运动产生的反向电流极其微弱，流过 PN 结的电流方向是由 N 区指向 P 区。

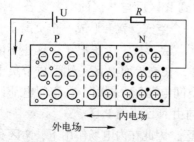

图 6-6　PN 结外加正向电压

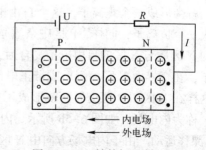

图 6-7　PN 结外加反向电压

分析得知，当 PN 结外加正向电压时，流过 PN 结的电流较大，PN 结处于导通状态；当 PN 结外加反向电压时，流过 PN 结的电流极其微小，几乎接近于截止，PN 结处于截止状态。因此，PN 结正偏导通、反偏截止的特性，就是 PN 结的单向导电特性。

5. 二极管结构

将一个 PN 结封装在密封的管壳之中并引出两个电极，就构成了半导体二极管，简称二极管。其中与 P 区相连的引线为正极（阳极），与 N 区相连的引线为负极（阴极），其结构如图 6-8 所示。二极管文字符号用 D、V、VD 表示，电路符号如图 6-9 所示。

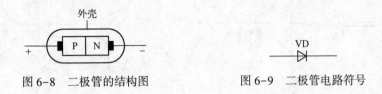

图 6-8 二极管的结构图   图 6-9 二极管电路符号

二极管按材料不同，分为硅二极管、锗二极管和砷化镓二极管等；按结构不同，分为点接触型和面接触型二极管；按工作原理不同，分为隧道、雪崩、变容二极管等；按用途不同，分为检波、整流、开关、稳压、发光二极管等。如图 6-10 所示为常见二极管实物。

图 6-10 常见二极管实物

6.1.2 二极管的工作原理

二极管核心是由一个 PN 结构成的，因此二极管也具有单向导电特性，二极管工作过程和原理主要通过二极管的伏安特性曲线表示。

1. 二极管的伏安特性曲线

二极管两端电压 U 与流过二极管电流 I 之间的关系曲线，称为二极管的伏安特性曲线，如图 6-11 所示为硅二极管伏安特性曲线。可以看出，二极管两端电压与电流呈现为非线性关系，因此二极管是一种非线性元件。锗管伏安特性曲线如图 6-12 所示。

2. 二极管伏安特性

1）正向特性（$U>0$）。当二极管两端正向电压较小时，即 $0<U<U_{th}$，外电场不足以克服内电场，因而此时正向电流接近于零，二极管仍截止，这个区域称为死区，U_{th} 称为死区电压（门坎电压），硅管的死区电压为 0.5 V，锗管的死区电压为 0.1 V；当二极管两端正向电压逐渐增大到超过死区电压后，即 $U>U_{th}$，正向电流开始上升；当正向电压超过某一电压值后，正向电流按指数规律急速上升，此后曲线几乎与横轴垂直，这个电压称为二极管的导通电压。硅管的正向导通压降约为 0.7 V，锗管的正向导通压降约为 0.3 V。二极管正向特性是，二极管正向电压超过死区电压且导通后，结电阻很小，正向电流急速增加，但其两端电压变化很小。

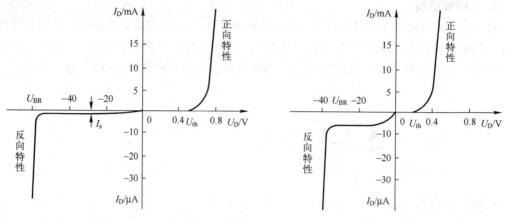

图 6-11　硅二极管伏安特性曲线　　　　图 6-12　锗二极管伏安特性曲线

2）反向特性（$U<0$）。二极管两端加反向电压时，会形成反向饱和电流 I_s，但由于少子数目很少，所以反向电流也很小。由二极管伏安特性曲线可看出，这个反向饱和电流在相当宽的反向电压范围内，其几乎不变。二极管反向特性是，二极管两端反向电压在一定范围内时，其反向饱和电流很小，结电阻很大，二极管处于截止状态。

3）反向击穿特性。当增加二极管两端反向电压时，少子数目有限，起始一段反向电流无明显变化，但当反向电压超过一定值后，其反向饱和电流会急剧变大，这种现象称二极管的反向击穿，U_{BR} 为反向击穿电压。

3. 二极管主要参数

（1）最大整流电流 I_{FM}

最大整流电流 I_{FM} 是指二极管长时间持续运行时，允许通过二极管的最大正向平均电流。如果二极管工作时电流过大，会引起二极管发热，若超过限度就会烧坏二极管。

（2）反向击穿电压 U_{BR}

反向击穿电压 U_{BR} 是指二极管反向击穿时的电压值。一般给出的最高反向工作电压约是反向击穿电压值的一半，以确保二极管正常工作。

4. 二极管应用电路

由二极管工作原理分析得到，二极管有两种工作状态：导通和截止；若二极管为理想二极管，则导通时正向管压降为零，反向截止时二极管相当于断开。利用二极管的这种特性，通常将普通二极管应用于开关电路、钳位电路、整流电路、限幅电路等。

（1）开关电路

二极管具有单向导电性，导通时相当于闭合的开关，截止时相当于打开的开关，被广泛应用于数字电路中。通过观察二极管正极和负极间是正向电压还是反向电压，来判断二极管是导通还是截止。二极管开关电路如图 6-13 所示，其工作过程如下：

当 $U_{I1}=0$ V，$U_{I2}=0$ V 时，VD_1 导通，VD_2 导通，$U_0=0$ V；

当 $U_{I1}=0$ V，$U_{I2}=5$ V 时，VD_1 导通，VD_2 截止，$U_0=0$ V；

当 $U_{I1} = 5\,V$，$U_{I2} = 0\,V$ 时，VD_1 截止，VD_2 导通，$U_O = 0\,V$；

当 $U_{I1} = 5\,V$，$U_{I2} = 5\,V$ 时，VD_1 截止，VD_2 截止，$U_O = 5\,V$。

（2）钳位电路

钳位电路是利用二极管正向导通时管压降很小的特点构成的，如图 6-14 所示。当 $U_A = 0$ 时，二极管 VD 正向导通，由于二极管导通时管压降很小，所以 B 点电位被钳制在 0 V 左右。

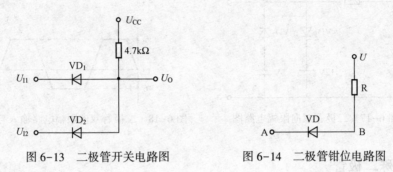

图 6-13　二极管开关电路图　　　　图 6-14　二极管钳位电路图

（3）半波整流电路

利用二极管的单向导电特性，将交流电转变成直流电的过程，叫整流。单个二极管可以实现的是半波整流，如图 6-15 所示。在交流电正半周时，二极管导通，输出端有信号；在交流电负半周时，二极管截止，输出端无信号。利用二极管单向导电性，可将交流电转变成脉动的直流电，如图 6-16 所示。

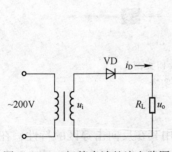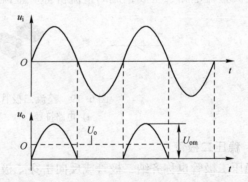

图 6-15　二极管半波整流电路图　　　　图 6-16　二极管半波整流电路输入输出波形

（4）限幅电路

限幅电路就是限制信号输出幅度的电路，按照限定的范围削平信号电压的波形幅度，以限制信号电压范围。限幅电路应用很广泛，常用于电子技术中的整形、波形变换、过电压保护等电路。二极管双向限幅如图 6-17 所示，输入与输出波形如图 6-18 所示，其工作过程如下：

当 $u_i > 12\,V$，VD_1 导通，VD_2 截止，u_o 输出被限制在 12 V；

当 $u_i < -6\,V$，VD_1 截止，VD_2 导通，u_o 输出被限制在 -6 V；

当 $-6\,V < u_i < 12\,V$，VD_1 和 VD_2 都导通，$u_o = u_i$。

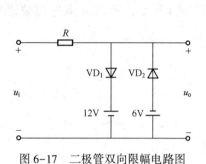

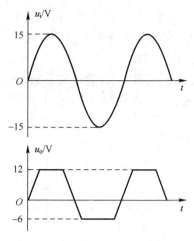

图 6-17　二极管双向限幅电路图　　　　图 6-18　二极管双向限幅电路输入与输出波形

6.1.3　特殊二极管

1. 整流二极管

整流二极管是面接触型结构，多采用硅材料制成，有金属封装和塑料封装两种。硅整流二极管的反向击穿电压高，反向漏电流小，耐高温性能良好，性能比较稳定。由于其结面积较大，能通过较大电流，但工作频率不高，一般在几十千赫以下。整流二极管主要用于各种低频半波整流电路、全波整流的整流桥等。整流二极管电路符号和实物如图 6-19 所示。

a)　　　　　　　　　　　　　　b)

图 6-19　整流二极管电路符号和实物

a）电路符号　b）整流二极管实物

2. 稳压二极管

稳压二极管也称齐纳二极管或反向击穿二极管，利用其在反向击穿区的特性，在电路中起稳压作用。当二极管被反向击穿后，在一定反向电流范围内，反向电压不随反向电流变化，利用这一特点可进行电路稳压。稳压二极管的电路符号和实物如图 6-20 所示。

a)　　　　　　　　　　　　　　b)

图 6-20　稳压二极管电路符号和实物

a）电路符号　b）稳压二极管实物

稳压二极管特性曲线如图 6-21 所示。稳压二极管的正向特性与普通二极管相似，但反向特性不同。其反向电压小于击穿电压时，反向电流很小，反向电压临近击穿电压时反向电流急剧增大，发生电击穿。此时即使电流再增大，管子两端的电压也基本保持不变，从而起到稳压作用。但二极管击穿后的电流不能无限制增大，否则二极管将被烧毁，所以稳压二极管使用时一定要串联一个限流电阻，以保护稳压管。

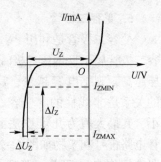

图 6-21 稳压二极管
特性曲线

3. 发光二极管

发光二极管可以把电能转化成光能，简称为 LED。发光二极管由含镓、砷、磷、氮等的化合物制成，当自由电子与空穴复合时能辐射出可见光（砷化镓二极管发红光，磷化镓二极管发绿光，碳化硅二极管发黄光，氮化镓二极管发蓝光），因而可以用来制成发光二极管。

发光二极管与普通二极管一样是由一个 PN 结组成，也具有单向导电性。当给发光二极管加上正向电压后，从 P 区注入到 N 区的空穴和由 N 区注入到 P 区的自由电子，在 PN 结附近数微米内分别与 N 区的电子和 P 区的空穴复合，产生自发辐射的荧光。当自由电子和空穴复合时释放出的能量多少不同，释放出的能量越多，则发出光的波长越短。

发光二极管可分为普通单色发光二极管、高亮度发光二极管、超高亮度发光二极管、变色发光二极管、闪烁发光二极管、电压控制型发光二极管、红外发光二极管和负阻发光二极管等。主要应用于 LED 显示屏、交通信号灯、汽车用灯、液晶屏背光源、灯饰、照明光源等。

发光二极管工作于正向导通区，不同的发光二极管的正向工作电压都不同，但差别不大，基本在几伏之内，其反向击穿电压大于 5 V。它的正向伏安特性曲线很陡，使用时必须串联限流电阻以控制通过二极管的电流。

发光二极管实物的两根引线中较长的一根为正极，应接电源正极。有的发光二极管的两根引线一样长，但管壳上有一凸起的小舌，靠近小舌的引线是正极。常见发光二极管电路符号和实物如图 6-22 所示。

4. 光电二极管

光电二极管又称光敏二极管，是一种能将光信号转换为电信号的器件。光电二极管的基本结构也是一个 PN 结，同样具备单向导电性，但管壳上有一个窗口，使光线可以照射到 PN 结上。光电二极管工作在反偏状态下，当无光照时，与普通二极管一样，反向电流很小，称为暗电流；当有光照时，其反向电流随光照强度的增加而增加，称为亮电流。

光电二极管电路符号和实物如图 6-23 所示，常应用于照度计、彩色传感器、光电晶体管、线性图像传感器、分光光度计、照相机曝光计。

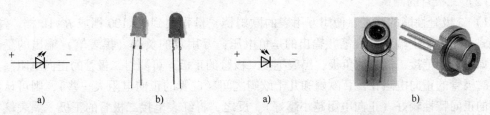

| a) | b) | a) | b) |

图 6-22　发光二极管电路符号和实物　　图 6-23　光电二极管电路符号和实物
　a）电路符号　b）发光二极管实物　　　　a）电路符号　b）光电二极管实物

5. 变容二极管

变容二极管是利用 PN 结反偏时，结电容大小随外加电压变化而变化的特性制成的。变容二极管属于反偏压二极管，改变其 PN 结上的反向偏压，即可改变 PN 结电容量。反向偏压越高，则结电容越少，反向偏压与结电容之间的关系是非线性的。变容二极管的电容量一般较小，其最大值为几十皮法到几百皮法。变容二极管电路符号和实物如图 6-24 所示，主要在高频电路中用作自动调谐、调频、调相等，例如在电视接收机的调谐回路中作可变电容。

图 6-24 变容二极管电路符号和实物

a）电路符号 b）变容二极管实物

6. 激光二极管

激光二极管是在发光二极管的结间安置一层具有光活性的半导体，其端面经过抛光后具有部分反射功能，在正向偏置的情况下就可以发射出单波长的光。

激光二极管具有体积小、重量轻、耗电低、调制方便、耐机械冲击以及抗振动等优点，但它对过电流、过电压以及静电干扰极为敏感，因此在使用时，要注意不要使其工作参数超过最大允许值。主要应用于辐射测量和光谱辐射测量、能量辐射物的搜索和跟踪、通信和遥控。

6.1.4 技能训练——二极管的识别与检测

1. 实验目的

1）熟悉二极管的外形和引脚识别方法。

2）理解二极管的单向导电性。

3）熟悉二极管的类别、型号和主要性能参数。

2. 实验器材

万用表、半导体器件手册、不同规格和类型的二极管、导线。

3. 实验内容

（1）二极管的识别

常见的二极管可以根据其封装外形和标志来识别，如图 6-25 所示的普通二极管，对于普通二极管，可以看管体表面，有白线的一端为负极；对于发光二极管，引脚长的为正极，短的为负极；如果引脚被剪得一样长了，发光二极管管体内部金属极较小的是正极，大的片状的是负极。

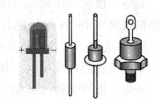

图 6-25 常见的普通二极管

（2）二极管的测试

1）二极管性能的测量。使用万用表的欧姆档，量程放到 $R×100$ 档或 $R×1k$ 档。注意，机械式万用表的正端（红表笔）输出的是负电压，万用表的负端（黑表笔）输出的是正电压。如果红表笔接二极管的负极，黑表笔接二极管的正极，可测得二极管的正向电阻。如果测得二极管的正向电阻在几百欧姆和几千欧姆之间（硅管的正向电阻大一些），则可认为二极管的正向特性较好（正向电阻越小越好）。反之，将红表笔接二极管的正极，黑表笔接二极管的负极，可测得二极管的反向电阻。如果反向电阻大于数百千欧姆，则可认为二极管的反向特性较好（反向电阻越大越好）。

如果测出的正向电阻很大，甚至为无穷大则表示这只管子正向特性很差或内部已经断路；如果测出的正向电阻和反向电阻都很小，则表示管子已失去单向导电性或内部已经短路，这两种情况都说明管子已不能使用了。

2）二极管正负极性的判别。对于没有任何标记的二极管，可通过比较二极管的正、反向电阻的大小来判别正负极性。将万用表的两根表笔分别接二极管的两端，如果量出的电阻很小，只有几百欧姆~几千欧姆，则得到的是正向电阻，因此黑表笔接的一端为二极管的正极，红表笔接的一端为负极；反之，如果量出的电阻很大，达几百千欧姆以上，则红表笔接的是二极管正极，黑表笔接的是负极。

按照二极管的识别和检测方法，用万用表识别二极管的极性和质量的好坏。记录测得的正反向电阻值及万用表的型号和档位，记录于表6-1中。

表6-1　二极管的测量

二极管的型号	正向电阻		反向电阻		质量好坏
	R×100 档	R×1k 档	R×100 档	R×1k 档	
1					
2					
3					

4. 注意事项

在用万表测量二极管时，手不要接触两个引脚，这样测量的结果值才不会有误差。

6.1.5　知识训练

1. 单项选择题

（1）半导体的导电能力（　　　）。

A. 与导体相同　　B. 与绝缘体相同　　C. 导电能力为零　　D. 介于绝缘体和导体之间

（2）当温度升高，半导体的导电能力将（　　　）。

A. 减弱　　　　B. 增强　　　　C. 不变　　　　D. 没有影响

（3）PN 结具有（　　　）。

A. 整流　　　　　　　　　　B. 单向导电性

C. 加正向电压截止，加反向电压导通　　D. 发光

（4）稳压二极管正常工作在（　　　）。

A. 反向击穿区　　B. 放大区　　C. 饱和区　　D. 截止区

（5）普通二极管是由（　　　）构成的。

A. 一个 PN 结　　B. 两个 PN 结　　C. 三个 PN 结　　D. 四个 PN 结

（6）二极管的主要特点是（　　　）。

A. 导电　　　　B. 单向导电性　　C. 不导电　　D. 发光

（7）具有单向导电性的元器件是（　　　）。

A. 电容器　　　B. 晶体管　　C. 晶闸管　　D. 二极管

（8）硅二极管的正向导通电压为（　　　）。

A. 0.7 V　　　B. 0.1 V　　　C. 0.3 V　　　D. 0.5 V

2. 多项选择题

(1) 杂质半导体可分为 (　　　)。

A. P 型半导体　　　　B. N 型半导体　　　　C. 硅半导体　　　　D. 锗半导体

(2) 普通二极管的应用有 (　　　)。

A. 整流　　　　B. 钳位　　　　C. 限幅　　　　D. 开关

(3) 发光二极管的应用有 (　　　)。

A. 电子广告牌　　　B. 交通信号灯　　　C. 照明灯　　　D. 指示灯

(4) 开关二极管的应用有 (　　　)。

A. 计算机　　　　B. 电视机　　　　C. 通信设备　　　　D. 家用音响

3. 判断题

(　　) (1) 自然界的物质按导电能力分为绝缘体和导体。

(　　) (2) 二极管具有单向导电性。

(　　) (3) PN 结具有单向导电性,即:加正向电压时 PN 结导通;加反向电压时 PN 结截止。

(　　) (4) 发光二极管是将电能转换为光能的一种半导体显示器件。

(　　) (5) 半导体不具有导电能力。

(　　) (6) 杂质半导体可分为 N 型和 P 型半导体。

(　　) (7) PN 结加正向电压导通,加反向电压截止。

(　　) (8) 二极管具有电流放大作用。

(　　) (9) 二极管不能做开关用,只能做放大用。

(　　) (10) 二极管是非线性元件,具有非线性特性。

任务6.2　直流稳压电源的分析与制作

任务描述

有稳定电压装置的直流电源,称为直流稳压电源。在电子设备中,内部电路都有直流稳压电源供电。一般情况,常用的直流稳压电源由电源变压器、整流电路、滤波电路和稳压电路所组成,如图 6-26 所示。其中,将电网的交流电压变换成单向脉动直流电压的过程叫作整流,将直流脉动成分滤除的过程叫作滤波,将输出电压稳定在一定范围内的过程叫作稳压。本任务主要介绍几种单相整流滤波稳压电路的工作原理和应用特点,使学生掌握直流稳压电路的结构,掌握单相桥式整流滤波稳压电路工作原理及输入输出电压间关系,能够使用实验设备调试构成直流稳压电源的各电路输入与输出波形及相关数据。

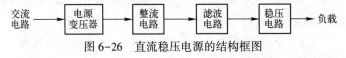

图 6-26　直流稳压电源的结构框图

6.2.1　单相整流电路

二极管单相整流电路是利用二极管的单向导电性,将交流电压变成单向脉动电压的电路。按被整流的交流电相数分为单相整流电路和三相整流电路，按电路特点不同分为半波整流电路、全波整流电路和桥式整流电路。本节主要介绍单相半波整流电路和单相桥式整流电路。

1. 单相半波整流电路

（1）电路结构及工作原理

单相半波整流电路如图 6-27 所示，Tr 为电源变压器，变压器二次绕组电压为 $u_2 = \sqrt{2}\,U_2\sin\omega t$，$U_2$ 为有效值；VD 是整流二极管；R_L 是负载。由于加在二极管上的电压幅度较大，因而在电路原理分析中假定二极管为理想二极管，即只要二极管两端电压大于零，二极管就导通且相当于短路；只要二极管两端电压小于或等于零，二极管就截止且相当于开路。

1）当 u_2 为正半周时。变压器二次绕组上端 A 点为正，下端 B 点为负，$U_A > U_B$，二极管正向偏置，因而处于导通状态，电流从 A 点流出，经二极管、负载电阻 R_L 回到 B 点，电压几乎全部加在负载 R_L 上。

2）当 u_2 为负半周时。变压器二次绕组上端 A 点为负，下端 B 点为正，$U_A < U_B$，二极管反向偏置，因而处于截止状态。

可见，在输入交流信号的一个周期中，只有 u_2 为正半周二极管导通时负载上才有输出，输出波形为正弦波上半周，如图 6-28 所示。

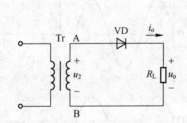

图 6-27　单相半波整流电路

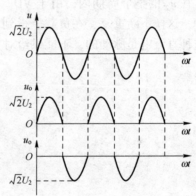

图 6-28　单相半波整流电路输入输出波形

（2）电路主要参数

单相半波整流电路在输入电压的一个周期内，只是正半周导通，在半波整流电路负载上得到的是半个正弦波。

负载上得到的输出直流平均电压为

$$U_O = \frac{1}{2\pi}\int_0^\pi \sqrt{2}\,U_2\sin\omega t\,\mathrm{d}(\omega t)$$

流过负载的平均电流为

$$I_O = \frac{U_O}{R_L} = \frac{0.45U_2}{R_L}$$

流过二极管的平均电流为

$$I_D = I_O$$

二极管承受的最大反向电压为

$$U_{RM} = \sqrt{2}\,U_2$$

在实际选择二极管时，一般根据流过二极管的平均电流 I_D 和它承受的最大反向电压 U_{RM} 来选择二极管的型号，但考虑到电网电压会有一定的波动，所以选择二极管时 I_D 和 U_{RM} 要大于实际工作值，一般可取 $1.5 \sim 3$ 倍的 I_D 和 U_{RM}。单相半波整流电路结构简单，但输出电压脉动较大，一般只应用于对输出电压要求不高的场合。

2. 单相桥式全波整流电路

单相桥式全波整流电路，克服了半波整流电路只利用电源的半个周期、输出的整流电压脉动大、平均直流电压低、变压器利用率低的缺点。实际工程上最常用的是桥式整流电路，单相桥式整流电路的结构如图 6-29 所示。

（1）电路组成及工作原理

1）当 u_2 为正半周时。设变压器二次绕组电压为 $u_2 = \sqrt{2}\,U_2 \sin\omega t$，$U_2$ 为有效值。A 端为正，B 端为负，二极管 VD_1 和 VD_3 因正向偏置而导通，VD_2、VD_4 因反向偏置而截止。电流方向为，$A \to VD_1 \to R_L \to VD_3 \to B$，负载 R_L 得到上正下负的电压 $u_o = u_2$。

2）当 u_2 为负半周时，即 A 端为负，B 端为正，二极管 VD_2 和 VD_4 正向偏置导通，VD_1、VD_3 反向偏置截止。电流的流向为 $B \to VD_2 \to R_L \to VD_4 \to A$，负载 R_L 仍得到上正下负的电压 $u_o = -u_2$。

可见，在 u_2 的整个周期内，由于 VD_1、VD_3 和 VD_2、VD_4 两组二极管轮流导通，各工作半个周期，这样不断重复，在负载上得到单一方向的全波脉动的电压和电流，如图 6-30 所示。但这种直流电是脉动的，不能供给对直流电要求较高的场合。

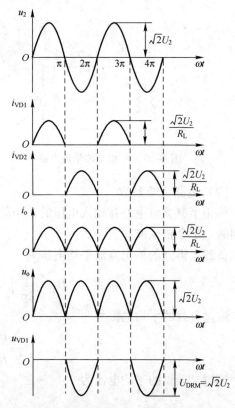

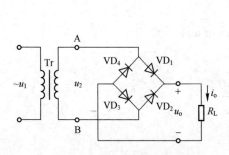

图 6-29　单向桥式全波整流电路　　　　图 6-30　单相桥式全波整流电路电压与电流波形图

（2）电路参数

负载输出直流电压的平均值为

$$U_O = 0.9U_2$$

流过负载的平均电流为

$$I_O = \frac{U_O}{R_L} = \frac{0.9U_2}{R_L}$$

流过二极管的平均电流为

$$I_D = \frac{I_O}{2} = \frac{0.45U_2}{R_L}$$

二极管所承受的最大反向电压为

$$U_{RM} = \sqrt{2}\,U_2$$

【例6-1】 已知一桥式整流电路负载电阻为80 Ω，流过负载电阻的电流为1.5 A，求变压器二次绕组的电压，并选择二极管。

解： $U_O = I_L \times R_L = (1.5 \times 80)\text{V} = 120\text{ V}$

$$U_O = 0.9U_2$$
$$U_2 = U_O/0.9 = 120\text{ V}/0.9\text{ V} = 133\text{ V}$$
$$I_D = I_O/2 = 1.5\text{ A}/2\text{ A} = 0.75\text{ A}$$
$$U_{RM} = \sqrt{2}\,U_2 = \sqrt{2} \times 133\text{ V} = 188\text{ V}$$

根据计算的结果，并考虑电网电压的波动，查阅电子器件手册，可选择二极管2CZ55E（$U_{RM} = 300\text{ V}$，$I_D = 1\text{ A}$）。

6.2.2 滤波电路

交流电网电压经过整流电路后的输出电压，都变成了脉动的直流电压。这样的脉动直流电压包含有较大的交流分量，只适合对电压平滑性和稳定性要求不高的场合，如电镀、充电等。而常用电子产品对直流电平滑性和稳定性要求较高，因此要尽量降低输出电压中的脉动成分并提高输出的直流成分，使输出电压接近于理想的直流电压。所以，在整流电路后都要经过滤波电路，从而能在负载上得到平滑的直流电压。滤波电路是利用电容器或电感线圈这样的储能元件，利用它们在二极管导电或截止时存储或释放能量的特性，在负载上得到平滑的输出电压。常见的滤波电路有电容滤波电路和电感滤波电路。

1. 电容滤波电路

（1）电路组成及工作原理

1）单相半波整流电容滤波电路。

单相半波整流电容滤波电路，是在负载 R_L 两端并联电容 C 组成的，如图6-31所示。其工作原理为：

① 在 u_2 的正半周，其按正弦规律上升时，变压器二次绕组电压大于电容两端电压，即 $u_2 > u_c$，整流二极管 VD 因正向偏置而导通，电容 C 被充电，极性为上正下负。由于充电回路电阻很小，因而电容 C 很快充电完成。此时，负

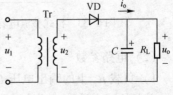

图6-31 半波整流电容滤波电路

载 R_L 上得到的电压 u_o 为变压器二次绕组电压 u_2。

② 当 u_2 正半周上升至 $\omega t = \pi/2$ 时，u_2 达到峰值，此时 $u_c \approx u_2$。

③ 在 u_2 的正半周，其按正弦规律下降时，二极管 VD 截止，电容 C 通过负载 R_L 放电，放电时间常数 $\tau = R_L C$。由于 u_2 下降速度大于 u_c 放电速度，故 $u_2 < u_c$，此时负载 R_L 上得到的电压 u_o 为 u_c。

④ 在电容放电同时，u_2 依然按正弦规律变化，直到 u_2 负半周过后的下一个正半周时，u_2 逐渐增大，直到再次满足 $u_2 > u_c$，VD 再次导通，电容 C 再次被充电。

负载上得到的电压按此规律重复变化，可得图 6-32 所示波形，由图可见，放电时间常数 $\tau = R_L C$ 越大，输出波形越平滑。

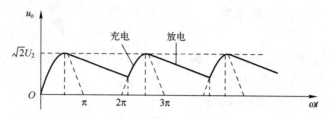

图 6-32　半波整流电容滤波电路输出波形

2）单相桥式全波整流电容滤波电路。

其电路组成是在单相桥式整流电路负载 R_L 两端并联电容 C，如图 6-33 所示。电路工作原理与单相半波整流电容滤波电路相似：

① 在 u_2 的正半周，$u_2 > u_c$，二极管 VD_1、VD_3 导通，VD_2、VD_4 截止，u_2 为负载 R_L 提供电压的同时对电容 C 充电。随着 u_2 增大，u_c 也逐渐增大，直至达到峰值，电容 C 充电结束。

② 随着 u_2 按正弦规律下降，电容 C 通过负载 R_L 放电，由于 u_c 下降的速度小于 u_2 下降的速度，二极管 VD_1、VD_3 状态由正向导通变为反向截止，电容 C 继续通过负载放电，使负载两端电压缓慢下降。

③ 在 u_2 的负半周，由于是桥式全波整流，所以在负半周重复正半周的过程，这样在负载 R_L 上得到如图 6-34 所示的较平滑的直流电压。

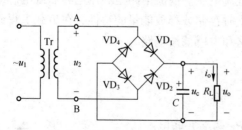

图 6-33　桥式整流电容滤波电路图

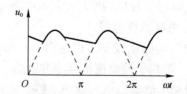

图 6-34　桥式整流电容滤波电路输出波形

（2）电路参数

1）负载 R_L 上的输出电压 U_o。

单相桥式全波整流滤波时输出电压为

$$U_o = 1.2 U_2$$

2）滤波电容 C。

滤波电容容量的大小取决于放电回路的时间常数，R_LC 越大，输出电压脉动就越小，通常取 R_LC 为脉动电压中最低次谐波周期的 3~5 倍。

单相桥式全波整流滤波时，电容容量通常应满足

$$R_LC \geq (3 \sim 5)T/2$$

滤波电容一般采用电解电容，其耐压值应满足

$$U_{CM} = \sqrt{2}\,U_2$$

其中，T 为交流电周期，U_{CM} 应考虑 2~3 倍的裕量。

电容滤波电路结构简单、输出电压高且脉动小，但在接通电源的瞬间，会产生强大的充电电流，同时，因负载电流太大，电容器放电的速度加快，会使负载电压变得不够平滑，所以电容滤波电路只适用于负载电流较小的场合。

2. 电感滤波电路

（1）电路组成及工作原理

单相桥式全波整流电感滤波电路结构如图 6-35 所示，在桥式整流电路与负载之间串联一个电感元件 L，电路工作原理为：理想电感元件通过交变电流时，电感两端会产生一个感生电动势，从而阻碍电流的变化。当通过电感的电流变大时，电感产生的自感电动势与电流方向相反，从而阻碍电流变大，同时将存储一部分磁场能量；当通过电感的电流变小时，其产生的自感电动势与电流方向相同，从而阻碍电流变小，同时释放存储的能量。利用电感对脉动成分呈现较大感抗的原理来减少输出电压中的脉动成分，从而使输出电压更加平滑，电感滤波电路输出波形如图 6-36 所示。

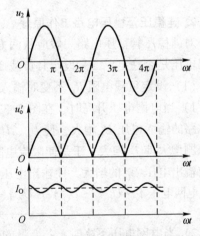

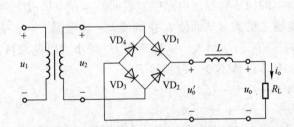

图 6-35　单相桥式整流电感滤波电路　　图 6-36　单相桥式整流电感滤波电路输出波形

（2）电路参数

负载上输出电压的平均值为

$$U_O = 0.9U_2$$

电感滤波电路输出电压较电容滤波电路输出电压小，峰值电流小，输出电压比较平坦。由于电感的直流电阻小，交流阻抗很大，因此直流分量经过电感后的损失很小，很大一部分交流分量降落在电感上，因而降低了输出电压中的脉动成分。电感 L 越大，则滤波效果越

好，所以电感滤波适用于输出电压不高、负载电流比较大且变化比较大的场合。

6.2.3 硅稳压管稳压电路

交流电经过整流滤波后得到的平滑直流电压，会随电网电压的波动和负载电流的变化而改变，因而在对直流电压要求比较高的电子电路中，通常要在整流滤波电路后加上稳压电路，使其能输出稳定的直流电压。常见的直流稳压电路有稳压管稳压电路、线性稳压电路和开关稳压电路等。本任务主要介绍硅稳压管稳压电路。

1. 硅稳压管稳压电路组成

硅稳压管稳压电路如图 6-37 所示，硅稳压管 VD_Z，经过整流滤波后的输入电压 U_I；稳压电路的输出电压 U_O，稳压管的稳定电压 U_Z，限流电阻 R。

由图 6-37 电路可得，硅稳压管稳压电路的输出电压和输出电流分别是

$$U_O = U_Z = U_I - U_R \qquad\qquad I_L = I_R - I_Z$$

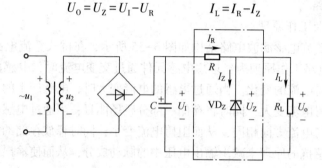

图 6-37 硅稳压管稳压电路

2. 硅稳压管稳压电路工作原理

对硅稳压管稳压电路一般应从两方面说明其稳压过程，一是设定电网电压波动，研究其输出电压是否稳定；二是设定其负载变化，研究其输出电压是否稳定。

（1）设定负载电阻 R_L 不变时输入电压 U_I 随电网电压变化的电路情况

1）当电网电压升高时，在图 6-37 所示的稳压管稳压电路中，根据 $U_O = U_Z = U_I - U_R$，稳压电路的输入电压 U_I 增大，使 U_O、U_Z 也随之增大，从而使 I_Z 急剧增大；再根据 $I_L = I_R - I_Z$，I_Z 急剧增大使 I_R 增大，于是使限流电阻两端电压 U_R 增大，这样又使 U_O 减小，以此来抵消之前输出电压 U_O 的增大，使输出电压 U_O 基本保持不变。过程如下：

电网电压↑ → U_I↑ → U_O↑ → U_Z↑ → I_Z↑ → I_R↑ → U_R↑
U_O↓ ◀――――――――――――――――――

2）当电网电压下降时，各变量的变化与上述过程相反，U_R 的变化补偿了电网电压的变化，以保证 U_O 基本不变。过程如下：

电网电压↓ → U_I↓ → U_O↓ → U_Z↓ → I_Z↓ → I_R↓ → U_R↓
U_O↑ ◀――――――――――――――――――

由此可见，当电网电压变化时，稳压电路通过限流电阻 R 上电压的变化来抵消 U_I 的变化，从而使 U_O 基本不变。

（2）设定电网电压不变即输入电压 U_I 不变时负载电阻 R_L 变化的电路情况

1）当负载电阻 R_L 减小，即负载电流 I_L 增大时，根据 $I_L = I_R - I_Z$，I_R 也会增大，则 U_R 也

随之增大，再根据 $U_O = U_Z = U_I - U_R$，则 U_O、U_Z 会减小，从而使 I_Z 也大幅度减小，I_R 也随之减小，使限流电阻两端电压 U_R 也跟随下降，从而使 U_O 上升，以此来抵消之前输出电压 U_O 的减小，使输出电压 U_O 基本保持不变。过程如下：

负载电阻 $R_L \downarrow \rightarrow I_L \uparrow \rightarrow I_R \uparrow \rightarrow U_R \uparrow \rightarrow U_O \rightarrow U_Z \downarrow \rightarrow I_Z \downarrow \rightarrow I_R \downarrow \rightarrow U_R \downarrow$
$$U_O \uparrow \longleftarrow$$

2）当负载电阻 R_L 增大即负载电流 I_L 减小时，各变量的变化与上述过程相反，从而保证 U_O 基本保持不变。过程如下：

负载电阻 $R_L \uparrow \rightarrow I_L \downarrow \rightarrow I_R \downarrow \rightarrow U_R \downarrow \rightarrow U_O \uparrow \rightarrow U_Z \uparrow \rightarrow I_Z \uparrow \rightarrow I_R \uparrow \rightarrow U_R \uparrow$
$$U_O \downarrow \longleftarrow$$

在硅稳压管所组成的稳压电路中，利用硅稳压管所起的电流调节作用，通过限流电阻 R 上电压或电流的变化来达到稳压的目的。因此，限流电阻 R 是必不可少的元件，它既限制硅稳压管中的电流使其正常工作，又与稳压管相配合以达到稳压的目的。

3. 硅稳压管的选取

在直流稳压电源电路中选取硅稳压管时，通常根据应用电路中主要参数的要求进行。一般应满足如下条件

$$U_Z = U_O \qquad U_I = (2 \sim 3)U_O \qquad I_{ZM} \geqslant I_{LMAX} + I_{ZMIN}$$

I_{ZMIN}、I_{ZMAX} 分别是硅稳压管的最小稳定电流和最大稳定电流，I_{LMIN}、I_{LMAX} 分别是负载通过的最小电流和最大电流。

6.2.4 集成稳压电路简介

集成稳压电路又称集成稳压器，是将不稳定直流电压转换成稳定直流电压的集成电路。用分立元器件组成部分的稳压电源，具有输出功率大、适应性较广的特点，但因体积大、焊点多、可靠性差而使其应用范围受到限制。近些年来，集成稳压器已得到广泛应用，其中小功率的稳压电源以三端式串联型稳压器应用最为广泛。

集成稳压器按调整方式分有线性的和开关式的，按输出电压方式分为固定式和可调式，按出线端子多少和使用情况一般分为三端固定式、三端可调式、多端可调式及单片开关式等几类，本任务介绍三端固定式和三端可调式集成稳压器。

1. 三端固定输出线性集成稳压器

常用的三端固定输出线性集成稳压器有 CW78XX（正输出）和 CW79XX（负输出）系列，它们构成的直流稳压电源电路外围元器件少，电路内部有过电流、过热及调整管的保护电路，可靠性高且价格合理。其型号后两位 XX 所标数字代表输出电压值，主要有 5 V、6 V、8 V、12 V、15 V、18 V、24 V。其中额定电流以 78（或 79）后面的尾缀字母区分，其中 L 表示 0.1 A，M 表示 0.5 A，无尾缀字母表示 1.5 A。例如，CW78M05 表示正输出，输出电压为 5 V，输出电流为 0.5 A。CW78XX（正输出）和 CW79XX（负输出）系列三端固定集成稳压器外形及引脚排列如图 6-38 所示。

2. 三端可调线性集成稳压器

三端可调线性集成稳压器除了具备三端固定集成稳压器的优点外，在性能方面也有进一步提高，特别是由于输出电压可调，应用更为灵活。目前，国产三端可调正输出集成稳压器系列有 CW117（军用）、CW217（商用）、CW317（民用）等；负输出集成稳压器系列有

CW137（军用）、CW237（商用）、CW337（民用）等。

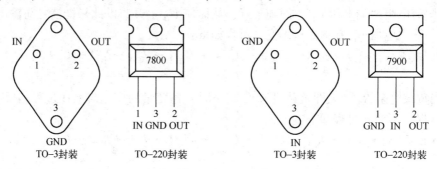

图6-38　三端固定集成稳压器的外形及引脚排列

3. 三端固定输出线性集成稳压器应用电路

（1）单电压输出稳压电路

如图6-39所示，C_1是抗干扰电容，C_0是防自激电容。

（2）正、负电压对称输出稳压电路

如图6-40所示，通常使用CW78系列的正电压输出稳压器和CW79系列的负电压输出稳压器各一块构成。

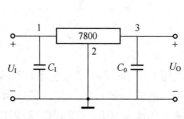

图6-39　单电压输出稳压电路

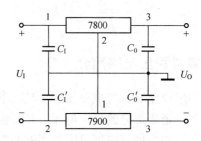

图6-40　正、负电压对称输出稳压电路

（3）提高输出电压的稳压电路

如图6-41所示，由电路结构可知，此电路输出电压为$U_O = U_X + U_Z$，提高了输出电压。

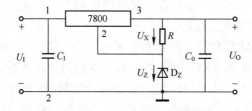

图6-41　提高输出电压的稳压电路

6.2.5　技能训练——直流稳压电源的制作与调试

1. 实验目的

1）验证单相半波、桥式全波整流电路工作原理。

2）验证电容滤波电路特性。

3）验证稳压管稳压电路特性。

4) 掌握单相直流稳压电源的一般构成原理。

2. 实验器材

电学通用实验台、直流电源、信号发生器、示波器、万用表、IN40074 整流二极管、100 μF 电解电容、2CW54 稳压二极管、100 Ω 电阻、1 kΩ 电阻、导线。

3. 实验内容及步骤

1) 按图 6-42 连接电路。

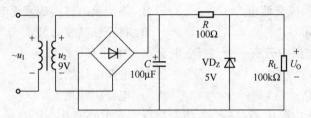

图 6-42   直流稳压电源电路连接图

2) 为电路加交流 9 V 电压，利用示波器分别观测桥式整流电路、半波整流电路、电容滤波电路、稳压管稳压电路的波形，并将电路波形情况记录在表 6-2 中。

表 6-2　直流稳压电源波形实验纪录

项　　目	桥式整流 u_{o1}	半波整流 u'_{o1}	电容滤波 u_{o2}	稳压 u_o
波形				

3) 利用万用表测量桥式整流电路、半波整流电路电容滤波电路、稳压管稳压电路的输出电压，并将测量结果记录在表 6-3 中。

表 6-3　直流稳压电源测量值实验纪录

项　　目	桥式整流 u_{o1}/V	半波整流 u'_{o1}/V	电容滤波 u_{o2}/V	稳压 u_o
测量值				

4. 思考题

1) 如果有一个二极管的极性接错，会产生什么后果？
2) 桥式整流电路中一个二极管断路，会产生什么后果？

5. 实验要求及注意事项

1) 必须经教师检查确认无误后方可通电。
2) 注意整流二极管，电容极性不能接错。
3) 正确使用仪器仪表。

6. 完成实验报告

6.2.6　知识训练

1. 单项选择题

(1) 桥式整流电路中用到了（　　）二极管。

A. 1个　　　　　　B. 2个　　　　　　C. 3个　　　　　　D. 4个

(2) 单相半波整流电路输出电压与变压器二次侧电压的关系是（　　　）。

A. $U_0 = 0.45U_2$　　　B. $U_0 = 0.9U_2$　　　C. $U_0 = 1.2U_2$　　　D. $U_0 = 1.4U_2$

（3）桥式整流电路输出电压与变压器二次侧电压的关系是（　　　）。

A. $U_0 = 0.45U_2$　　　B. $U_0 = 0.9U_2$　　　C. $U_0 = 1.2U_2$　　　D. $U_0 = 1.4U_2$

（4）桥式整流电容滤波电路输出电压与变压器二次侧电压的关系是（　　　）。

A. $U_0 = 0.45U_2$　　　B. $U_0 = 0.9U_2$　　　C. $U_0 = 1.2U_2$　　　D. $U_0 = 1.4U_2$

（5）整流电路的作用是（　　　）。

A. 将直流电转换成交流电　　　　　　B. 将交流电转换成直流电

C. 将高频变低频　　　　　　　　　　D. 将正弦波变方波

（6）桥式整流电路中若有一个二极管断开，对电路有什么影响（　　　）。

A. 电路没影响　　　　　　　　　　　B. 电路电压增大

C. 半波整流电路　　　　　　　　　　D. 电路电流增大

（7）在桥式整流电路中若有一个二极管接反，对电路有什么影响（　　　）。

A. 电路没影响　　　B. 短路　　　C. 半波整流电路　　　D. 开路

（8）桥式整流电路流过二极管的电流 I_D 与流过负载的电流 I_0 关系是（　　　）。

A. $I_D = I_0$　　　B. $I_D = 0.9I_0$　　　C. $I_D = 0.45I_0$　　　D. $I_D = 0.5I_0$

2. 多项选择题

（1）直流稳压电源的电路组成有（　　　）。

A. 变压器　　　B. 整流电路　　　C. 滤波电路　　　D. 稳压电路

（2）能够实现滤波的元器件有（　　　）。

A. 电阻　　　B. 电容　　　C. 电感　　　D. 二极管

3. 判断题

（　　）（1）桥式整流电路的二极管连接时不用考虑方向。

（　　）（2）将交流电转换成直流电应使用滤波电路。

（　　）（3）直流稳压电源的作用是将交流电转换成直流电。

（　　）（4）电容滤波电路中电容器的容量选择可以是任意的。

（　　）（5）稳压管起稳压作用，是利用它的反向击穿特性。

项目 7

晶体管的认知与应用

学习目标

1）掌握晶体管的结构与符号表示。
2）掌握晶体管的检测及应用。
3）掌握共射极单管交流放大电路的分析。
4）掌握射极输出器的特性与应用。
5）了解多级放大器。
6）了解差分放大器。
7）了解功率放大器。

任务7.1 晶体管的认知

任务描述

晶体管是由三块半导体经特殊工艺制成，具有三个区、两个 PN 结、三个极所构成的三端器件，是一种控制器件，具有电流放大作用和开关作用，应用十分广泛。

晶体管结构特点与符号表示、晶体管检测方法、晶体管作用是本任务的重要内容。首先要了解晶体管基本结构，根据结构特点分析工作原理，然后认识晶体管的特性及应用，为后续各种放大器的学习打下基础。

7.1.1 晶体管的结构

1. 晶体管的结构与符号

晶体管又称双极型晶体管、晶体三极管等。晶体管的制造工艺有很多种，目前常用的是利用光刻、扩散等工艺制成的平面管。它的结构和符号如图 7-1 所示，晶体管有三个区，并相应引出三个电极，形成两个 PN 结。三个区分别是发射区、基区和集电区，发射区引出发射极 e（或 E），基区引出基极 b（或 B），集电区引出集电极 c（或 C）。发射区和基区间的 PN 结称为发射结，集电区和基区间的 PN 结称为集电结。引脚符号的箭头方向表示发射结正向偏置时电流的实际方向。

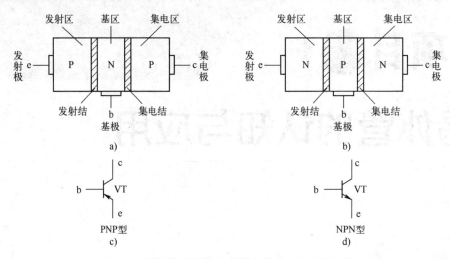

图 7-1　晶体管的结构示意图及其在电路中的符号

a）PNP 型晶体管结构　b）NPN 型晶体管结构　c）PNP 型晶体管符号　d）NPN 型晶体管符号

　　为了收集发射区发来的载流子和便于散热，一般在晶体管中集电区的面积做得比较大，发射区是高浓度掺杂区，基区很薄且杂质浓度低。这是晶体管具有电流放大作用的内部根据。因此晶体管使用时集电极与发射极不能互换。

　　2. 晶体管的分类

　　晶体管的种类很多，通常有以下分类：

　　按所用材料的不同，分为硅管和锗管，硅管受温度影响较小，工作稳定，因此在自动控制设备中应用很多。

　　按内部结构不同，分 NPN 型和 PNP 型。一般情况 NPN 型为硅管，PNP 型为锗管。

　　按功率不同，分小功率管（耗散功率小于 1 W）和大功率管（耗散功率不小于 1 W）。

　　按频率不同，分高频管（工作频率不低于 3 MHz）和低频管（工作频率在 3 MHz 以下）。

　　按作用不同，分普通晶体管和开关晶体管。

7.1.2　晶体管的放大作用

　　1. 晶体管的电流分配

　　为了定量地分析晶体管的电流分配关系和放大原理，完成下列实验测试，实验电路如图 7-2 所示。

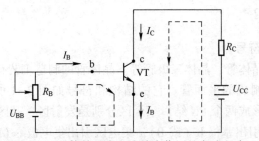

图 7-2　晶体管具有电流放大作用的实验电路

加电源电压 U_{BB} 时发射结承受正向电压，而电源 $U_{CC} > U_{BB}$，使集电结承受反向偏置电压，这样可以使晶体管能够具有正常的电流放大作用。

改变电阻 R_B，使基极电流 I_B、集电极电流 I_C 和发射极电流 I_E 都会发生变化，表 7-1 为实验所得的一组数据。

表 7-1　晶体管各极电流试验数据

$I_B/\mu A$	0	20	30	40	50	60
I_C/mA	≈0	1.4	2.3	3.2	4	4.7
I_E/mA	≈0	1.42	2.33	3.24	4.05	4.76
I_C/I_B	0	70	76	80	80	78

将表中数据进行比较分析，可得出如下结论：

1) $I_E = I_B + I_C$，三个电流之间关系符合基尔霍夫电流定律。如图 7-3 所示。

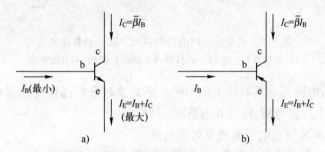

图 7-3　晶体管的电流分配关系
a) NPN 管的电流方向和电流分配　b) PNP 管的电流方向和电流分配

2) $I_C \approx I_E$，I_B 虽然很小，但对 I_C 有控制作用，I_C 随 I_B 的改变而改变。即晶体管具有电流放大作用。集电极电流 I_C 与基极电流 I_B 的比值，称为晶体管的直流电流放大倍数，用 $\bar{\beta}$ 表示，即

$$\bar{\beta} = \frac{I_C}{I_B}$$

$\bar{\beta}$ 的大小体现了晶体管的电流放大能力。

3) 当基极电流变化时，集电极电流同时也发生较大变化。集电极电流变化量 ΔI_C 与基极电流变化量 ΔI_B 之比，称为晶体管交流放大倍数，用 β 表示。

$$\beta = \frac{\Delta I_C}{\Delta I_B}$$

由于 β 和 $\bar{\beta}$ 相当接近，以后一般不再对它们加以区分。晶体管的 β 值一般为几十倍，特殊的可达上千，所以晶体管具有较大的电流放大作用。

2. 载流子的运动和各极电流的形成

图 7-4a 是一个简单的放大电路，图中 ΔU_i 是一个作为控制用的微小的变化电压，它接在基极和发射极所在的回路（称为输入回路）中，放大后的信号出现在集电极和发射极所在的回路（称为输出回路）中，由于输入和输出回路以发射极为公共端，所以称为共发射极电路（简称共射电路）。为了体现放大作用，首先必须保证有载流子运动，因此发射结要

正向偏置，这一条由基极加正极性的电源电压 U_{BB} 来实现；其次，集电极电流必须是由发射区越过基区来的电子流所形成，而不是集电区本身的多子运动，这才能体现基极的控制作用。所以集电结要反向偏置，在集电极加正极性电源电压 U_{CC} 实现了这一要求。ΔU_i 控制发射结两端的电压发生变化，这样就改变了三个电极的电流。

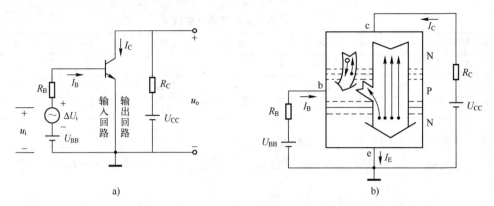

图 7-4　共射接法时的管内载流子运动和各极电流
a）共射放大电路　b）晶体管内部载流子的运动和各极电流

图 7-4a 中所示电路是否具有放大作用呢？下面通过分析晶体管内部载流子的运动情况和电流分配关系入手。先分析 $\Delta U_i = 0$ 的情况。

（1）发射区向基区注入电子形成发射极电流 I_E

由于发射结加正向电压，如图 7-4b 所示。扩散运动大于漂移运动，发射区的电子源源不断地越过发射结扩散到基区，与此同时基区的空穴也要扩散到发射区，由于基区的掺杂浓度远低于发射区，所以发射区向基区扩散的电子浓度远大于基区向发射区扩散的空穴浓度，相比之下，后者可以忽略，所以流过发射结的正向电流主要是由发射区的多子（电子）向基区扩散时形成的。实际上是发射区向基区注入电子，为了保持平衡，在外电路通过外电源不断向发射区补充电子，因而形成了发射极电流 I_E。由于电流的方向与电子流的方向相反，所以 I_E 从发射极流出管外。

（2）电子在基区复合形成基极电流 I_B

自发射区注入基区的电子，因电子浓度的差别，电子要继续向集电区一侧扩散，在扩散过程中少数电子与基区空穴相遇而复合，复合掉的空穴由基极电源补充，从而形成基极电流 I_B。由于基区很薄且基区的载流子浓度很低，电子在基区复合的机会很少，因而基极电流很小，而绝大多数电子将继续向集电结方向扩散。

（3）电子被集电区收集形成集电极电流 I_C

由于集电结反偏，致使集电区的多子电子和基区多子空穴很难越过集电结，而对发射区来的电子却有很强的吸引力，在反偏电场的作用下快速漂移过集电结，被集电区收集，形成集电极电流 I_C。注意：由于集电结反偏，除发射区来的电子形成集电极电流 I_C 外，还存在少数电子形成的反向饱和电流 I_{CBO}。因为 I_{CBO} 很小，多数情况下可忽略不计。

总之，发射区向基区注入电子，形成发射极电流 I_E，这些电子的绝大多数越过基区流向集电区，形成集电极电流 I_C，小部分与基区中空穴复合，形成基极电流 I_B，显然，集电极电流必须由发射区越过基区来的电子流所形成，而不是集电区本身的多子运动，这才能体现基极的控制作用。

3. 晶体管的特性曲线

和二极管一样，晶体管各电极电压和电流之间的关系如果用曲线表示出来，就是晶体管的特性曲线，也叫伏安特性曲线。实际上它是晶体管内部特性的外部表现。是分析放大电路的重要依据。从使用晶体管的角度来说，了解晶体管的外部特性比了解它的内部结构显得更为重要，晶体管的伏安特性主要有输入特性和输出特性两种。现以共发射极放大电路为例，讨论晶体管的输入、输出特性。

（1）共射接法的输入特性曲线

晶体管的特性曲线可以用特性图示仪直观地显示在荧光屏上，也可以用图 7-5 所示的共射特性测试电路，逐点描绘出共射输入、输出特性曲线。

所谓共射输入特性曲线是指晶体管输入回路中在 U_{CE} 固定的情况下，加在基极和发射极的电压 U_{BE} 与由它产生的电流 I_B 之间的关系曲线，用函数表示为

$$I_B = f(U_{BE}) \mid _{U_{CE}=常数} \qquad (7-1)$$

即在固定的 U_{CE} 下，测出 I_B 与 U_{BE} 之间的对应关系。NPN 硅管的输入特性曲线如图 7-6 所示。

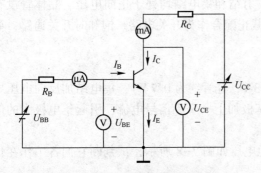

图 7-5 晶体管特性测试电路

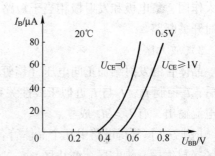

图 7-6 共射输入特性曲线

输入特性曲线有以下特点：

1）当 $U_{CE}=0$ 时，相当于 c、e 短接，这时的晶体管相当于两个二极管并联，所以它和二极管的正向伏安特性相似。

2）当 $U_{CE} \geqslant 1$ 时，曲线右移，这是因为 $U_{CE}>U_{BE}$ 后已给集电结加上了反向电压，集电结吸引电子的能力加强，使得由发射区进入基区的电子，绝大部分流向集电区，形成集电极电流 I_C。因此在相同的 U_{BE} 下，流向基极的电流 I_B 减小，所以特性曲线右移。因为 $U_{CE} \geqslant 1$ V 后的曲线基本重合，因此只画 $U_{CE} \geqslant 1$ V 的一条输入特性，就可以近似代表 U_{CE} 更高值的情况。

（2）共射接法的输出特性曲线

输出特性曲线是在基极电流 I_B 一定的情况下，晶体管输出回路中，集电极与发射极之间的电压 U_{CE} 与集电极电流 I_C 之间的关系曲线。用函数可表示为

$$I_C = f(U_{CE}) \mid _{I_B=常数} \qquad (7-2)$$

即在一定的 I_B 情况下，测出 I_C 与 U_{CE} 之间的对应关系。图 7-7 画出了 NPN 型硅晶体管的输出特性曲线。

从图 7-7 所示共射输出特性曲线上看，晶体管的工作状态可以分成三个区域。

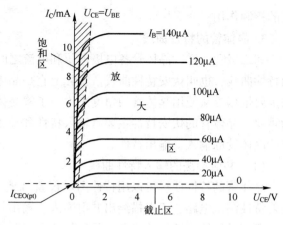

图 7-7 共射输出特性曲线

1）截止区。

一般习惯于把 $I_B \leq 0$ 以下的区域称为截止区。晶体管工作在截止区时，发射结和集电结均处于反向偏置，即 $U_{BE} < 0$、$U_{CE} > 0$，晶体管内既没有大量电子由发射区注入基区，也没有大量电子越过基区进入集电区，所以，$I_B = 0$，$I_C \approx 0$，$U_{CE} \approx U_{CC}$，晶体管 b-e、c-e 之间均呈现高阻状态，相当于开关断开。

2）饱和区。

当晶体管的集电结电流 I_C 增大到一定程度时，再增大 I_B，I_C 也不会增大，即超出了放大区，进入了饱和区。饱和时，I_C 最大，集电极和发射极之间的内阻最小，电压 U_{CE} 只有 0.1~0.3 V，$U_{CE} < U_{BE}$（硅管 0.3 V，锗管 0.1 V），发射结和集电结均处于正向电压。晶体管没有放大作用，集电极和发射极相当于短路，常用截止配合作为开关电路。饱和时开关通路；截止时开关断路。

3）放大区。

晶体管的发射结加正向电压（锗管约为 0.3 V，硅管约为 0.7 V），集电结加反向电压导通后，I_B 控制 I_C，I_C 与 I_B 近似于线性关系，在基极加上一个小信号电流，引起集电极大的信号电流输出，有 $I_C = \beta I_B$ 成立。

【例 7-1】测得电路中几个晶体管各极对地电压如图 7-8 所示，试判断它们各工作在什么区（放大区、饱和区、截止区）。

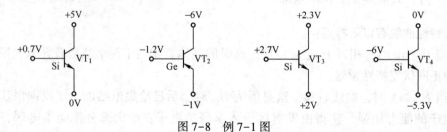

图 7-8 例 7-1 图

解： VT_1 为 NPN 型晶体管，由于 $U_{BE} = 0.7$ V>0，发射结正偏；而 $U_{BC} = -4.3$ V<0，集电结为反偏，因此 VT_1 工作在放大区。

VT_2 为 PNP 型晶体管，由于 $U_{BE} = 0.2$ V>0，发射结正偏；而 $U_{BC} = 4.8$ V>0，集电结为反偏，因此 VT_2 工作在放大区。

VT_3 为 NPN 型晶体管，由于 $U_{BE} = 0.7$ V>0，发射结正偏；而 $U_{BC} = 0.4$ V>0，集电结为正偏，因此 VT_3 工作在饱和区。

VT_4 为 NPN 型晶体管，由于 $U_{BE} = -0.7$ V<0，发射结反偏；而 $U_{BC} = -6$ V<0，集电结为反偏，因此 VT_4 工作在截止区。

【例 7-2】 若测得放大电路中晶体管的三个引脚对地电位 U_1、U_2、U_3 分别为下述数值，试判断他们是硅管还是锗管，是 NPN 型还是 PNP 型？并确定 e、b、c 极。

1) $U_1 = 2.5\,\text{V}$，$U_2 = 6\,\text{V}$，$U_3 = 1.8\,\text{V}$。

2) $U_1 = -6\,\text{V}$，$U_2 = -3\,\text{V}$，$U_3 = -2.8\,\text{V}$。

解：1) 由于 1 脚与 3 脚间的电位差 $|U_{13}| = |2.5 - 1.8|\,\text{V} = 0.7\,\text{V}$，而 1 脚、3 脚与另一引脚 $U_2 = 6\,\text{V}$ 的电位差较大，因此 1 脚与 3 脚间为发射结，2 脚则为 c 极，该管为硅管。又 $U_2 > U_1 > U_3$，因此该管为 NPN 型，且 1 脚为 b 极，3 脚为 e 极。

2) 由于 $|U_{23}| = 0.2\,\text{V}$，而 2 脚、3 脚与另一引脚 $U_1 = -6\,\text{V}$ 的电位差较大，因此 2 脚与 3 脚间为发射结，1 脚为 c 极，该管为锗管。又 $U_1 < U_2 < U_3$，因此该管为 PNP 型，且 2 脚为 b 极，3 脚为 e 极。

4. 晶体管的主要参数

晶体管的参数反映了晶体管各种性能的指标，是分析晶体管电路和选用晶体管的依据。

（1）共发射极电流放大系数 β

共发射极直流电流放大系数 β，它表示晶体管在共射极连接时，某工作点处直流电流 I_C 与 I_B 的比值，当忽略 I_{CBO} 时有

$$\beta = \frac{I_C}{I_B} \tag{7-3}$$

管子的 β 值太小时，放大作用差；β 值太大时，工作性能不稳定。因此，一般选用 β 为 30～80 的管子。

（2）极间反向电流

1) 集电极-基极间反向饱和电流 I_{CBO}。

I_{CBO} 是指发射极开路，在集电极与基极之间加上一定的反向电压时，所对应的反向电流。它是少子的漂移电流。在一定温度下，I_{CBO} 是一个常量。随着温度的升高 I_{CBO} 将增大，它是晶体管工作不稳定的主要因素。在相同环境温度下，硅管的 I_{CBO} 比锗管的 I_{CBO} 小得多。

2) 穿透电流 I_{CEO}。

I_{CEO} 是指基极开路，集电极与发射极之间加一定反向电压时的集电极电流。I_{CEO} 与 I_{CBO} 的关系为

$$I_{CEO} = I_{CBO} + \beta I_{CBO} = (1 + \beta) I_{CBO} \tag{7-4}$$

该电流好像从集电极直通发射极一样，故称为穿透电流。I_{CEO} 和 I_{CBO} 一样，也是衡量晶体管热稳定性的重要参数。

（3）极限参数

1) 最大允许集电极耗散功率 P_{CM}。

P_{CM} 是指晶体管集电结受热而引起晶体管参数的变化不超过所规定的允许值时，集电极耗散的最大功率。当实际功耗 P_C 大于 P_{CM} 时，不仅使管子的参数发生变化，甚至还会烧坏管子。

2) 最大允许集电极电流 I_{CM}。

当 I_C 很大时，β 值逐渐下降。一般规定在 β 值下降到额定值的 2/3（或 1/2）时所对应的集电极电流为 I_{CM}，当 $I_C > I_{CM}$ 时，β 值已减小到不实用的程度，且有烧毁管子的可能。

3) 反向击穿电压 U_{CEO} 与 U_{CBO}。

U_{CEO} 是指基极开路时，集电极与发射极间的反向击穿电压。

U_{CBO}是指发射极开路时，集电极与基极间的反向击穿电压。晶体管的反向工作电压应小于击穿电压的，以保证管子安全可靠地工作。

7.1.3 技能训练——晶体管的识别与检测

1. 实验目的

1）学会使用指针式万用表、数字万用表；

2）学会晶体管主要参数的测量。

2. 实验器材

指针式万用表、数字式万用表、晶体管。

3. 实验内容及步骤

（1）引脚识别

常用晶体管的封装形式有金属封装和塑料封装两大类，引脚的排列方式具有一定的规律，如图 7-9 所示。采用底视图位置，使三个引脚构成等腰三角形的顶点上，从左向右依次为 E、B、C；对于中小功率塑料晶体管，按图使其平面朝向自己，三个引脚朝下放置，则从左到右依次为 E、B、C。常用晶体管外形如图 7-10 所示。

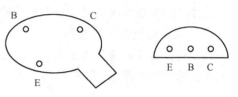

图 7-9　常见晶体管引脚排列

图 7-10　常用晶体管外形

（2）用万用表判断晶体管的管型及材料

1）用指针式万用表测试。

用万用表的欧姆档 $R \times 100\,\Omega$ 或 $R \times 1\,k\Omega$，将黑表笔接一引脚，用红表笔接触另两引脚，如出现两个阻值均小的，说明黑表笔所处的引脚为晶体管的基极，且管型为 NPN；若没有上述现象出现，换成红表笔接任一电极，重复上述过程，当出现两阻值均较小的情况，则该红表笔所在电极为基极且管型为 PNP。

需要注意一点：无论是基极和发射极之间的正向电阻，还是基极与集电极之间的正向电阻，都应在几千欧姆或几十千欧姆的范围内，一般硅管的正向阻值为 $6 \sim 20\,k\Omega$，锗管为 $1 \sim 5\,k\Omega$，而反向电阻则应趋于无穷大。若出现无论正向还是反向电阻均为零，说明此结已经击穿；若测出电阻均为无穷大，说明此结已断。将测试结果填于表 7-2。

表 7-2　测试结果

晶体管型号	导通电压	管　　型	材　　料
9011			
9012			

2）用数字万用表的 $h_{FE}(\beta)$ 插孔测晶体管 β 值。

用数字万用表 $h_{FE}(\beta)$ 插孔测晶体管的 β 值时，需要明确该管是 NPN 型还是 PNP 型的晶体管，然后才能正确测量 β 值，其方法如下：将万用表调到欧姆档的×100 Ω 或×kΩ 上，把万用表的红表笔放在晶体管的中间引脚上，黑表笔接触其他两引脚，如两次都有读数，说明是 NPN 型管；如果无读数，说明是 PNP 型管。

将万用表调到 h_{FE} 档，将晶体管的三个引脚按其类型，正确插入晶体管的测试孔内，此时，万用表上显示的数值即为晶体管的 β 值。将其测试结果填入表 7-3。

表 7-3　测试结果

型　号	万用表与观察晶体管外形判断晶体管的电极是否一致	管　型
9011		
9012		

4. 思考题

1）用指针式万用表和数字式万用表测试阻值的结果是否相同？如不同问题在哪里？

2）使用指针式万用表测量阻值时首先要做什么？

5. 注意事项

1）指针式万用表用完后要将档位放在最大电压档上。

2）数字式万用表用完后要关闭开关。

6. 完成实验报告

7.1.4　知识训练

1. 单项选择题

（1）当晶体管的两个 PN 结都正偏时，则晶体管处于（　　）。

A. 放大状态　　　B. 中断状态　　　C. 截止状态　　　D. 饱和状态

（2）当晶体管的两个 PN 结都反偏时，则晶体管处于（　　）。

A. 放大状态　　　B. 中断状态　　　C. 截止状态　　　D. 饱和状态

（3）晶体管具有电流放大作用的外部条件是必须使（　　）。

A. 发射结反偏，集电结反偏　　　B. 发射结正偏，集电结反偏

C. 发射结正偏，集电结正偏　　　D. 发射结反偏，集电结正偏

2. 多项选择题

（1）晶体管有三个区，分别是（　　）。

A. 发射区　　　B. 基区　　　C. 集电区　　　D. 截止区

（2）晶体管的应用有（　　）。

A. 放大电路　　　B. 开关电路　　　C. 振荡电路　　　D. 交通信号灯

（3）晶体管的三个工作区，分别是（　　）。

A. 发射区　　　B. 截止区　　　C. 饱和区　　　D. 放大区

3. 判断题

（　　）（1）晶体管的集电极和发射极可以互换使用。

（　　）（2）晶体管工作在放大区时不可以放大电流。

（　）（3）晶体管的发射结正偏，集电结正偏，晶体管工作在截止区。

（　）（4）晶体管相当于两个反向连接的二极管，则基极断开后还可以作为二极管使用。

（　）（5）为使晶体管工作在放大状态，必须保证发射结反偏、集电结正偏。

（　）（6）若使晶体管工作在放大区，必须保证发射结正偏、集电结反偏。

（　）（7）晶体管的工作区是截止区、放大区、饱和区。

（　）（8）当晶体管的发射结正偏、集电结反偏，则晶体管处于饱和状态。

4. 计算题

已知一个晶体管发射极电流变化 $\Delta i_e = 9\,mA$，集电极电流变化 $\Delta i_c = 8.8\,mA$，问基极电流 Δi_b 为多少？这时 β 是多少？

任务7.2　放大电路的分析与制作

任务描述

晶体管具有电流放大作用。因此由晶体管构成的放大电路也具有放大作用。共射极单管放大电路是晶体管放大电路中应用最广泛的基本放大电路。

通过对共射极基本放大电路的分析，了解共射极基本放大电路的组成、工作原理及放大作用，掌握放大电路的静态和动态分析方法，是本任务的重点内容。

7.2.1　共射极单管交流放大电路

1. 共射极基本放大电路的基本组成

1）保证晶体管工作在放大区，即发射结正向偏置，集电结反向偏置。

2）电路中应保证输入信号能够从放大电路的输入端加到晶体管上，即有交流信号输入回路；经过放大的交流信号能从输出端输出，即有交流信号输出回路。

3）元器件参数的选择要合适，尽量使信号能不失真地放大，并能满足放大电路的性能指标。

如图7-11a所示为基本电压放大电路，图7-11b是图a的变形，图c是以NPN型晶体管为核心的共射极基本放大电路，该放大电路由直流电源 U_{CC}、晶体管 VT、电阻 R_C、R_B 和电容 C_1、C_2 组成。

2. 各个元器件的作用

1）晶体管是放大电路的核心元件，在放大电路中起"放大"作用，即起到能量转换的作用。

2）直流电源一方面为放大电路提供能量，又能和电阻 R_B、R_C 共同作用，保证晶体管工作在放大区，其电压一般为几伏到几十伏。

3）集电极电阻 R_C 的作用是将集电极电流的变化转化为输出电压的变化，使放大电路实现对交流电压的放大，其阻值一般为几千欧姆到几十千欧姆。

4）基极偏置电阻 R_B 和直流电源一起提供大小合适的基极偏置电流，R_B 可用于调整静态工作点，阻值一般为几十千欧姆到几兆欧姆。

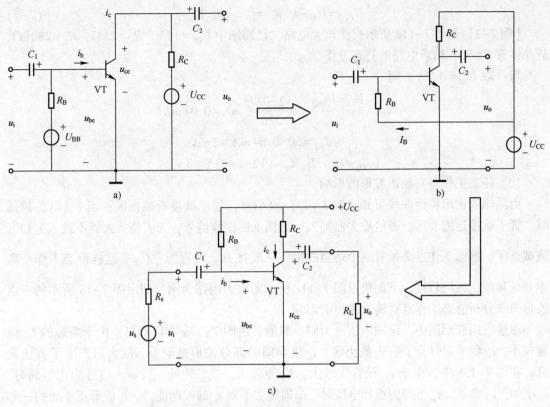

图 7-11 共射极基本放大电路

5）耦合电容 C_1、C_2 起到隔离直流、传送交流的作用，使直流电源对交流信号源和负载无影响，一般低频放大电路通常采用有极性的电解电容。

3. 共射极基本放大电路的静态分析及静态工作点

放大电路在没有输入信号时的工作状态，称为放大电路的静态。此时电路中只有直流电流，所以静态分析又称为直流分析。在进行静态分析时，主要分析放大电路的静态工作点，静态工作点用 $Q(I_{BQ}、I_{CQ}、U_{CEQ})$ 来表示，即根据 $I_{BQ}、I_{CQ}、U_{CEQ}$ 的值，来判断晶体管的工作状态。

因此，在分析具体放大电路的工作状态之前，应先学会确定放大电路的直流通路，在进行静态分析的过程中，绘制直流通路时，电容可视为开路，电感视为短路。

（1）放大电路的直流通路及静态工作点的估算

对于图 7-11c 所示放大电路，在输入信号为零时，若电容对直流电压为开路，可绘制出其直流通路，如图 7-12 所示，可采用下面式子估算出静态时的基极电流（又称为偏置电流）。

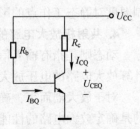

$$I_{BQ} = \frac{U_{CC} - U_{BEQ}}{R_B} \approx \frac{U_{CC}}{R_B} \qquad (7-5)$$

在忽略 I_{CEO}，根据晶体管的电流分配，可得集电极静态电流为

$$I_{CQ} = \beta I_{BQ} \qquad (7-6)$$

由 KVL 定律，可得出

图 7-12 放大电路的直流通路

$$U_{CEQ} = U_{CC} - I_{CQ}R_C = U_{CC} - \beta I_{BQ}R_C \qquad (7-7)$$

【例7-3】 如图7-11c所示交流放大电路，已知图中 $U_{CC} = 12\,V$，$R_C = 2\,k\Omega$，$R_B = 280\,k\Omega$，硅晶体管 $\beta = 50$，试求电路的静态工作点。

解：取 $U_{BE} = 0.7\,V$，则

$$I_{BQ} = \frac{U_{CC} - U_{BEQ}}{R_B} = \left(\frac{12 - 0.7}{280}\right)mA = 0.04\,mA$$

$$I_{CQ} = \beta I_{BQ} = 50 \times 0.04\,mA = 2\,mA$$

$$U_{CEQ} = U_{CC} - I_{CQ}R_C = (12 - 2 \times 2)V = 8\,V$$

（2）静态工作点对输出波形的影响

由晶体管输出特性曲线可知，当 I_B（I_C）较小时，管子就接近截止区；当 U_{CE} 电压较低时，管子就接近饱和区。若给放大器加入一定幅度的交流信号，为了使放大器不进入饱和区或截止区，静态工作点必须有一个适当的值。一般将 U_{CEQ} 设置为 $\frac{1}{2}U_{CC}$，这样静态工作点离饱和区和截止区均较远。下面仍以图7-11c所示的放大电路为例，利用图7-13所示的三组波形图来分析静态工作点对输出波形的影响。

在这三组波形图中，设输入信号为同一数值。由图7-13a可以看出，由于静态的 I_{BQ} 设置较小，i_b 负半周时管子进入截止区，i_c 负半周的部分波形被削去，放大器产生了截止失真；在图7-13b中，由于 I_{BQ} 设置比较大，I_{CQ} 亦较大，U_{CEQ} 较低，当输入信号为正半周时，i_b 增加，i_c 增加，u_{ce} 下降到饱和电压时，i_b 即失去了对 i_c 的控制能力，i_c 波形正半周的一部分被削去，放大器产生了饱和失真。图7-13c为静态工作点设置适当时的放大波形，此时既不产生截止失真，也不产生饱和失真。

通过以上分析看出，共射极放大器输出信号与输入信号相比呈放大关系，并且相位相差180°，故又称为倒相器。放大器只有静态工作点设置合适，才不会产生饱和或截止失真。当放大器的静态工作点设置合适，在输入信号过强时，也会产生切顶失真，即放大波形的正、负半周的顶部被削平。例如，收音机、扩音机的音量开到最大时音质变差，就是出现了切顶失真。

此外，由于晶体管发射极开路时集电结反向饱和电流 I_{CBO}、基极开路情况下的集电极-发射极穿透电流 I_{CEO}、电流放大系数 β，容易受到温度变化影响，具体来说，它们随温度上升将增大，这些都将使 I_C 随温度上升而增大，从而引起静态工作点的变化，使放大电路的放大波形发生失真。所以，必须针对图7-11c所示的晶体管共射极放大电路采取改进措施，抑制温度对静态工作点的影响，来稳定静态工作点，后续课程会进行介绍。

4. 共射极放大电路的动态分析及主要性能指标

动态则是指有输入信号的工作状态，动态分析又称为交流分析，是指加入交流信号时，计算放大电路的电压放大倍数、输入电阻和输出电阻等性能指标。

对于放大器而言，确定静态工作点，只是为放大器进入工作状态而进行的准备，更重要的是确定放大电路的性能指标。

（1）微变等效电路分析法

对交流放大电路进行定量分析时，必须要知道放大器的一些具体参数指标。例如，分析放大电路对信号源的影响时要知道它的输入电阻；分析放大电路带负载能力时要知道它的输

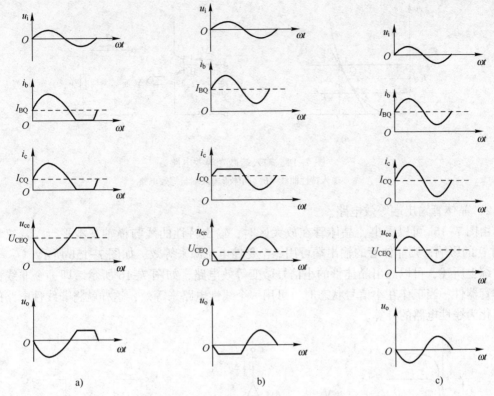

图 7-13 工作点三种状态的放大波形

a) 截止失真 b) 饱和失真 c) 正常放大

出电阻；当输入信号一定，分析放大电路的输出电压大小时必须知道它的电压放大倍数等。由于晶体管是一个非线性器件，若要采用线性电路的计算方法来计算放大电路的参数值，就必须先对晶体管进行线性化等效。常采用小信号等效电路的方法进行分析。采用该方法时，其基本步骤如下：

1）晶体管的输入端等效电路。

晶体管的输入特性是一曲线，输入电流不同，管子的等效输入电阻不同。在交流放大电路中，由于输入的电压信号幅度较小，只在静态工作点附近做微小的变化，因此可用静态工作点处的切线来代替输入特性曲线，即在静态工作点附近将输入特性曲线进行了线性化等效，如图 7-14a 所示。晶体管在此点的输入电阻可用一个线性电阻来代替，即

$$r_{be} = \frac{\Delta U_{BE}}{\Delta I_B} \tag{7-8}$$

式中，U_{be}、I_b 是输入交流信号的有效值，并非静态工作点 U_{BEQ} 和 I_{BQ}；r_{be} 称为晶体管的输入电阻，静态工作点设置不同，r_{be} 不同。实际使用中，r_{be} 一般用下式进行估算

$$r_{be} = 300\,\Omega + (1+\beta)\frac{26\,\text{mV}}{I_{EQ}\,\text{mA}} \tag{7-9}$$

式中，β 为晶体管的电流放大系数；I_{EQ} 为晶体管的静态发射极电流。等效电路如图 7-14b 所示。

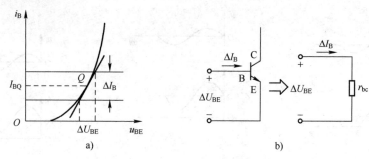

图 7-14　输入端微变等效电路

a）输入特性曲线　b）晶体管输入端与等效电路

2）晶体管输出端等效电路。

由图 7-15a 可以看出，晶体管在放大区时，输出特性曲线与横轴基本平行，若忽略了 u_{ce} 对 i_c 的影响，则晶体管的输出端可用一个受控电流源来等效，如图 7-15b 所示。

综上所述，可以画出晶体管的小信号微变等效电路，如图 7-16 所示。即一个非线性的晶体管器件，当工作在小信号状态时，可用一个线性电路来等效，这样就将非线性电路的计算简化为线性电路的计算。

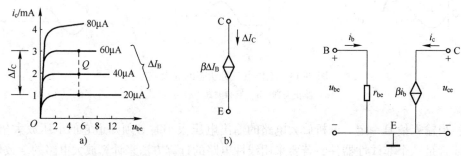

图 7-15　晶体管输出端等效为受控电流源

a）输出特性曲线　b）晶体管输出端等效电路

图 7-16　晶体管微变等效电路

3）共射极基本放大电路的交流通路及微变等效电路。

放大电路交流信号能够通过的路径，称为放大电路的交流通路。在放大电路中，耦合电容由于容量比较大，在工作的频率范围内容抗可以忽略不计，即在交流通路中按短路处理；电感则按照开路处理；电路中的直流电压源，由于其两端电压固定不变，对交流信号不产生影响，也按照短路处理。因此画出共射极放大电路的交流通路如图 7-17a 所示。在交流通路中，如将晶体管用它的微变等效电路代替，即为放大电路的微变等效电路，如图 7-17b 所示。

通过以上的微变等效变换，电路简化为一个非常简单的线性电路，就可以用线性电路的分析方法对放大电路进行定量分析。

（2）共射极基本放大电路的主要性能指标

放大电路的性能由许多性能指标来衡量，分析、设计和选用放大电路也主要是从其性能指标入手的，下面来介绍一下放大电路的主要性能指标。

现将图 7-11c 所示的放大电路用有源四端网络来表示，则放大电路的动态参数示意图如图 7-18 所示，需要说明的是，图中所有的电信号都用相量的形式来表示。

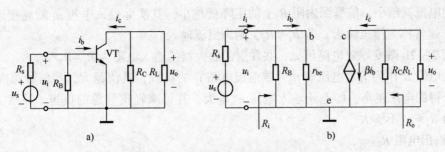

图 7-17 共射极放大电路等效电路
a) 共射极放大电路交流通路 b) 放大电路等效电路

放大电路的主要性能指标有电压放大倍数、输入电阻、输出电阻等，现根据图 7-18 分别说明如下：

1）电压放大倍数 A_u。

电压放大倍数定义为放大电路的输出电压与输入电压的比值，又称为电压增益，是衡量放大电路对信号放大能力的主要指标，计算公式为

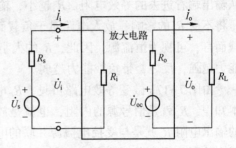

图 7-18 放大电路的动态
参数示意图

$$A_u = \frac{\dot{U}_o}{\dot{U}_i} \qquad (7-10)$$

由于实际放大倍数往往很大，所以还常用分贝（dB）来表示

$$A_u = 20\lg\left|\frac{\dot{U}_o}{\dot{U}_i}\right| \qquad (7-11)$$

共发射极放大电路的电压放大倍数可参照其微变等效电路图 7-17b 导出

$$u_i = i_b r_{be}$$
$$u_o = \beta i_b R_L' \quad (R_L' = R_C // R_L)$$
$$A_u = -\frac{\beta i_b R_L'}{i_b r_{be}} = -\beta\frac{R_L'}{r_{be}} \qquad (7-12)$$

式中，u_i、u_o 分别为放大电路的输入、输出电压，负号表示输出电压与输入电压相位相反。由此可看出，共发射极放大电路对电压信号具有反向放大作用。

2）输入电阻 R_i。

对于信号源而言，放大电路的输入端可以用一个等效电阻来表示，称之为放大电路的输入电阻，等效为信号源的负载，它等于放大电路输出端接实际负载后，输入电压与输入电流的比值，即

$$R_i = \frac{u_i}{i_i} = \frac{\dot{U}_i}{\dot{I}_i} \qquad (7-13)$$

$$\dot{U}_i = \dot{U}_s\frac{R_i}{R_i+R_s}$$

由上式可见，R_i 的大小反映了放大电路对信号源的影响程度，R_i 越大，放大电路从信号

源汲取的电流就越小，信号源内阻 R_s 上的压降就越小，其实际输入电压 u_i 就越接近信号源电压 u_s，通常称为恒压输入。若 $R_i \ll R_s$，则为恒流输入。

由图 7-17b 微变等效电路可见，共发射极放大器的输入电阻为 $R_i = R_B // r_{be}$

输入电阻 R_i 作为信号电压源 u_s（或前级电路）的负载，其值越大，与信号源内阻 R_s 分压时所分得的电压越小，即电路输入电压 u_i 越大，并可减轻信号源的负担。显然，该电路输入电阻 $R_i \approx r_{be}$ 不够大。

3）输出电阻 R_o。

对负载 R_L 而言，放大电路的输出端可等效为一个信号源，信号源的内阻即为放大电路的输出电阻 R_o，它是在放大电路的输入信号源电压短路（即 $u_s = 0$），同时令负载开路后，从输出端看进去的等效电阻。R_o 越小，输出电压 u_o 受 R_L 的影响越小，若 $R_o = 0$，则输出电压将不受 R_L 的影响，放大电路对于负载而言，相当于恒压源。当 $R_o \ll R_L$ 时，放大电路对负载而言，可视为恒流源。因此，R_o 的大小反映了放大电路带负载的能力，该值越小，带负载能力越强，反之，带负载能力越弱。

由图 7-17b 微变等效电路可见，R_C 电阻与受控电流源并联，根据电流源和电压源的基本知识，R_C 就是信号源的内阻，也就是放大器的输出电阻 R_o。由此可知，共发射极放大器的输出电阻 R_o 就是与受控电流源并联的电阻 R_C。显然，该电路输出电阻 $R_o \approx R_C$，该阻值一般为几百欧姆到几千欧姆，不够小，输出电压受负载的影响较大，因而带交流负载能力较差。

另外，放大电路的参数还有通频带和频率失真，在此不做深入讨论，有兴趣的读者可参看其他参考书籍。

【例 7-4】电路及电路参数与例题 7-3 相同，并带上 $2\,k\Omega$ 的负载电阻。计算放大器的电压放大倍数 A_u 和输入电阻 R_i。

解： 由例题 7-3 计算可知，$I_{EQ} \approx I_{CQ} = 2\,mA$。

$$r_{be} = 300\,\Omega + (1+\beta)\frac{26\,mV}{I_{EQ}\,mA} = 300\,\Omega + (1+\beta)\frac{26\,mV}{2\,mV} = 963\,\Omega$$

因为 $R_i = R_B // r_{be}$，所以 $R_i \approx r_{be} = 963\,\Omega$。

$$R_L' = R_C // R_L = \frac{2 \times 2}{2 + 2}\,k\Omega = 1\,k\Omega$$

$$A_u = -\beta\frac{R_L'}{r_{be}} = -50 \times \frac{1 \times 10^3}{963} = -52$$

5. 共射极分压式固定偏置放大电路

（1）分压式固定偏置放大电路的直流通路及静态工作点

基本共射极放大电路受温度影响很大，静态工作点不稳定，最常用的静态工作点稳定电路是分压式固定偏置放大电路，如图 7-19a 所示。图 7-19b 为其直流通路。其工作原理是当温度或 β 值在一定范围内变化时，其静态工作点基本不变。即可认为基极电位 V_B 由 R_{B1}、R_{B2} 分压取得。当 V_B 电位给定后，发射极电位 V_E 即给定（$V_E = V_B - 0.7\,V$），随之 $I_E(I_C)$ 电流即给定（$I_E = \dfrac{V_E}{R_E}$），由于 I_E 电流给定，$U_{CE} \approx U_{CC} - I_C(R_C + R_E)$ 即给定。

设由于温度变化或 β 值变化引起 I_C 电流上升，$V_E = I_E R_E$ 上升，因为 $V_E = V_B - 0.7\,V$，V_B 不

变，0.7 V 是管子的正常工作电压，死区电压为 0.5 V，即 V_E 上升的最大值小于 0.2 V，可见，静态工作点是非常稳定的。

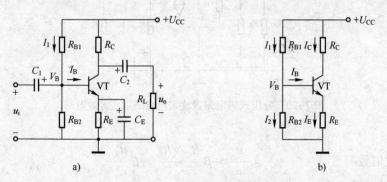

图 7-19   分压式固定偏置放大电路

a）电路图   b）直流通路

分压式固定偏置放大电路稳定静态工作点的原理也可有如下描述过程：

温度升高 $\rightarrow I_C \uparrow \rightarrow V_E(I_E R_E) \uparrow \rightarrow U_{BE}(V_B - V_E) \downarrow \rightarrow I_B \downarrow \rightarrow I_C(\beta I_B) \downarrow$

即当温度升高时，电路具有自动调节静态工作点稳定的作用，因此可以应用在温度环境差或对电路稳定性要求较高的场合。

R_E 两端并联的电容 C_E 对交流信号起旁路作用，是为了消除 R_E 电阻上的交流信号损失。

从以上分析可知，电阻 R_{B1} 和 R_{B2} 可近似为串联关系，则分压式固定偏置放大电路的静态工作点为

$$V_B = \frac{R_{B2}}{R_{B1} + R_{B2}} U_{CC} \qquad (7\text{-}14)$$

$$I_{CQ} \approx I_{EQ} = \frac{V_B - U_{BE}}{R_E} \approx \frac{V_B}{R_E} \qquad (7\text{-}15)$$

$$U_{CEQ} = U_{CC} - I_{CQ} R_C - I_{EQ} R_E \approx U_{CC} - I_{CQ}(R_C + R_E) \qquad (7\text{-}16)$$

$$I_{BQ} = \frac{I_{CQ}}{\beta}$$

【例7-5】如图 7-19a 所示，$R_{B1} = 20\,\text{k}\Omega$，$R_{B2} = 10\,\text{k}\Omega$，$R_C = 2\,\text{k}\Omega$，$R_E = 1.8\,\text{k}\Omega$ 硅晶体管在 $\beta = 40$，试求放大电路的静态工作点。

解：

$$V_B = \frac{R_{B2}}{R_{B1} + R_{B2}} U_{CC} = \frac{10}{10+20} \times 12\,\text{V} = 4\,\text{V}$$

$$I_{CQ} \approx I_{EQ} = \frac{V_B - U_{BE}}{R_E} \approx \frac{V_B}{R_E} = \frac{4}{1800}\,\text{mA} = 2.2\,\text{mA}$$

$$U_{CEQ} = U_{CC} - I_{CQ}(R_C + R_E) = [12 - 2.2 \times (2+1.8)]\,\text{V} = 3.6\,\text{V}$$

$$I_{BQ} = \frac{I_{CQ}}{\beta} = \frac{2.2}{40}\,\text{mA} = 0.055\,\text{mA}$$

（2）分压式固定偏置放大电路的微变等效电路及主要性能指标

分压式固定偏置放大电路的微变等效电路如图 7-20 所示。

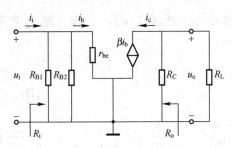

图 7-20　分压式固定偏置放大电路的微变等效电路

电压放大倍数

$$A_u = -\frac{u_o}{u_i} = -\beta\frac{R_C//R_L}{r_{be}} = -\beta\frac{R'_L}{r_{be}} \qquad (7-17)$$

输入电阻

$$R_i = R_{B1}//R_{B2}//r_{be} \qquad (7-18)$$

输出电阻

$$R_o = R_C \qquad (7-19)$$

从以上分析中可知，分压式偏置放大电路虽然可以稳定静态工作点，但是对动态参数并没有明显的影响。

【例 7-6】已知同例 7-5，接入负载 $R_L = 2\,\text{k}\Omega$，试求放大电路的输入电阻、输出电阻、电压放大倍数。

解：由例题 7-5 已经求得 $I_{EQ} \approx I_{CQ} = 2.2\,\text{mA}$。

$$r_{be} = 300\,\Omega + (1+\beta)\frac{26\,\text{mV}}{I_{EQ}\,\text{mA}} = 300\,\Omega + (1+40)\frac{26\,\text{mV}}{2.2\,\text{mA}} = 784.5\,\Omega$$

$$R_i = R_{B1}//R_{B2}//r_{be} = \frac{1}{\dfrac{1}{10}+\dfrac{1}{20}+\dfrac{1}{0.784}}\,\Omega = 704\,\Omega$$

$$R_o = R_C = 2\,\text{k}\Omega$$

$$A_u = -\frac{u_o}{u_i} = -\beta\frac{R'_L}{r_{be}} = -40\times\frac{1000}{784.5} \approx -51$$

7.2.2　射极输出器与工作点稳定电路

1. 共集电极放大电路的静态分析及静态工作点

共集电极放大电路也是由晶体管组成的放大电路，应用十分广泛，其电路组成如图 7-21 所示。

共集电极放大电路的直流通路如图 7-22 所示，因为

$$U_{CC} = I_{BQ}R_B + (1+\beta)I_{BQ}R_E + U_{BEQ}$$

则基极直流电流

$$I_{BQ} = \frac{U_{CC}-U_{BEQ}}{R_B+(1+\beta)R_E} \approx \frac{U_{CC}}{R_B+(1+\beta)R_E} \qquad (7-20)$$

集电极直流电流

$$I_{CQ} = \beta I_{BQ}$$

C、E 间直流电压

$$U_{CEQ} = U_{CC} - I_{EQ}R_E \approx U_{CC} - I_{CQ}R_E \qquad (7-21)$$

2. 共集电极放大电路的动态分析

由图 7-23 所示共集电极放大电路的微变等效电路可以看出，共集电极放大器的输出电压取自发射极电阻 R_E 两端的交流电压 u_e，它与输入电压 u_i 仅差 BE 结的交流压降 u_{be}（不是 BE 结的静态电压 0.7 V），即输出电压略低于输入电压。下面根据微变等效电路进行性能指标分析。

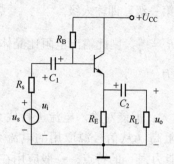
图 7-21 共集电极放大电路

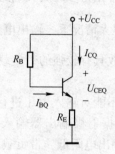
图 7-22 直流通路

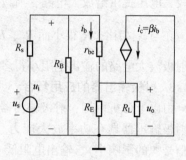
图 7-23 微变等效电路

（1）电压放大倍 A_u

$$A_u = \frac{u_o}{u_i}$$

式中，u_i、u_o 分别为

$$u_o = i_e R'_L = (1+\beta) i_b R'_L$$
$$u_i = u_{be} + u_o = i_b r_{be} + (1+\beta) i_b R'_L \qquad (R'_L = R_L // R_E)$$

代入关系式有

$$A_u = \frac{(1+\beta) i_b R'_L}{i_b r_{be} + (1+\beta) i_b R'_L} = \frac{(1+\beta) R'_L}{r_{be} + (1+\beta) R'_L}$$

由于 $(1+\beta) R'_L \gg r_{be}$，所以

$$A_u \approx \frac{(1+\beta) R'_L}{(1+\beta) R'_L} \approx 1 \qquad\qquad (7-22)$$

电压放大倍数为正值，说明放大器的输出电压与输入电压同相位；放大倍数为1，说明放大器输出电压与输入电压近似相等，即放大器的输出电压波形与输入电压波形相似，输出电压跟随输入电压，所以电路又称电压跟随器。由于放大器由发射极输出，又称为射极输出器。

（2）输入电阻 R_i

由图 7-23 微变等效电路可知，输入电阻为

$$R_i = R_B // [r_{be} + (1+\beta) R_E] \qquad\qquad (7-23)$$

式中，$(1+\beta) R_E$ 是将发射极电阻 R_E 折算到输入电路的等效电阻。由于 R_E 一般都较大，R_B 亦很大，因此，射极输出器具有很高的输入电阻。

（3）输出电阻 R_o

射极输出器的输出电压紧紧跟随输入电压，当负载变化时，输出电压也很稳定。由电工学理论可知，电源的内阻越小，负载两端的电压越稳定。射极输出器的输出电压很稳定，所

以射极输出器的输出电阻很小。根据分析，如果忽略了射极输出器所接信号源的内阻，则输出电阻为

$$R_o = \frac{r_{be}}{\beta} \tag{7-24}$$

此放大器输入电阻比晶体管共射极放大电路的输入电阻大得多，故能够从前面信号源分得较大电压提供给放大电路，所以，常作为多级放大电路的第一级、即输入级。

在与 r_{be} 相比，R_s 很小而 R_E、R_B 很大情况下，输出电阻 $R_o = \frac{r_{be}}{\beta}$。则此输出电阻比晶体管共射极放大电路的输出电阻小得多，故具有较强的带负载能力。

3. 射极输出器的应用场合

由以上分析可知，射极输出器虽不能对输入电压进行放大，但能对输入电流进行放大，故射极输出器具有功率放大能力。根据射极输出器输入电阻高（从信号源取用的电流小，对信号源的影响小）、输出电阻低（输出电阻低，带负载的能力强）的特点，一般应用在多级放大器的前级、中间级和输出级。例如，用在电子毫伏表的第一级，因其输入电阻很高，对被测信号源的影响小，可提高测量精度；当用在中间级时，因为输入电阻高，对前级的影响小，输出电阻低，又可以给后级提供较大的推动电流，相当于在放大器的中间起一个缓冲作用；当用在放大器的输出级时，可提高其带负载能力。

7.2.3 多级放大电路

多级放大电路是指两级或两级以上的基本单元电路连接起来组成的电路。单级放大器的放大倍数是有限的，当需要将一个微弱的小信号放大到足够强时，就应采用多级放大器。多级放大器能对信号进行逐级连续的放大，以便获得足够的输出功率来推动负载工作。其中接收信号的为第一级，接着是第二级，直至末级。前级是后级的信号源，后级是前级的负载。

1. 多级放大电路的耦合方式

多级放大器级与级之间的连接称为耦合，常用的耦合方式有以下几种：

（1）阻容耦合

阻容耦合是最简单也是应用最多的一种耦合方式，电路如图7-24所示。通过电容 C_2 将前后级的直流隔开，使前后级的静态工作点互不影响，而交流信号可以通过电容耦合到下一级。

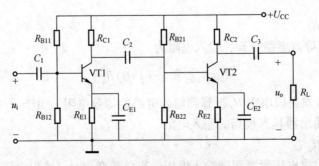

图7-24 阻容耦合放大器

阻容耦合的优点有结构简单、体积小、成本低、频率特性好，特别是电容有隔直通交的作用，可以防止级间直流工作点的互相影响，各级可以独自进行分析计算，所以阻容耦合得到广泛应用。但它也有局限性，由于 R、C 有一定的交流损耗，影响了传输效率，特别对缓慢变化的信号几乎不能进行耦合。另外在集成电路中难以制造大容量的电容，因此阻容耦合方式在集成电路中几乎无法应用。

（2）变压器耦合

电路如图 7-25 所示。变压器耦合是利用变压器的一次绕组和二次绕组通过磁耦合，将前后级的直流工作点隔开，使它们互不影响。图中 T_1 变压器将第一级的输出信号耦合到第二级，T_2 变压器将输出信号耦合到负载。T_1 称为输入变压器，T_2 称为输出变压器。

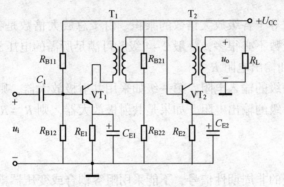

图 7-25 变压器耦合放大器

变压器耦合可通过选择合适的匝数比取得最佳耦合效果，故变压器耦合效率高。变压器还能改变电压和改变阻抗，这对放大电路特别有意义。如在功率放大器中，为了得到最大功率输出，要求放大器的输出阻抗等于最佳负载阻抗，即阻抗匹配，如果用变压器输出就能得到满意的效果。变压器耦合的缺点是体积大、成本较高、波形失真大、频率范围窄，在功率输出电路中已逐步被无变压器的输出电路所代替。但在高频放大，特别是选频放大电路中，变压器耦合仍具有特殊的地位，不过耦合的频率不同，变压器的结构也有所不同。如收音机利用接收天线和耦合线圈得到接收信号，中频放大器中用中频变压器耦合中频信号，达到选频放大的目的。

（3）直接耦合

前面讨论过的阻容耦合和变压器耦合都有隔直流的重要一面，但对低频传输效率低，特别是对缓慢变化的信号几乎不能通过。在实际的生产和科研活动中，常常要对缓慢变化信号进行放大。因此需要把前一级的输出端直接接到下一级的输入端，如图 7-26 所示电路，这种耦合方式被称为直接耦合。

直接耦合具有电路结构简单，成本低，便于集成化等优点。但直接耦合的静态工作点互相依存，给电路的调试带来不便。

2. 多级放大器的性能参数

（1）电压放大倍数 A_u

如图 7-27 所示，一个两级放大器，输入电压为 u_i，输出电压为 u_o，第一级的输出电压 u_{o1} 就是第二级的输入电压 u_{i2}，根据放大倍数的定义有

$$A_{u} = \frac{u_{o}}{u_{i}} = A_1 A_2 \qquad\qquad (7-25)$$

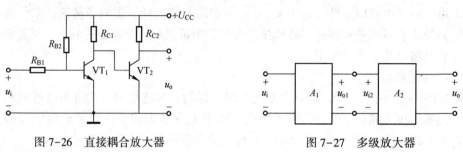

图 7-26 直接耦合放大器   图 7-27 多级放大器

即总电压放大倍数等于各级放大倍数的乘积。由于总放大倍数是各级放大倍数的乘积，因此，多级放大器的级数不必很多，一般 2~4 级就可满足所需的电压放大要求。

（2）输入电阻 R_i 和输出电阻 R_o

输入电阻就是第一级的输入电阻。第一级如采用共射极放大器，则 $R_i \approx r_{be}$。

输出电阻是最后一级的输出电阻，如果是共射极放大器，则 $R_o = R_C$。

7.2.4　差分放大器

为了放大变化缓慢的非周期性信号，不能采用阻容耦合或变压器耦合方式，因为电容和变压器都不能传递变化缓慢的直流信号，而只能采用直接耦合方式。但是与阻容耦合方式相比，直接耦合方式有许多问题需要解决：前级与后级静态工作点相互影响问题；电平移动问题；零点漂移问题。为了解决这些问题我们引入差分放大器。

1. 零点漂移

直接耦合放大器在未加入输入信号时，输出端电压出现偏离原来设定的起始电压而上下漂动，这种现象就称为零点漂移。零点漂移所产生的漂移电压实际上是一个虚假信号，它与真实信号共存于电路中，因而真假混淆，使放大器无法正常工作。特别是如果放大器第一级产生比较严重的漂移，它与输入的真实信号以同样的放大倍数传递到输出端，其漂移量完全掩盖了真实信号。

引起零点漂移的原因很多，如电源电压波动，电路元器件参数和晶体管特性变化，温度变化等，其中温度变化的影响更为严重。当温度升高时，管子的穿透电流 I_{CEO} 和放大倍数 β 将会增大，此时即使没有输入信号，也会引起集电极电流的增大，因而引起输出电压偏离零点而产生漂移。实际上交流放大器也存在零点漂移，由于耦合电容或耦合变压器不能传递变化缓慢的直流信号，故前级的零点漂移量不会经过各级逐级放大。在多级直接耦合放大器中，输出级的零点漂移主要由输入级的零点漂移决定。放大器的总电压放大倍数越高，输出电压的漂移就越严重。

为了减少放大器的零点漂移，可以采用很多措施，其中最重要的就是输入级采用差分放大器。

2. 差分放大器

（1）差分放大器抑制零点漂移的原理

差分放大器由两个完全对称的单管放大电路组成，如图 7-28 所示。所谓完全对称，就是电路中对称电阻的阻值相等，两管的参数相同。信号从两管的基极输入，从两管的集电极输出，两个单管放大电路的静态工作点和电压增益等均相同。

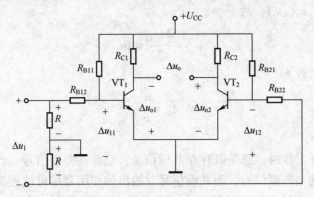

图 7-28　基本差分放大电路

静态时，两管的输入信号均为零。此时电路直流工作，其输出 $U_o = U_{o1} - U_{o2} = 0$。当温度变化引起管子参数变化时，每一单管放大器的工作点必然随之改变（零漂现象），但由于电路的对称性，U_{o1} 和 U_{o2} 同时增大或减小，即始终有输出电压 $U_o = 0$，或者说零点漂移被抑制了，这就是差分放大电路抑制零点漂移的原理。

（2）共模信号和差模信号

差分放大器的输入信号可分为共模信号和差模信号两种。两管各自的输入电压分别用 u_{i1} 和 u_{i2} 表示。若两输入信号为大小相等、极性相同的信号，即 $u_{i1} = u_{i2}$，这种输入方式称为共模输入，这种信号称为共模信号。共模输入信号常用 u_{ic} 表示，即 $u_{ic} = u_{i1} = u_{i2}$。

在共模输入情况下，因电路对称，两管集电极电位变化相同，因而输出电压 u_{oc} 恒为零。这和输入信号为零（静态）的输出结果一样。这说明，差分放大器对共模信号没有放大作用，或者说对共模信号有抑制能力。在电路完全对称的情况下，差分放大器的共模放大倍数 $A_{uc} = 0$。其实，差分放大器对零漂的抑制作用就是抑制共模信号，零漂就相当于在两管输入端加上了大小相等、极性相同的共模信号。

在放大器两输入端分别输入大小相等、极性相反的信号，即 $u_{i1} = u_{i2}$，这种输入方式称为差模输入，这种信号称为差模信号。差模信号常用 u_{id} 表示，即

$$u_{i1} = \frac{1}{2} u_{id}$$

$$u_{i2} = -\frac{1}{2} u_{id}$$

在差模输入情况下，因电路对称、参数相等，两管集电极电位的变化必定大小相等、极性相反。

设两管电压放大倍数分别为 A_1、A_2，集电极输出电压分别为 u_{o1}、u_{o2}，则

$$u_{o1} = A_1 u_{i1} = A_1 \frac{u_{id}}{2}$$

$$u_{o2} = -A_2 u_{i2} = -A_2 \frac{u_{id}}{2}$$

总电路的输出为

$$u_{od} = u_{o1} - u_{o2} = \frac{u_{id}}{2}(A_1 + A_2)$$

因电路对称，$A_1 = A_2 = A$，故

$$u_{od} = \frac{2Au_{id}}{2} = Au_{id}$$

差模电压放大倍数为

$$A_{ud} = \frac{u_{od}}{u_{id}}$$

（3）共模抑制比

差分放大器实际工作时，总是既存在共模信号，也存在差模信号。若电路基本对称，则对输出起主要作用的是差模信号，而共模信号对输出的作用要尽可能被抑制。为定量反映放大器放大差模信号和抑制共模信号的能力，通常引入参数共模抑制比，用 K_{CMR} 表示，其定义为

$$K_{CMR} = \left| \frac{A_{ud}}{A_{uc}} \right| \tag{7-26}$$

共模抑制比用分贝表示则为

$$K_{CMR} = 20\lg \left| \frac{A_{ui}}{A_{uc}} \right| \tag{7-27}$$

显然，K_{CMR} 越大，输出信号中的共模成分相对越少，电路对共模信号的抑制能力就越强。

7.2.5 功率放大器

1. 功率放大器的特点

在实际的放大电路中，无论是分立元件放大器还是集成放大器，其末级都要求输出较大的功率，以便驱动如音响放大器中的扬声器等功率型负载。能够为负载提供一定交流大功率的放大电路称为功率放大电路，简称功放。

在电压放大器中，由于被放大的主要是电压信号，因而主要指标是电压放大倍数，输入、输出阻抗，频率特性等。而功率放大器主要考虑的是如何输出最大的不失真功率，即如何高效率地把直流电能转化为按输入信号变化的交流电能。功率放大器不但要向负载提供大的信号电压，而且要向负载提供大的信号电流。因此，功率放大器具有以下特点。

（1）安全地提供尽可能大的输出功率 P_o

功率放大器的主要要求之一就是输出功率要大。为了获得较大的输出功率，要求功率放大管（简称功放管）既要输出足够大的电压，又要输出足够大的电流，因此管子往往在接近极限状态下工作。

（2）提供尽可能高的功率转换效率

功率放大器实质上是一个能量转换器，是通过放大管的控制作用，把电源供给的直流功率转换为向负载输出的交变功率（信号功率）。这就有一个提高能量转换效率的问题。值得注意的是，转换效率越低，输出效率就越低，相对地消耗在电路内部的损耗功率也就越高。这部分电能使元器件和功率管的温度升高，对电路的工作造成不利。因此，如何提高转换效

率是功率放大器的一个关键问题。

（3）非线性失真要小

功率放大器是在大信号状态下工作，电压、电流摆动幅度很大，很容易超出管子特性的线性范围，产生非线性失真。因此，功率放大器比小信号的电压放大器的非线性失真严重。在实际应用中要采取措施减小失真，使之满足负载的要求。

（4）功放管的散热要好

在功率放大器中，即使最大限度地提高效率，仍有相当大的功率消耗在功放管上，使其温度升高。为了充分利用允许的管耗，使管子输出的功率足够大，就必须研究功放管的散热问题。为了功放管的工作安全，必须给它加散热片。功放管装上散热片后，可使其输出功率成倍提高。

此外，由于功放管承受的电压高、电流大，因而功放管的保护问题也需要解决。由于功率放大器工作于大信号状态，微变等效电路法已不适用，可采用图解法分析。

2. 功率放大器的分类

（1）按放大信号的频率分类

功率放大电路按放大信号的频率，可分为高频功率放大电路和低频功率放大电路。前者用于放大射频范围（几百千赫兹到几十兆赫兹）的信号。后者用于放大音频范围（几十赫兹到几十千赫兹）的信号。本书只介绍低频功率放大电路。

（2）按构成放大电路的元器件分类

功率放大电路按构成放大电路元器件的不同可分为分立元器件功率放大电路和集成功率放大电路。由分立元器件构成的功率放大电路中，电路所用元器件较多，对元器件的精度要求也较高。输出功率可以比较高。采用单片的集成功率放大电路，主要优点是电路简单，设计生产比较方便，但是其耐电压和耐电流能力较弱，输出功率偏小。

（3）按晶体管导通时间分类

小信号放大电路中，在保证输出电压不失真的情况下，应将放大电路的工作点设置得尽可能低一点，以便减小静态工作点电流，降低静态功率损耗，提高放大电路的效率。功率放大电路按放大器中晶体管静态工作点设置不同，可以分为甲类、乙类和甲乙类三种。

甲类功率放大电路通常将工作点设置在交流负载线的中点，放大管在整个输入信号周期内都导通，晶体管都有电流流过。晶体管的导通角 $\theta = 360°$。如图 7-29a 所示。

在甲类放大器中，当工作点确定之后，不管有无交流信号输入，直流电源提供的功率 P_V 始终是恒定的，且为直流电压 U_{CC} 与直流电流 I_C 的乘积：

$$P_V = U_{CC} I_C$$

功率放大器将直流电源提供的功率转换成交流信号的能量提供给负载，同时还有一部分功率消耗在功放管上并产生热量。而效率就是负载得到的有用信号功率和电源提供的直流总功率的比值，其定义为

$$\eta = \frac{P_o}{P_V}$$

式中，P_o 为输出信号功率，P_V 为直流总功率。显然，η 越大越好，但总有 $0 \leqslant \eta \leqslant 1$。设功放管的损耗功率为 P_{VT}，则有

$$P_V = P_C + P_{VT} \tag{7-28}$$

由上式容易理解，当交流输出功率 P_o 越小时，管子及电阻上损耗的功率即无用功率 P_{VT} 就越大，这种损耗功率通常以热量的形式耗散出去。也就是说，在没有信号输出时，放大器的负荷是最重的，最有可能被热击穿，显然这是极不合理的。

甲类功率放大器最大的缺点是效率低下，可以证明，在理想情况下，甲类放大电路的效率最高也只能达到50%。实际的甲类放大器的效率通常在10%以下。

如果能做到无信号时晶体管处于截止状态，电源不提供电流，只在有信号时电源才提供电流，把电源提供的能量大部分用到负载上，整体效率就会提高很多。按照此要求设计的放大器，若将静态工作点 Q 移至截止点，则 i_c 仅在半个信号周期存在，导通角 $\theta = 180°$，其输出波形被削掉一半，如图7-29b所示，称为乙类放大器。

甲乙类功率放大电路通常将工作点设置在放大区内，但很接近截止区，放大管在整个输入信号周期内有大半个周期导通，晶体管有电流流过。甲乙类功放管的导通角 $180° \leqslant \theta \leqslant 360°$。如图7-29c。

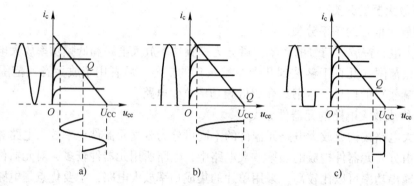

图7-29 功率放大器工作状态

a）甲类 b）乙类 c）甲乙类

甲乙类和乙类放大器的效率大大提高，因此甲乙类和乙类放大器主要用于功率放大电路中。

3. OCL 乙类互补对称式功率放大器

乙类放大电路虽然管耗小，有利于提高效率，但存在严重的失真，只有半个周期导通，即输出信号只有半个波形。常用两个对称的乙类放大电路，一个放大正半周信号，另一个放大负半周信号，从而在负载上得到一个合成的完整波形，这种两管交替工作的方式称为推挽工作方式。这种电路称为乙类互补对称推挽功率放大电路，如图7-30所示。

根据NPN、PNP型晶体管导电极性相反的特性，由一只NPN型晶体管和一只PNP型晶体管组成互补对称式放大电路。两个晶体管的基极接在一起作为输入端，发射极也接在一起作为输出端，"地"作为输入输出的公共端，R_L 为负载电阻。电路由正负两组电源供电，正负两组电源的电压大小相等。由于两管的基极都未加直流偏置电压，静态时管内都无电流通过，发射极电位为零，所以负载电阻可以直接接在发射极与地之间。

当给输入端加入输入信号，在信号的正半周，VT_1（NPN型）的发射结受正向电压而导通，VT_2（PNP型）的发射结受反向电压而截止，电流由 VT_1 的发射极流向负载电阻，负载电阻上得到正半周输出波形；在信号的负半周，VT_1 的发射结受反向电压而截止，VT_2 的发

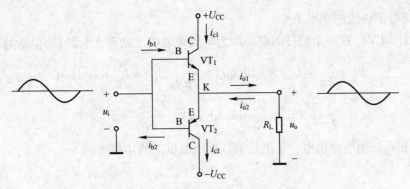

图 7-30　乙类互补对称式功率放大器

射结受正向电压而导通，电流由负载电阻流进 VT$_2$ 发射极到负电源，负载电阻上又得到负半周输出波形。在输入信号的一个周期内，VT$_1$、VT$_2$ 轮流导通，在负载电阻上叠加出一个完整电压波形。

电路的特点为：

1）由于电路是由两个射极输出器组成，电压放大倍数为 1，但具有电流放大倍数，具有较大的输出功率。

2）电路未设置静态工作点，静态功率损耗为零，因此具有较高的效率。

4. OCL 电路的性能分析

（1）静态分析

当输入信号 $u_i = 0$ 时，两个晶体管都工作在截止区，此时的静态工作电流为零，负载上无电流流过，输出电压为零，输出功率为零。

（2）动态分析

在电路完全对称的理想情况下，负载电阻上的直流电压为零，因此，不必采用耦合电容来隔直流，所以，该电路称为无输出电容电路（OCL 电路）。另外，该电路采用两个大小相等，极性相反的正、负直流电源供电，因此该电路又称为双电源互补对称功率放大电路。

（3）电路性能分析

为分析方便，设晶体管是理想的，两管完全对称，其导通电压 $U_{BE} = 0$，饱和压降 $U_{CEO} = 0$ 则放大器的最大输出电压振幅为 U_{CC}，最大输出电流振幅为 $\dfrac{U_{CC}}{R_L}$，且在输出不失真时始终有 $u_i = u_o$。

1）输出功率 P_o。

设输出电压的幅值为 U_{om}，有效值为 U_o；输出电流的幅值为 I_{om}，有效值为 I_o。则输出功率为

$$P_o = U_o I_o = \frac{U_{om}}{\sqrt{2}} \times \frac{I_{om}}{\sqrt{2} R_L} = \frac{1}{2} I_{om}^2 R_L = \frac{U_{om}^2}{2 R_L}$$

当输入信号足够大，使 $U_{om} = U_{im} = U_{CC} - U_{CES} \approx U_{CC}$ 时，可得最大输出功率为

$$P_o = P_{om} = \frac{U_{om}^2}{2 R_L} \approx \frac{U_{CC}^2}{2 R_L} \tag{7-29}$$

2）直流电源供给的功率 P_V。

由于 VT_1 和 VT_2 在一个信号周期内均为半周导通，因此直流电源 U_{CC} 供给的功率为

$$P_{V1} = \frac{1}{2\pi} \int_0^\pi U_{CC} \times i_{C1} d(\omega t) = \frac{1}{2\pi} \int_0^\pi U_{CC} \times I_{cm} \sin\omega t d(\omega t)$$

$$= \frac{1}{2\pi} \int_0^\pi U_{CC} \times \frac{U_{om}}{R_L} \sin\omega t d(\omega t) = \frac{U_{CC} U_{om}}{\pi R_L}$$

因为有正负两组电源供电，所以总的直流电源供给的功率为

$$P_V = \frac{2 U_{CC} U_{om}}{\pi R_L} \tag{7-30}$$

当输出电压幅值达到最大，即 $U_{om} \approx U_{CC}$ 时，得电源供给的最大功率为

$$P_{Vm} = \frac{2 U_{CC}^2}{\pi R_L} \approx 1.27 P_{om} \tag{7-31}$$

3）效率 η。

$$\eta = \frac{P_o}{P_V} = \frac{\pi}{4} \times \frac{U_{om}}{U_{CC}}$$

当输出电压幅值达到最大，即 $U_{om} \approx U_{CC}$ 时，得最高效率为

$$\eta = \frac{P_{om}}{P_{Vm}} = \frac{\pi}{4} \approx 78.5\% \tag{7-32}$$

这个结论是假定互补对称电路工作在乙类，且负载电阻为理想值，忽略管子的饱和压降 U_{CEo} 和输入信号足够大（$U_{om} = U_{im} \approx U_{CC}$）情况下得来的，实际效率比这个数值要低些。

4）管耗 P_{VT}。

两管的总管耗为直流电源供给的功率 P_V 与输出功率 P_o 之差，即

$$P_{VT} = P_V - P_o = \frac{2 U_{CC} U_{om}}{\pi R_L} - \frac{U_{om}^2}{2 R_L} = \frac{2}{R_L}\left(\frac{U_{CC} U_{om}}{\pi} - \frac{U_{om}^2}{4}\right) \tag{7-33}$$

显然，当 $u_i = 0$ 时，即无输入信号时，$U_{om} = 0$，$P_o = 0$，管耗 P_{VT} 和直流电源供给的功率 P_V 均为0。

功放管消耗的功率主要表现为管子结温的升高。散热条件越好，越能发挥管子的潜力、增加功放管的输出功率。因而，管子的额定功耗还和所装的散热片的大小有关。必须为功放管配备合适尺寸的散热器。

7.2.6 技能训练——单管放大电路的制作与调试

1. 实验目的

1）能够根据电路图正确连接电路。
2）能够学会示波器和信号发生器的使用方法。
3）熟悉利用示波器观察输入输出信号波形并估算数据。

2. 实验器材

直流稳压电源（或学生实验台）、信号发生器、万用表、电阻、电位器、电解电容、晶体管，各元器件具体参数和型号如图7-31所示。

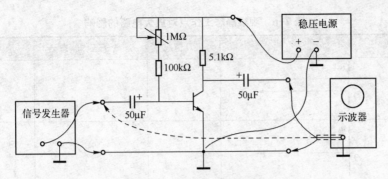

图7-31 单管放大器测试电路

3. 实验内容及步骤

1）在测试前用万用表检测各元器件质量的好坏，尤其是晶体管的好坏。

2）将检测好的原件按图7-31连接成电路。

3）从信号发生器输出的$f=1\,\text{kHz}$，$u_i=10\,\text{mV}$（幅值）正弦波电压接到放大电路的输入端，将放大电路的输出电压接到示波器Y轴输入端，调整电位器R_P，使示波器上显示的U_o波形达到最大不失真，然后关闭信号发生器，即$u_i=0\,\text{mV}$，测量此时表7-4中的各静态工作点并记录。

表7-4 共射极放大电路的静态工作点测试

	U_B/V	U_C/v	U_E/V	U_{BE}/V	U_{CE}/V	I_B/mA	I_C/mA
测量值							
计算值							

4）测量放大电路的电压放大倍数。

在放大电路输入端加入频率为$1\,\text{kHz}$、幅值为$20\,\text{mV}$的正弦波信号，用示波器观察放大电路输出电压u_o的波形及其与输入电压u_i的相位关系，在波形不失真的情况下，按表7-4要求用万用表的交流毫伏档测量放大电路的输入电压u_i和输出电压u_o，计算电压放大倍数A_u，并与理论值进行对比，将结果填入表7-5中。

表7-5 共射极放大电路的电压放大倍数测试

U_i/mV	$R_L/\text{k}\Omega$	U_o/V	A_u	观察记录一组u_o和u_i波形	
20	∞				
	1.2				
	2.4				

5）观察静态工作点对放大电路的影响。

在放大电路输入端加入频率为$1\,\text{kHz}$、幅值为$10\,\text{mV}$的正弦波信号，用示波器观察放大电路的输出电压u_o的波形，并逐渐增大输入信号的幅值，得到最大不失真波形，然后保持输入信号不变，使负载电阻$R_L=2.4\,\text{k}\Omega$，分别增大和减小基极电位器阻值，即改变静态工作点，使输出波形出现失真，并用示波器观察，将结果填入表7-6中。

表 7-6　观察静态工作点对放大电路的影响

R_W 的值	u_o 波形	失真情况	管子工作状态	原因与解决办法
合适				
增大				
减小				

4. 思考题

1）利用示波器估算正弦量的频率和幅值的方法。

2）输入输出信号为什么存在"倒像"的关系？

3）如果改变基极电阻的数值波形将会出现怎样的变化？

5. 注意事项

1）组装电路图时注意电容、晶体管的极性不要接错。

2）每次测量静态工作点时都要将信号源的输出旋钮旋至零。

3）电路接好后需经教师检查，确定无误后方可通电测试。

6. 完成实验报告

7.2.7　知识训练

1. 单项选择题

（1）单管共射极放大器需要不失真地放大，静态工作点应工作在（　　　）。

A. 放大区　　　　　B. 截止区　　　　　C. 饱和区　　　　　D. 反向击穿区

（2）静态工作点过低时，放大器产生截止失真，需要调整（　　　）。

A. R_C 减小　　　　B. R_B 减小　　　　C. R_L 减小　　　　D. U_{CC} 减小

（3）静态工作点过高时，放大器产生饱和失真，需要调整（　　　）。

A. R_C 升高　　　　B. R_L 升高　　　　C. R_B 升高　　　　D. U_{CC} 升高

（4）静态工作点的值 $I_{BQ} \approx$（　　　）。

A. U_{CC}/R_C　　　B. U_{CC}/R_E　　　C. U_{CC}/R_B　　　D. U_{CC}/R_L

（5）静态工作点 $I_{CQ} =$（　　　）。

A. βI_{BQ}　　　　B. βI_{EQ}　　　　C. 0　　　　　　D. ∞

（6）静态工作点 $U_{CEQ} =$（　　　）。

A. 0　　　B. $U_{CC} - I_{CQ} R_C$　　　C. $U_{CC} - I_{EQ} R_C$　　　D. U_{CC}

（7）为了使放大器不进入饱和状态，静态工作点必须有一个适当的值，一般将 U_{CEQ} 设置为（　　　）。

A. 0　　　　　　　B. ∞　　　　　　　C. $U_{CC}/2$　　　　　D. 无法确定

(8) 共射极放大电路对电压信号具有（　　　）放大作用。

A. 正向　　　　　　B. 反向　　　　　　C. 没有　　　　　　D. 无法确定

(9) 射极输出器能对（　　　）进行放大。

A. 输入电压　　　　B. 输入电流　　　　C. 输入电阻　　　　D. 输出电阻

(10) 单管共射极放大器输出与输入（　　　）。

A. 同相位　　　　　B. 反相位　　　　　C. 超前 90°　　　　D. 滞后 90°

(11) 单管共射极放大器中，输出电阻 R_o 越小，表示放大电路带负载能力越（　　　）。

A. 强　　　　　　　B. 弱　　　　　　　C. 不变　　　　　　D. 没有影响

2. 多项选择题

(1) 单管共射极放大器工作在放大状态时，静态工作点由哪几个值确定（　　　）。

A. I_{BQ}　　　　　　B. I_{CQ}　　　　　　C. U_{CEQ}　　　　　D. U_{CC}

(2) 射极输出器具有放大（　　　）的能力。

A. 输入电压　　　　B. 输入电流　　　　C. 功率　　　　　　D. 电阻

(3) 射极输出器主要应用在多级放大器的（　　　）。

A. 前级　　　　　　B. 中间级　　　　　C. 输出级　　　　　D. 输入级

(4) 产生零点漂移的原因（　　　）。

A. 电源电压的波动　　　　　　　　　B. 电路元器件参数的变化

C. 温度变化　　　　　　　　　　　　D. 晶体管特性变化

(5) 静态工作点设置过低，会产生（　　　）失真，静态工作点过高，会产生（　　　）失真。

A. 饱和　　　　　　B. 截止　　　　　　C. 放大　　　　　　D. 反向

(6) 单管共射极放大器中耦合电容的作用（　　　）。

A. 通交流通直流　　　　　　　　　　B. 隔直流隔交流

C. 通交流隔直流　　　　　　　　　　D. 连接电路

(7) 多级放大器的耦合方式（　　　）。

A. 间接耦合　　　　B. 直接耦合　　　　C. 变压器耦合　　　D. 阻容耦合

3. 判断题

（　　　）(1) 共射极放大器中电阻 R_c 的作用是限制流入晶体管中的电流。

（　　　）(2) 为使晶体管工作在放大状态，必须保证发射结反偏、集电结正偏。

（　　　）(3) 若使晶体管工作在放大区，必须保证发射结正偏、集电结反偏。

（　　　）(4) 单管共射极放大器对电压信号具有反向放大作用。

（　　　）(5) 当晶体管的发射结正偏、集电结反偏，则晶体管处于饱和状态。

（　　　）(6) N 型半导体是电子型，P 型半导体是空穴型。

（　　　）(7) 晶体管的工作区是截止区、放大区、饱和区。

（　　　）(8) 单管放大器工作在放大状态，静态工作点落在截止区。

（　　　）(9) 射极输出器不具有功率放大的能力。

（　　　）(10) 射极输出器不能对电压进行放大，但是能对电流进行放大。

（　　　）(11) 引起放大器零点漂移的主要原因是温度的变化。

（　　　）(12) 二极管、晶体管均是非线性元件，具有非线性特性。

（　　）（13）单管共射极放大器输出与输入同相位。

（　　）（14）晶体管是线性元件，具有线性特性。

4. 计算题

（1）如图 7-32 所示放大电路，$\beta = 100$，$R_B = 300\,\text{k}\Omega$，$R_C = R_L = 2\,\text{k}\Omega$，$U_{CC} = 12\,\text{V}$。试计算：1）静态工作点（$I_{BQ}$、$I_{CQ}$、$U_{CEQ}$）；2）电压放大倍数 A_u、输入电阻 R_i 和输出电阻 R_o。

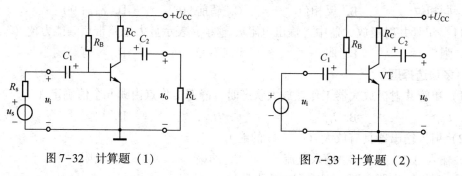

图 7-32　计算题（1）　　　　　　　图 7-33　计算题（2）

（2）电路如图 7-33 所示，$\beta = 50$，$R_B = 200\,\text{k}\Omega$，$R_C = 2\,\text{k}\Omega$，$U_{CC} = 12\,\text{V}$，$U_{BE}$ 忽略不计，$r_{be} \approx 1\,\text{k}\Omega$。试计算：1）静态工作点（$I_{BQ}$、$I_{CQ}$、$U_{CEQ}$）；2）电压放大倍数 A_u、输入电阻 R_i 和输出电阻 R_o。

项目 8

集成运算放大器的认知与应用

学习目标

1) 掌握集成运算放大器的基本组成和特点。
2) 掌握集成运算放大器的工作原理。
3) 了解放大器的反馈及负反馈的分类。
4) 掌握集成运算放大电路组成运算电路的方法及各种典型运算电路的性能。

任务 8.1　运算放大器的认知

任务描述

通过对反相比例放大器、同相比例放大器、反相加法器、减法器和积分电路等典型线性应用电路的组装与测试，学习集成运放的基本分析方法，掌握集成运算放大器组成运算电路的方法及各种典型运算电路的性能。

8.1.1　运算放大器简介

在半导体制造工艺的基础上，将整个电路中的元器件制作在一块硅基片上，构成具有特定功能的电子电路，称为集成电路。集成电路按功能不同分为数字集成电路和模拟集成电路，集成运算放大器（简称集成运放）是模拟集成电路中应用极为广泛的一种，也是其他集成电路应用的基础。

1. 集成运放符号及内部组成

常见的集成运放的封装形式有双列直插式和贴片式两种，如图 8-1 所示为集成运放的外形图和电路符号。集成运放有两个输入端，分别称为同相输入端 u_+ 和反相输入端 u_-，一个输出端 u_o。

集成运放电路符号中的"−"表示反相输入端，"+"表示同相输入端。当输入信号从反相端输入时，输出信号 u_o 和输入信号 u_- 相位相反；当输入信号从同相端输入时，输出信号 u_o 和输入信号 u_+ 相位相同。

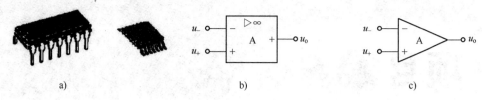

图 8-1　集成运放的外观和电路符号

a）外形图　b）国际符号　c）惯用符号

集成运算放大器实质上是一种双端输入、单端输出，具有高增益、高输入阻抗、低输出阻抗的多级直接耦合放大电路。集成运算放大器的性能不同，用途不同，在内部电路结构上也有很大差距。但不论多么复杂，其内部结构主要由四个部分组成，即输入级、中间级、输出级和偏置电路，如图 8-2 所示。

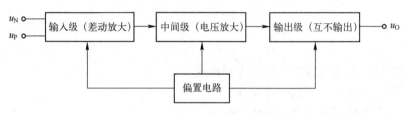

图 8-2　集成运放的组成框图

1）输入级。输入级是接收微弱电信号、抑制零漂的关键一级，决定整个电路性能指标的优劣。

输入级均采用带恒流源的差分放大器，能有效抑制零漂、具有较高的输入阻抗及可观的电压增益。

2）中间级。主要是提供足够的电压增益，又称电压放大级。通常由一级或多级共发射极或共基极等放大电路构成，运放对中间级的要求是具有很高的电压放大倍数，而提高电压放大倍数最有效的措施是采用恒流源作为负载。恒流源负载的交流电阻很大，可高达兆欧量级，使放大器用较少的级数即可获得足够高的电压放大倍数，一般可达 10^5 以上。

3）输出级。降低输出电阻，提高带负载能力。采用射极（源极）输出器或互补对称电路组成，输入阻抗高，输出阻抗低，电压跟随性好，以减小或隔离与中间级的相互影响，有一定功率放大能力。

4）偏置电路。为集成运放各级提供合适的偏置电流。

2. 集成运放的特点

集成运放与分立元件放大电路相比较主要有如下特点：

1）集成运放内部各元器件同在一小块半导体芯片上，由于距离近，相邻元器件对称性好，受环境影响也相同，所以运放中差动放大电路很多。

2）集成运放中的电阻值有一定局限性，若需要高阻值的电阻时，多采用有源元件来代替，或用外接高阻值电阻的方法。

3）集成工艺中，制作晶体管比较容易，因此，往往把晶体管的集电极与基极连在一起作为二极管应用。

4）目前集成工艺还不能做大容量电容，因此集成运放均采用直接耦合方式。

3. 集成运放的主要技术指标

集成运放的性能要通过一些参数来描述。集成运放的主要技术指标是合理选择和正确使用集成运放的依据，所以要很好地理解其含义。

（1）开环差模电压放大倍数 A_{ud}

集成运放没有外加反馈时的差模电压放大倍数，称为开环差模电压放大倍数，用 A_{ud} 表示，目前集成运放的 A_{ud} 可高达 10^7（140 dB）。

（2）差模输入电阻 R_{id}

R_{id} 越大，集成运放从信号源索取的电流越小。

（3）输出电阻 R_o

它是反映小信号情况下带负载能力大小的参数。

（4）共模抑制比 K_{CMR}

共模抑制比反应集成运放对共模信号的抑制能力，K_{CMR} 越大越好。

（5）输入失调电压 U_{IO}

理想情况下的集成运放输入为零时，输出 $u_O = 0$。但实际上，当输入信号为零时，输出电压 $u_O \neq 0$。这时，为了使输出 $u_O = 0$，在集成运放输入端应加上补偿电压，称为输入失调电压 U_{IO}。它的大小反映了集成运放输入级差分放大器中 U_{BE} 的失调程度。可以通过调解调零电位器使输入为零时输出也为零。U_{IO} 越小，集成运放的质量越好。

（6）输入失调电流 I_{IO}

I_{IO} 反映集成运放输入级差分放大器输入电流的不对称程度，I_{IO} 越小越好。

（7）最大输出电压 U_{OPP}

在额定电压下，输出不失真时的最大输出电压峰-峰值称为最大输出电压 U_{OPP}。

（8）开环带宽 f_h

f_h 是指 A_{ud} 随信号频率的增大下降 3 dB 时所对应的频率，故又称为 -3 dB 带宽。但是，集成运放外部接成负反馈后，可展宽带宽。

在实际应用和分析集成运放电路时，可将实际运放视为理想运放，可化简分析。集成运放的理想特性主要有以下几点：

1）开环差模电压放大倍数 $A_{ud} \rightarrow \infty$。

2）差模输入电阻 $R_{id} \rightarrow \infty$。

3）输出电阻 $R_o \rightarrow 0$。

4）共模抑制比 $K_{CMR} \rightarrow \infty$。

5）开环通频带宽 $f_h \rightarrow \infty$。

尽管真正的理想运算放大器并不存在，然而实际集成运放的各项技术指标与理想运放的指标非常接近，特别是随着集成电路制造水平的提高，两者之间差距已很小。因此，在实际操作中将集成运放理想化，按理想运放进行分析计算，其结果十分符合实际情况，对一般工程计算来说都可满足要求。

对理想运放来说，工作在线性区时，可有以下两条结论：

第一，同相输入端电位等于反相输入端电位。这是由于理想运放的 $A_{od} = \infty$，而 u_o 为有限数值，根据 $u_o = A_{od}(u_+ - u_-)$ 可得

$$u_+ = u_- \tag{8-1}$$

我们把集成运放两个输入端电位相等称之为"虚短"，两输入端相当于短路，但并非真正的短路。

第二，由理想运放的 $R_{id} = \infty$，可知其输入电流等于零，即

$$i_+ = i_- = 0 \tag{8-2}$$

这个结论也称为"虚断"。"虚断"只是指输入端电流趋近于零，而不是输入端真的断开。利用"虚短"和"虚断"再加上其他电路条件，就可以较方便地分析计算各种工作在线性区的集成运放电路。

对于理想运放工作在非线性区时，"虚断"仍然成立，而"虚短"则不成立。

综上所述，若集成运放外部电路引入负反馈，则运放工作在线性区；若集成运放开环或引入正反馈，则运放工作在非线性区。

8.1.2 放大器中的负反馈

在晶体管放大电路中，由于温度的变化、晶体管参数变化、电路参数的变化及电源电压的波动等原因，都会影响到放大器的静态工作点及放大性能，使放大器工作不稳定。为了改善放大器的放大性能，可在放大器中引入负反馈。

1. 负反馈的基本概念

将放大器输出信号（电压或电流）的一部分或全部送回输入端，与输入信号（输入电压或输入电流）相叠加，称为反馈，如图8-3所示。如果反馈信号与输入信号的相位相反，叠加后使加到放大器的净输入信号减小，称为负反馈；反之则为正反馈。负反馈除了使放大器的电压放大倍数减小外，其他各项性能指标均可得到提高，因此，实际应用的电压放大电路几乎全都应用负反馈技术。正反馈可使放大器的放大倍数增大，但电路工作不稳定，只是在振荡器中才采用。

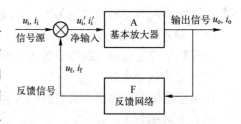

图8-3 反馈放大器方框图

2. 负反馈的分类

根据反馈信号在输出端的取样方式不同，负反馈可分为电压反馈和电流反馈；根据反馈信号在输入端的连接方式不同，负反馈又分为串联反馈和并联反馈，如图8-4分别给出了负反馈的四种类型。图8-4a中的反馈信号取自输出电压，反馈信号与输入信号串联，称为电压串联负反馈；图8-4b中的反馈信号取自输出电流，反馈信号也与输入信号串联，称为电流串联负反馈；图8-4c和图8-4d中的反馈信号均与输入信号并联，分别称为电压并联负反馈和电流并联负反馈。

3. 负反馈对放大器性能指标的影响

（1）降低了电压放大倍数

在负反馈放大器中，反馈信号从输出端回授给输入端，反馈电路与基本放大电路一起构成一个闭合电路，称为闭环电路，闭环电路的电压放大倍数用 A_f 表示。不包含反馈的基本放大电路称为开环电路，开环电路的电压放大倍数用 A_o 表示。

以图8-4a电压串联负反馈方框图为例进行分析。根据电压放大倍数的定义有

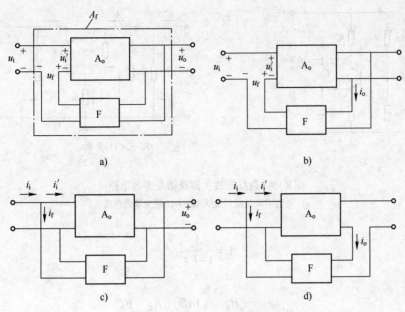

图 8-4 负反馈的四种类型

a) 电压串联负反馈   b) 电流串联负反馈

c) 电压并联负反馈   d) 电流并联负反馈

$$A_f = \frac{u_o}{u_i} \tag{8-3}$$

$$A_o = \frac{u_o}{u_i} \tag{8-4}$$

在负反馈电路中，u_f 与 u_i 的相位相反，即净输入电压 u_i' 为

$$u_i' = u_i - u_f \tag{8-5}$$

再看反馈电路，输入电压为 u_o（即放大器的输出电压），输出电压为 u_f（即反馈电压）。输出电压 u_f 与输入电压 u_o 之比，称为反馈系数，用 F 表示，即

$$F = \frac{u_f}{u_o} \tag{8-6}$$

显然，$F \leqslant 1$。

将以上各式代入式（8-3）中，可得

$$A_f = \frac{u_o}{u_i + u_f} = \frac{u_o}{u_i + Fu_o} = \frac{u_o / u_i}{1 + Fu_o / u_i} = \frac{A_o}{1 + FA_o} \tag{8-7}$$

A_f 的计算公式反映了闭环放大倍数 A_f 与开环放大倍数 A_o 及反馈系数 F 之间的相互关系。因为 $1 + FA_o > 1$，所以 $A_f < A_o$，即引入负反馈后电压放大倍数降低了。

（2）提高了放大倍数的稳定性

以电流串联负反馈电路为例。如图 8-5a 所示，此电路是以稳定静态工作点提出的，在 R_E 上产生的直流反馈电压可以稳定静态工作点。如将原图中 C_E 电容去掉，R_E 电阻不但起直流负反馈作用，同时还起交流负反馈作用，其微变等效电路如图 8-5b 所示。

放大器的闭环放大倍数为

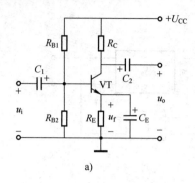 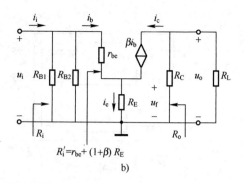

图 8-5 负反馈放大器及微变等效电路

a) 电流串联负反馈放大器 b) 微变等效电路

$$A_{\mathrm{f}} = \frac{A_{\mathrm{o}}}{1 - FA_{\mathrm{o}}}$$

其中

$$F = \frac{u_{\mathrm{f}}}{u_{\mathrm{o}}} = \frac{i_{\mathrm{e}}R_{\mathrm{E}}}{\beta i_{\mathrm{b}}R_{\mathrm{C}}} = \frac{(1+\beta)\,i_{\mathrm{b}}R_{\mathrm{E}}}{\beta i_{\mathrm{b}}R_{\mathrm{C}}} \approx \frac{R_{\mathrm{E}}}{R_{\mathrm{B}}}$$

由于 $FA_{\mathrm{o}} \gg 1$，$1 + FA_{\mathrm{o}} \approx FA_{\mathrm{o}}$，则

$$A_{\mathrm{f}} = \frac{A_{\mathrm{o}}}{FA_{\mathrm{o}}} = \frac{1}{F} = \frac{R_{\mathrm{E}}}{R_{\mathrm{C}}} \tag{8-8}$$

由上式可见，闭环放大倍数等于两个电阻的比值，与放大器的其他参数无关，因此，放大倍数是相当稳定的。

（3）改变了放大器的输入、输出电阻

负反馈对放大器输入电阻的影响，与其反馈类型有关。串联负反馈使放大器的输入电阻增大；并联负反馈使放大器的输入电阻减小；电压负反馈稳定输出电压，具有恒压特性，故使输出电阻减小；电流负反馈可稳定输出电流，具有恒流特性，因此使输出电阻增大。

（4）减小非线性失真

由于晶体管是一个非线性器件，当给放大器的输入端加入一个正弦信号时，它的输出信号要产生波形失真，如图 8-6a 所示。

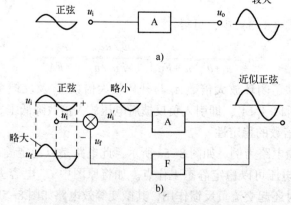

图 8-6 利用负反馈改善非线性失真

当给放大器引入负反馈后，负反馈信号正比于输出信号，如输出信号的正半周较大，则负反馈信号的正半周也较大。因为是负反馈，反馈信号的相位与输入信号相位相反，净输入信号 $u_i' = u_i - u_f$，输入信号的正半周减去反馈信号略大的正半周使净输入信号的正半周略小；输入信号的负半周减去反馈信号略小的负半周使净输入信号的负半周略大，从而补偿由于基本放大器产生的失真，使输出波形得到改善，如图8-6b所示。

（5）拓展了放大器的通频带

放大器放大的交流信号并非单一频率，而是一个频率范围，称为通频带。通频带的定义为：放大器的电压放大倍数下降为 $0.707A_o$ 时所对应的高低两个频率，分别称为上限频率 f_H 和下限频率 f_L，f_H 和 f_L 之间的频率范围，称为放大器的通频带，如图8-7所示。

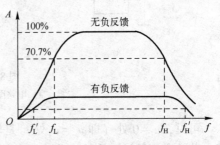

图8-7 负反馈展宽通频带

放大器在没有引入负反馈时的通频带 f_L-f_H，当引入负反馈后，放大倍数由 A_o 下降为 A_f，通频带展宽为 f_L'-f_H'。

8.1.3 运算放大器的基本放大电路

1. 集成运算放大器的非线性应用

在集成运放的非线性应用电路中，运放电路一般工作在开环或正反馈状态。由于运放电路的放大倍数很高，在非负反馈状态下，其线性区的工作状态是极不稳定的，因此主要工作在非线性区。

（1）电压比较器

电压比较器是将输入电压接入运放的一个输入端而将另一个输入端接参考电压，将两个电压进行幅度比较，由输出状态反映所比较的结果。所以，它能够鉴别输入电平的相对大小，常用于超限报警、模数转换及非正弦波产生等电路。

集成运放用做比较器时，常工作于开环状态，所以只要有差分输入（哪怕是微小的差模信号），输出值就立即饱和；不是正饱和就是负饱和，也就是说，输出电压不是接近正电源电压，就是接近负电源电压。为了使输入、输出特性在转换时更加陡直，常在电路中引入正反馈。

过零比较器是参考电压为0V的比较器。如图8-8a所示即为一个过零比较器。同相端接地，输入信号经电阻 R_1 接至反相端。图中 VD_Z 是双向稳压管。它由一对反相串联的稳压管组成，设双向稳压管对称，故其在两个方向的稳压值 U_Z 相等，都等于一个稳压管的稳压值加上另一个稳压管的导通压降。若未接 VD_Z，只要输入电压不为零，则输出必为正、负饱和值，超过双向稳压管的稳压值 U_Z。因而，接入 VD_Z 后，当集成运放输入不为零时，本应达到正、负饱和值的输出必使 VD_Z 中一个稳压管反向击穿，另一个正向导通，从而为运放引入了深度负反馈，使反相端成为虚地，VD_Z 两端电压即为输出电压 u_o。这样，运放的输出电压就被 VD_Z 钳位于 U_Z 值。

当 $u_i > 0$ 时，$u_- > 0$，$u_o = -U_Z$。

当 $u_i < 0$ 时，$u_- < 0$，$u_o = +U_Z$。

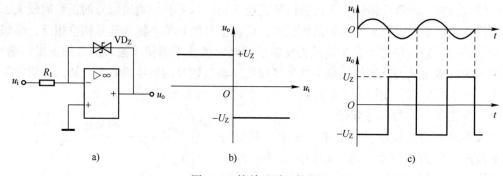

图 8-8　简单过零比较器

a) 电路图　b) 传输特性　c) 波形图

可见，$u_i = 0$ 处（即 $u_- = u_+$ 处）是输出电压的转折点。其传输特性如图 8-8b 所示。显然，若输入正弦波，则输出为正、负极性的矩形波，如图 8-8c 所示。

在集成运放反相端另接一个固定的电压 U_{REF}，就成了图 8-9a 所示的电平检测比较器。

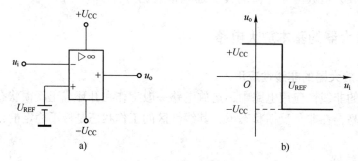

图 8-9　电压比较器

a) 电压比较强　b) 比较器传输特性

当 $u_i > U_{REF}$ 时，$u_- > 0$，$u_o = -U_{CC}$。
当 $u_i < U_{REF}$ 时，$u_- < 0$，$u_o = +U_{CC}$。

U_{REF} 为参考电压，其传输特性如图 8-9b 所示，该电路可以用来检测输入信号的电平。

过零比较器非常灵敏，但其抗干扰能力较差。特别是当输入电压处于参考电压附近时，由于零漂或干扰，输出电压会在正、负最大值之间来回变化，甚至会造成检测装置的误动作。为此，引入下面的迟滞比较器。

（2）迟滞比较器

迟滞比较器如图 8-10a 所示，它是从输出端引出一个反馈电阻到同相输入端，使同相输入端电位随输出电压变化而变化，达到移动过零点的目的。

当输出电压为正最大 U_{om} 时，同相端电压为

$$u_+ = \frac{R_Z}{R_Z + R_f} U_{om} \tag{8-9}$$

只要 $u_i < u_+$，输出总是 U_{om}。一旦 u_i 从小于 u_+ 加大到大于 u_+，输出电压立即从 U_{om} 变为 $-U_{om}$。此后，当输出为 $-U_{om}$ 时，同相端电压为

$$u_+ = \frac{R_Z}{R_Z + R_f} (-U_{om}) \tag{8-10}$$

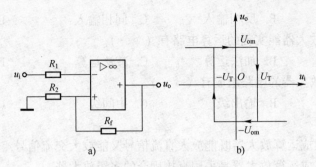

图 8-10 迟滞比较器

a) 电路图 b) 传输特性

只要 $u_i > -u_+$，输出总是 $-U_{om}$。一旦 u_i 从大于 $-u_+$ 减小到小于 $-u_+$，输出电压立即从 $-U_{om}$ 变为 $+U_{om}$。

可见，输出电压从正变负，又从负变正，其参考电压 u_+ 和 $-u_+$ 是不同的两个值。这就使比较器具有迟滞特性，传输特性具有迟滞回线的形状，如图 8-10b 所示。两个参考电压之差 $u_+ - (-u_+)$ 称为"回差"。

8.1.4 知识训练

1. 单项选择题

（1）集成运算放大器是（   ）。

A. 直接耦合多级放大器   B. 阻容耦合多级放大器

C. 变压器耦合多级放大器   D. 光耦合多级放大器

（2）集成运算放大器对输入级的主要要求是（   ）。

A. 放大倍数高   B. 带负载能力强

C. 输入电阻小   D. 抑制零点漂移的能力强

（3）理想运放的两个重要结论是（   ）。

A. 虚断 $u_+ = u_-$，虚短 $i_+ = i_-$

B. 虚断 $u_+ = u_- = 0$，虚短 $i_+ = i_- = 0$

C. 虚断 $u_+ = u_- = 0$，虚短 $i_+ = i_-$

D. 虚断 $i_+ = i_- = 0$，虚短 $u_+ = u_-$

（4）产生零点漂移的原因（   ）。

A. 电源电压的波动   B. 电路元器件参数的变化

C. 温度变化   D. 晶体管特性变化

2. 多项选择题

（1）多级放大器的耦合方式有（   ）。

A. 间接耦合   B. 直接耦合   C. 变压器耦合   D. 阻容耦合

（2）集成运算放大器的理想化条件有（   ）。

A. 放大倍数无穷大   B. 输入电阻无穷大

C. 输出信号与输入信号反相   D. 输出电阻为 0

（3）集成运算放大器的输入方式有（   ）。

A. 双端输入　　　　　B. 反相输入　　　　　C. 同相输入　　　　　D. 以上都不可

（4）集成运算放大器能实现的运算电路有（　　　）。

A. 比例运算　　　　　B. 加法运算　　　　　C. 减法运算　　　　　D. 积分运算

（5）集成运算放大器的电路组成有（　　　）。

A. 输入级　　　　　　B. 输出级　　　　　　C. 中间级　　　　　　D. 偏置电路

3. 判断题

（　　）（1）集成运算放大器既能放大直流信号又能放大交流信号。

（　　）（2）集成运算放大器是采用直接耦合的多级放大器。

（　　）（3）集成运算放大器的输入方式只能是双端输入。

（　　）（4）集成运算放大器的线性应用必须引入负反馈。

（　　）（5）集成运算放大器的输入电阻为零。

（　　）（6）集成运算放大器的输出电阻为无穷大。

（　　）（7）集成运算放大器的反向输入端与输出端反相。

（　　）（8）差分放大器的作用是抑制零点漂移。

（　　）（9）未连接输入信号的输入端电阻的作用是为了限制电流大小。

（　　）（10）射极输出器不能对电压进行放大，但是能对电流进行放大。

任务 8.2　运算放大器的分析与制作

任务描述

在分析集成运放组成的各种电路时，将实际集成运放作为理想运放来处理，并分清它的工作状态是线性区还是非线性区，是十分重要的。

8.2.1　运算放大器的比例运算

1. 反相比例运算电路

反相比例运算电路如图 8-11 所示。输入信号 u_i 加在反相输入端，同相输入端接地。图中 R_F 是反馈电阻，构成负反馈放大器，R_1 是输入端的外接电阻，R_2 是使输入电路平衡的电阻，其值应为 $R_2 = R_1 // R_F$，u_o 为输出电压。根据反相输入端"虚断" $i_- = 0$，有 $i_1 = i_f$，此式可表达为 $\dfrac{u_i - u_-}{R_1} = \dfrac{u_- - u_o}{R_F}$，因为 R_2 接地，$i_+ = 0$，所以 $u_+ = 0$，又根据"虚短" $u_- = u_+$，故 $u_- = 0$，代入上式可得

$$u_o = -\frac{R_F}{R_1} u_i \qquad\qquad (8-11)$$

因此，运放的闭环电压放大倍数为

$$A_f = \frac{R_F}{R_1} \qquad\qquad (8-12)$$

由式（8-12）可知，运算放大器的闭环电压放大倍数只取决于电阻的比值，与运算放

大器内部电路参数无关，因此，通过选择电阻参数就会获得所需要的电压放大倍数，又因为电阻的精度和稳定性可以做得很高，所以闭环放大倍数很稳定。

式（8-12）中的负号表示输出和输入信号相位相差180°，故称此电路为反相比例运算放大器。

2. 同相比例运算电路

理想运算放大器组成的同相比例运算电路如图8-12所示。

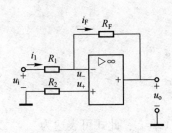

图 8-11 反相比例运算电路图

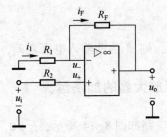

图 8-12 同相比例运算电路

根据"虚断"，因输入回路没有电流，得 $i_1 = i_F$，此式可表达为

$$\frac{0 - u_-}{R_1} = \frac{u_- - u_o}{R_F} \tag{8-13}$$

又因 $i_+ = 0$，$u_+ = u_i$，根据"虚短" $u_- = u_+$，得 $u_- = u_i$。

所以，闭环电压放大倍数为

$$A_f = 1 + \frac{R_f}{R_1} \tag{8-14}$$

上式表明，同相输入放大电路的输出电压与输入电压同相，电压放大倍数大于或等于1，仍与运算放大器本身的参数无关，而由外部电路参数决定。

比例运算电路除了应用于数学运算外，还作为交、直流放大器广泛应用于信号的放大和控制电路中。

8.2.2 运算放大器的减法运算

图8-13所示为减法运算电路，输入信号加在反相输入端和同相输入端之间，负反馈电阻接在反相输入端。为了使输入电路对称，取 $R_1 = R_2$，$R_3 = R_F$。

输入信号作双端输入也称为差分输入，因为相当于反相输入信号 u_{i1} 和同相输入信号 u_{i2} 之差，即 $u_i = u_{i1} - u_{i2}$。

根据"虚断"可得 $i_1 = i_f$ 和 $i_2 = i_3$，这两个公式可表达为

$$\frac{u_{i1} - u_-}{R_1} = \frac{u_- - u_o}{R_F}$$

$$\frac{u_{i2} - u_+}{R_2} = \frac{u_+ - u_o}{R_3}$$

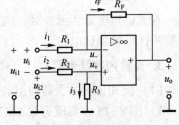

图 8-13 减法运算电路

又根据"虚短"，$u_- = u_+$，条件 $R_1 = R_2$、$R_3 = R_F$，代入以上两式并将两式相减，整理可

得减法运算电路中输出电压 u_o 和输入电压 u_i 的关系为

$$u = -\frac{R_F}{R_1}(u_{i1} - u_{i2})$$

此式表明，输出电压与双端输入电压 u_i 成正比，$\dfrac{R_F}{R_1}$ 表明电路的电压放大能力，所以电路的电压放大倍数为

$$A_f = -\frac{R_F}{R_1} \qquad\qquad (8-15)$$

若 $R_F = R_1$，则 u_o 为两输入电压之差，即 $u_o = u_{i2} - u_{i1}$

8.2.3 运算放大器的加法运算

加法运算电路如图 8-14 所示，$i_- = 0$，有 $i_1 + i_2 + i_3 = i_F$，此式可表达为

$$\frac{u_{i1} - u_-}{R_1} + \frac{u_{i2} - u_-}{R_2} + \frac{u_{i3} - u_-}{R_3} = \frac{u_- - u_o}{R_F}$$

又根据 $i_+ = 0$，$u_- = u_+ = 0$，代入上式整理为

$$u_o = -\left(\frac{R_F}{R_1}u_{i1} + \frac{R_F}{R_2}u_{i2} + \frac{R_F}{R_3}u_{i3}\right)$$

如电阻取值为 $R_1 = R_2 = R_3 = R_F$，则

$$u_o = -(u_{i1} + u_{i2} + u_{i3}) \qquad (8-16)$$

可见，输出信号为各输入信号之和，电路具有加法运算功能。

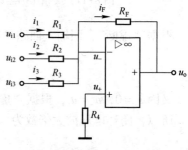

图 8-14　加法运算电路

8.2.4 技能训练——运算放大器的制作与调试

1. 实验目的

1）学习反相比例放大器、同相比例放大器、反相加法器、减法器等典型线性应用电路的组装与测试方法。

2）掌握集成运算放大器组成运算电路的方法及各种典型运算电路的性能。

2. 实验器材

直流稳压电源、示波器、信号源、毫伏表、万用表、电阻、集成块等。各元器件的参数和型号详见各测试电路。

3. 实验内容及步骤

（1）反相比例放大器的组装与测试

1）图 8-15 为集成运放 LM358 引脚排列及功能。按图 8-16 连接电路，接通 ±12 V 电源，将输入端对地短路，进行调零和消振。

2）输入正弦信号：$f = 1\,\mathrm{kHz}$、$U_i = 500\,\mathrm{mV}$，测量 $R_L = \infty$ 时的输出电压 U_o，并用示波器观察 u_o 和 u_i 的大小及相位关系。将测试结果填入表 8-1 中。

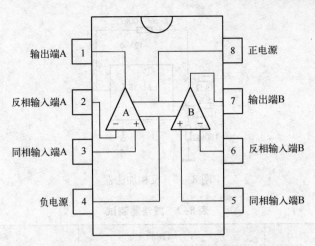

图 8-15 集成运放 LM358 引脚排列及功能

（2）同相比例放大器的组装与测试

按图 8-17 连接电路，重复（1）的步骤，完成电路测量，将测试结果填入表 8-1 中。

表 8-1 反相与同相比例放大器测试

电　　路	U_o 波形	U_i 波形	U_i/V	U_o/V	A_u	
					实测值	计算值
反相比例放大器	O	O				
					实测值	计算值
同相比例放大器	O	O				

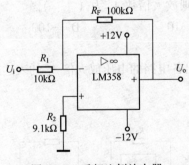

图 8-16 反相比例放大器

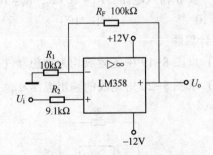

图 8-17 同相比例放大器

（3）减法器的组装与测试

按图 8-18 连接电路，重复（1）的步骤，完成电路测量，将测试结果填入表 8-2 中。

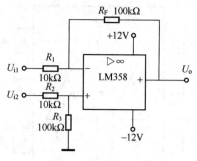

图 8-18 反相加法器

表 8-2 减法器测试

		加 法 器		减 法 器	
输入 u_{i1}					
输入 u_{i2}					
输出 u_o（V）	理论值				
	实测值				

4. 完成实验报告

8.2.5 知识训练

1. 单项选择题

（1）比例运算电路中，非信号输入端电阻的作用是（   ）。

A. 限制电流   B. 限制电压   C. 减小损耗   D. 平衡电路

（2）对于运算关系为 $u_o = 10u_i$ 的运算放大电路是（   ）。

A. 反相输入电路   B. 同相输入电路

C. 电压跟随器   D. 加法运算电路

（3）反相输入电路，$R_1 = 10\,k\Omega$，$R_f = 100\,k\Omega$，则放大倍数 A_{Vf} 为（   ）。

A. 10   B. 100   C. -10   D. -100

2. 计算题

（1）设图 8-19 中各运放均为理想器件，试写出各电路的电压放大倍 A_u 的表达式。

（2）求图 8-20 中运放的输出电压 u_{21}。

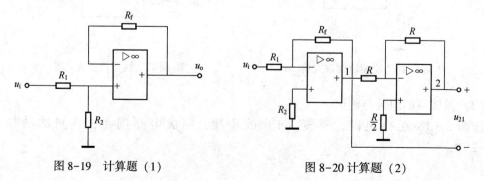

图 8-19 计算题（1）   图 8-20 计算题（2）

（3）在图 8-21 中，已知 $R_f = 5R_1$，$u_i = 10\,\text{mV}$，求 u_o 的值。

（4）在图 8-22 中，已知 $R_1 = 2\,\text{k}\Omega$，$R_f = 10\,\text{k}\Omega$，$R_2 = 2\,\text{k}\Omega$，$R_3 = 18\,\text{k}\Omega$，$u_i = 1\,\text{V}$，求 u_o 的值。

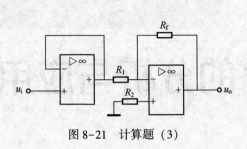 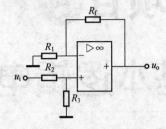

图 8-21　计算题（3）　　　　　　图 8-22　计算题（4）

基本逻辑电路的分析与应用

学习目标

1) 掌握数字电路的基本概念和特点。
2) 掌握数制和码制的基本概念，掌握不同数制之间的相互转换方法。
3) 掌握逻辑代数的基本运算方法。
4) 掌握各种逻辑门的意义和各种不同逻辑门的表达方法。
5) 掌握组合逻辑电路的分析和设计方法。
6) 掌握几种典型的组合逻辑电路的功能和构成。

任务 9.1 数字电路基础与逻辑门电路的认知

任务描述

本任务主要完成数字逻辑电路的基础知识与逻辑门电路的学习。首先简要地介绍数字电路的基本概念、数制以及不同进制计数制的相互转换方法；逻辑代数的意义和基本的运算方法；用于实现逻辑代数的基本硬件逻辑门的基本构成和逻辑代数不同的描述方法。

前面所学习的模拟电子只是完成了模拟信号的放大和传输过程，而对于信息的进一步存储和处理，以及与计算机相接口，由数字电路来完成则更为得心应手。数字电路的基本概念、特点、功能、系统之间交流的手段，即构成数字电路的基本硬件和软件是本任务的重要内容。因此，首先要掌握数字电路的特点，数制之间的转换，重点学习基本逻辑门的构成和功能，以及相应的符号、描述方法；了解集成逻辑门的基本构成和特点。

9.1.1 数字电路概述

在信息时代的今天，数字电子技术的地位显得更加突出，它不仅能够高保真且快速地传递信息，而且能够实现对各种信息进行交换、存储以及为所要达到的功能进一步地进行处理。

1. 数字电路的概念

客观世界有多种多样的物理量，它们的性质各异，但就其变化规律的特点而言，基本分为两大类。其中一类物理量的变化在时间上和数量上都是离散的，即它们的变化在时间上是不连续的，这一类物理量叫作数字量，把表示数字量的信号叫数字信号，用于处理数字信号的电路称为数字电路；另一类物理量的变化在时间上或数值上是连续的，这一类物理量叫作模拟量，把表示模拟量的信号叫作模拟信号，用于处理模拟信号的电路称之为模拟电路。

数字电路及其组成器件是构成各种数字电子系统的基础，数字电路的主要研究对象是电路的输出与输入之间的逻辑关系，因而所采用的分析工具是逻辑代数，表达电路的功能主要用功能表、真值表、逻辑表达式及波形图。

2. 数字电路的特点

1）具有较强的抗干扰能力。模拟电路在信息传递过程中，尽管采取了诸如差分电路、恒流源电路等很多方法，但也没有从根本上解决无用信息的混入以及电路自身产生的干扰，而数字电路由于只接受 0 和 1 两值信息，只要干扰信息不超出允许的高低电平范围，就无法混入有用信息中，极大地提高了信息传递的抗干扰能力。

2）信息在数字系统之间的交流海量而快速。

3）具有超级强大的存储能力。

4）具有超级强大的数据处理能力。

5）由于数字电路能够实现输入输出的逻辑运算，因此它不仅能够实现数值之间的运算，而且还能够实现逻辑推理和逻辑判断。例如既可以对诸如温度、力等物理信息进行处理，而且还能够实现对诸如人群的购买力、生命健康状况等的社会分析。

6）数字电路结构简单，便于集成化。

总之，数字电路的应用为我们人类社会的发展翻开了跨越式的新篇章。

9.1.2 数制和码制

伴随着人类社会的不断发展，计数方法也在不断地在沿袭传统的同时进行创新和发展。由于人类有十个手指，东西方最初都不约而同地采用了十进制，而后，又随着不同的需求采用了不同的计数制。特别是当我们试图以工具来减轻和替代我们的脑力劳动，发明了能够和人类思维对接的基本元件即开关元件时，便发明了简洁方便的二进制。

所有的计数方法都是由两部分构成，即数码和计数规律。

1. 十进制数

十进制数是人们十分熟悉的计数制。它是用 0、1、2、3、…、9 十个数码按照一定的规律排列起来表示数值大小的，其计数规律是"逢十进一"，十进制数是以 10 为基数的计数制。

1）每个数码处在不同的位置（数位）代表的数值是不同的，即使同样的数码在不同的位置代表的数值也不相同。

2）十进制数的计数规律是"逢十进一"。

一般地说，任意一个十进制正整数可以表示为

$$[N]_{10} = k_{n-1} \times 10^{n-1} + k_{n-2} \times 10^{n-2} + \cdots + k_1 \times 10^1 + k_0 \times 10^0 = \sum_{i=0}^{n-1} k_i \times 10^i$$

式中，$[N]_{10}$表示十进制数，k_i为第i位的系数，其取值为 0~9 共十个数码其中的一个。若整数部分的位数是 n，小数部分的位数为 m，则 i 包含从 $(n-1)$ 到 0 的所有正整数和从 -1 到 $-m$ 的所有负整数。10^i 为第 i 位的权。

2. 二进制数

二进制数只用 0 和 1 两个数码表示，恰好对应了电子元件的两种状态，如二极管的导通和截止、晶体管的饱和与截止、灯的亮与暗、开关的接通与断开等。只要规定其中一种状态为 1，另一种状态为 0，就可用二进制数来表示了。二进制数的计数规律是"逢二进一"，即 1+1=10（读作"壹零"），它和十进制数的"10"（拾）是完全不同的，因此，二进制数是以 2 为基数的计数体制，n 位二进制正整数可表示为

$$[N]_2 = k_{n-1} \times 2^{n-1} + k_{n-2} \times 2^{n-2} + \cdots + k_1 \times 2^1 + k_0 \times 2^0 = \sum_{i=0}^{n-1} k_i \times 2^i$$

式中，$[N]_2$ 表示二进制数，k_i 表示 i 位的系数，只取 0 或 1 中的任意一个数码，2^i 为第 i 位的权。

3. 八进制数

八进制数用 0、1、2、…、7 八个数码表示，基数为 8。计数规律是"逢八进一"，即 7+1=10（表示八进制数 8），八进制数可表示为

$$[N]_8 = k_{n-1} \times 8^{n-1} + k_{n-2} \times 8^{n-2} + \cdots + k_1 \times 8^1 + k_0 \times 8^0 = \sum_{i=0}^{n-1} k_i \times 8^i$$

4. 十六进制数

在十六进制数中，用十六个数字符号表示，基数为 16。这十六个数字符号为 0、1、2、3、…、9、A、B、C、D、E、F，其中 10~15 用字母 A~F 表示。十六进制数的计数规律是"逢十六进一"，即 F+1=10（表示十六进制数的"16"）。n 位十六进制正整数 $[N]_{16}$ 按位权展开，可表示为

$$[N]_{16} = k_{n-1} \times 16^{n-1} + k_{n-2} \times 16^{n-2} + \cdots + k_1 \times 16^1 + k_0 \times 16^0 = \sum_{i=0}^{n-1} k_i \times 16^i$$

其中，用八进制、十六进制表示数，位数少，书写比较方便。

5. 数制转换

（1）二进制、八进制、十六进制数转换为十进制数

只要将二进制、八进制、十六进制数按上述展开式所示的对应数的各位权值展开，并把各数位的加权系数相加，即得相应的十进制数。

（2）十进制整数转换为二进制、八进制、十六进制数

将十进制整数转换为二进制数可以采用除 2 取余法。

【例 9-1】 将十进制数 $[157]_{10}$ 转换为二进制数。

解：

2 ⌊157	余1	即 k_0=1	低位
2 ⌊78	余0	即 k_1=0	
2 ⌊39	余1	即 k_2=1	
2 ⌊19	余1	即 k_3=1	
2 ⌊9	余1	即 k_4=1	
2 ⌊4	余0	即 k_5=0	
2 ⌊2	余0	即 k_6=0	
2 ⌊1	余1	即 k_7=1	高位
0			

即 $[157]_{10} = [k_7k_6k_5k_4k_3k_2k_1k_0]_2 = [10011101]_2$。

（3）二进制与八进制的相互转换

1）将二进制数转换为八进制数。将二进制数转换为八进制数时，可以从最低位开始依次向最高位方向，连续每三位分成一组，每组都对应转换为一位八进制数。若最后一组不够三位，则在高位添 0 补足三位为一组。

【例 9-2】将二进制数 $[10011101]_2$ 转换为八进制数。

解：二进制数 10，011，101（每三位为一组，最高位可补 0）

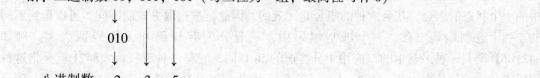

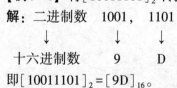

八进制数　　2　3　5

即 $[10011101]_2 = [235]_8$。

2）将八进制数转换为二进制数。将八进制数的每一位，用对应的三位二进制数来表示。

【例 9-3】将八进制数 $[235]_8$ 转换为二进制数。

解：八进制数　　2　　3　　5
　　　　　　　　↓　　↓　　↓
　　二进制数　010　011　101

即 $[235]_8 = [10011101]_2$（高位 0 可去掉）。

（4）二进制与十六进制之间的转换

1）将二进制数转换为十六进制数。将二进制数从最低位开始向高位方向，连续每四位分成一组，每组对应转换为一位十六进制数。若最后一组不够四位，则在高位添 0 补足四位为一组。

【例 9-4】将 $[10011101]_2$ 转换为十六进制数。

解：二进制数　　1001，　1101
　　　　　　　　↓　　　　↓
　　十六进制数　　9　　　D

即 $[10011101]_2 = [9D]_{16}$。

2）将十六进制数转换为二进制数。将十六进制数的每一位，用对应的四位二进制数来表示。

【例 9-5】将 $[9D]_{16}$ 转换为二进制数。

解：十六进制数　　9　　　D
　　　　　　　　↓　　　↓
　　二进制数　　1001　1101

即 $[9D]_{16} = [10011101]_2$。

6. 码制

数字电子系统之所以在今天取得如此伟大的成就，关键在于它不仅仅能够处理各种数学运算，而且还能够处理各种逻辑问题，即能够处理各种文字、符号、图像等信息，这些信息都必须转换成 0 和 1 组成的两值代码，才得以在数字电子系统中顺利交流。采用一定位数的二进制数码来表示各种信息，通常称这种二进制码为代码。建立这种代码与文字、符号或是特定对象之间一一对应关系的过程，就称为编码。

（1）数的编码

对于十进制数，如果用二进制数来表示，由于位数过多不便于读写，可以将十进制数的每位数字用若干位二进制数码表示。在数字电路中常使用二-十进制编码，它是指用四位二进制数来表示十进制数中的 0~9 的十个数码，简称为 BCD 码。由于四位二进制数码可以表示十六种不同的组合状态，用以表示一位十进制数（只有 0~9 十个数码）时，只需选择其中的十个状态的组合，其余六种的组合是无效的。因此，按选取方式的不同，可以得到不同的二—十进制编码。在二—十进制编码中，一般分为有权码和无权码两大类。例如 8421BCD 码是一种最基本的，应用十分普遍的 BCD 码。它是一种有权码，8421 就是指这种编码中各位的权分别为 8、4、2、1。属于有权码的还有 2421BCD 码、5421BCD 码等，而余 3 码、格雷码则是无权码。对于有权码来说，由于各位均有固定的权，因此二进制数码所表示的十进制数值就容易识别。而无权码是相邻的两个码组之间仅有一位不同，因而常用于模拟量的转换中。

（2）字符的编码

在数字系统中，所有的数据在存储和运算时都要使用二进制数表示（因为计算机用高电平和低电平分别表示 1 和 0），例如，像 a、b、c、d 这样的 52 个字母（包括大写），0、1 等数字，还有一些常用的符号（例如 *、#、@ 等），在计算机中存储时也要使用二进制数来表示，即除了十进制数外，通常我们将这种用以表示各种符号的二进制代码称为字符代码。

ASCII 码使用指定的七位或八位二进制数组合来表示 128 或 256 种可能的字符。标准 ASCII 码也叫基础 ASCII 码，使用七位二进制数（剩下的一位二进制为 0）来表示所有的大写和小写字母、数字 0 到 9、标点符号以及在美式英语中使用的特殊控制字符。

9.1.3 逻辑代数和逻辑门电路

1. 逻辑代数的基本知识

在数字电路中，利用输入信号来反映"条件"，用输出信号来反映"结果"，从而输入、输出之间就存在一定的因果关系，我们把它称为逻辑关系。它可以用逻辑表达式来描述，所以数字电路又称为逻辑电路。

逻辑代数就是用以描述逻辑关系、反映逻辑变量运算规律的数学，它是按一定逻辑规律进行运算的。虽然逻辑代数中的逻辑变量也和普通代数一样，都是用字母 A、B、C、…、X、Y、Z 来表示，但逻辑代数中的变量取值只有 0 和 1，而且，这里的 0 和 1 并不表示具体的数量大小，而是表示两种相互对立的逻辑状态。

（1）基本逻辑及运算

逻辑代数中，最基本的逻辑关系有三种，即：与逻辑、或逻辑、非逻辑关系。相应的有三种基本逻辑运算，即：与运算、或运算、非运算。用以实现上述逻辑关系的电路也有三种，即：与门电路、或门电路和非门电路。

1）基本逻辑关系。

① 与逻辑。如图9-1所示电路中，只有开关 A 与开关 B 都闭合，灯才亮；其中只要有一个开关断开，灯就灭。如果以开关闭合作为条件，灯亮作为结果，图9-1所示电路表示了这样一种因果关系："只有当决定某一种结果（如灯亮）的所有条件（如开关 A 与 B 同时闭合）都具备时，这个结果才能发生。"这种因果关系就称为与逻辑关系，简称为与逻辑，或者叫作逻辑相乘。在数字电路中用来表示与逻辑的国际标准符号如图9-1所示。若以 A、B 表示开关状态，并以1表示开关闭合，以0表示开关断开；以 Y 表示指示灯的状态，以1表示灯亮，以0表示不亮，则可以做出用0、1表示的与逻辑关系，如表9-1所示。

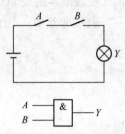

图9-1　与逻辑关系的电路与符号

表9-1　用0、1表示的与逻辑关系

A	B	Y
0	1	0
1	0	0
1	1	1

② 或逻辑。如图9-2所示电路中，开关 A 或开关 B 只要有一个闭合，灯就亮。同样，以开关闭合为条件，灯亮为结果，图9-2所示电路所表达的逻辑关系是："当决定某一种结果（如灯亮）的几个条件（如开关 A 或 B 闭合）中，只要有一个或一个以上的条件具备，这种结果（灯亮）就发生。"这种条件和结果的关系，就称为或逻辑关系，简称为或逻辑，或者叫作逻辑相加。在数字电路中用来表示或逻辑的国际标准符号如图9-2所示。如表9-2所示用0、1表示的或逻辑关系。

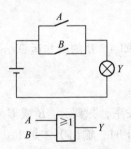

图9-2　或逻辑关系的电路与符号

表9-2　用0、1表示的或逻辑关系

A	B	Y
0	0	0
0	1	1
1	0	1
1	1	1

③ 非逻辑。如图9-3所示电路图中，当开关 A 闭合时，灯不亮；当开关 A 断开时，灯就亮。如果我们仍以开关闭合为条件，灯亮为结果，则电路满足这样一种因果关系："对于决定某一种结果（灯亮）来说，总是和条件（开关 A 闭合）相反。"它表明只要条件具备了，结果便不发生；而条件不具备时，结果一定发生。这种因果关系，称为非逻辑关系，简称为非逻辑或逻辑非，也叫作逻辑求反。在数字电路中用来表示非逻辑的国际标准符号如图9-3所示。可以列出用0、1表示的非逻辑关系如表9-3所示。

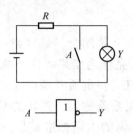

表 9-3　用 0、1 表示的非逻辑关系

A	Y
0	1
1	0

图 9-3　非逻辑关系的电路与符号

2）逻辑表达式。

在逻辑代数中，把与、或、非看作是逻辑变量 A、B 间的三种最基本的逻辑运算，并以"·"表示与运算，以"+"表示或运算，以变量上边的"−"表示非运算。因此，A 和 B 进行与逻辑运算可写成

$$Y = A \cdot B = AB \tag{9-1}$$

A 和 B 进行或逻辑运算时可写成

$$Y = A + B \tag{9-2}$$

由于或运算和普通代数中加法相似，所以或运算又称逻辑加。

A 和 B 进行非逻辑运算时可写成

$$Y = \overline{A} \tag{9-3}$$

其中变量 A 上面的横号，读作"非"或"反"，即 $\overline{A}$ 读作"A 非"或"A 反"。

（2）复合逻辑及运算

由与、或、非三种基本逻辑关系的组合，可以得到复合逻辑关系，见表 9-4。

1）与非逻辑。

将 A、B 先进行与运算，将运算结果求反，最后得到的即 A、B 的与非运算结果。

$$Y = \overline{A \cdot B} \tag{9-4}$$

2）或非逻辑。

将 A、B 先进行或运算，将运算结果求反，最后得到的即 A、B 的或非运算结果。

$$Y = \overline{A + B} \tag{9-5}$$

3）与或非逻辑。

在与或非逻辑中，A、B 之间以及 C、D 之间都是与的关系，只要 A、B 或 C、D 在任何一组同时为 1，输出 Y 就是 0。只有当每一组输入都不全是 1 时，输出 Y 才是 1。

$$Y = \overline{AB + CD} \tag{9-6}$$

4）异或逻辑。

A、B 两变量不同时，结果发生，相同时结果不发生，称为异或逻辑。用 0、1 表示的异或逻辑关系也可以表示为

$$Y = A \oplus B = \overline{A}B + A\overline{B} \tag{9-7}$$

其中 ⊕ 号表示异或运算，用 0、1 表示的异或逻辑关系如表 9-4 所示。

5）同或逻辑。

A、B 两变量相同时，结果发生，不相同时结果不发生，称为同或逻辑。用 0、1 表示的同或逻辑关系也可以表示为

$$Y=A\odot B=AB+\overline{A}\ \overline{B} \tag{9-8}$$

其中⊙号表示同或运算。异或和同或互为反运算，即 $Y=A\oplus B=\overline{A\odot B}$，$A\odot B=\overline{A\oplus B}$。用 0、1 表示的同或逻辑关系如表 9-4 所示。

表 9-4 用 0、1 表示的复合逻辑关系

与非逻辑			或非逻辑			异或逻辑			同或逻辑		
A	B	Y	A	B	Y	A	B	Y	A	B	Y
0	0	1	0	0	1	0	0	0	0	0	1
0	1	1	0	1	0	0	1	1	0	1	0
1	0	1	1	0	0	1	0	1	1	0	0
1	1	0	1	1	0	1	1	0	1	1	1

（3）逻辑运算的基本定律及常用公式

1）逻辑运算的表示方式。

若以逻辑变量作为输入，以运算结果作为输出，那么当输入变量的取值确定之后，输出的取值便随之确定了。因此，输出与输入之间是一种函数关系，这种函数关系称为逻辑函数。常用的逻辑函数表示方法有逻辑真值表、逻辑函数式、逻辑图和波形图等。它们各有特点，而且可以相互转换。

① 逻辑表达式。逻辑表达式是用各变量之间的与、或、非等运算符号组合来表示逻辑函数的。它是一种代数式表示法。

② 真值表。真值表是用来描述逻辑函数的输入变量取值组合与输出变量值之间的对应关系的表格。真值表的主要优点是能够直观、明了地反映变量取值和函数值之间的对应关系，而且从实际的逻辑问题列写真值表也比较容易。主要缺点是变量多时，列写真值表比较繁琐，而且不能运用逻辑代数公式进行函数的化简。

③ 逻辑图。逻辑图就是用若干基本逻辑符号连接构成的图。逻辑图的输出和输入之间都有一定的逻辑关系，所以逻辑图也是逻辑函数的一种表示方式。由于图中的逻辑符号通常都是和电路器件相对应，因此逻辑图也叫逻辑电路图。

④ 波形图。若给出输入变量取值随时间变化的波形后，根据函数中变量之间的运算关系，就可以画出输出变量随时间变化的波形。这种反映输入和输出变量对应取值，随时间按照一定规律变化的图形，叫作波形图，也称为时序图。

2）逻辑代数的基本公式。

在逻辑代数表达式化简中常用的基本公式如表 9-5 所示。

表 9-5 逻辑代数的基本公式

公 式	公 式	公 式
$A\cdot 1=A$	$A\cdot B=B\cdot A$	$A\cdot A=A$
$A+0=A$	$A+B=B+A$	$A+A=A$
$A\cdot 0=0$	$(A\cdot B)\cdot C=A\cdot (B\cdot C)$	$\overline{A\cdot B}=\overline{A}+\overline{B}$
$A+1=1$	$(A+B)+C=A+(B+C)$	$\overline{A+B}=\overline{A}\cdot \overline{B}$
$A+\overline{A}=1$	$A\cdot (B+C)=A\cdot B+A\cdot C$	$\overline{\overline{A}}=A$
$A\cdot \overline{A}=0$	$A+B\cdot C=(A+B)\cdot (A+C)$	

3）几个常用的公式。

利用基本公式和三项规则可以推导出一些常用公式，这些公式对于逻辑函数的简化是很有用的。

公式1 $\qquad AB+A\bar{B}=A$ （9-9）

公式2 $\qquad A+\bar{A}B=A+B$ （9-10）

公式3 $\qquad A+AB=A$ （9-11）

公式4 $\qquad AB+\bar{A}C+BC=AB+\bar{A}C$ （9-12）

公式5 $\qquad \overline{AB+\bar{A}\bar{B}}=\bar{A}\bar{B}+AB$ （9-13）

公式6 $\qquad \overline{AB+\bar{A}C}=A\bar{B}+\bar{A}\bar{C}$ （9-14）

4）逻辑代数的基本定理。

在逻辑代数中，既有与普通代数相同的定理，也有由于只有"0、1"两个取值而特有的定理。

① 代入定理。在任何一个逻辑等式中，如果将等式两边的某一变量都代之以一个逻辑函数，则等式仍然成立，这就是所谓的代入定理。

② 反演定理。要求一个逻辑函数 Y 的反函数 $\bar{Y}$ 时，只要将逻辑函数 Y 中所有"·"换成"+"，"+"换成"·"；"0"换成"1"，"1"换成"0"；原变量换成反变量，反变量换成原变量。所得到的逻辑函数式就是逻辑函数 Y 的反函数 $\bar{Y}$。

③ 对偶定理。如果将一个逻辑函数 Y 中的"·"变换为"+"；"+"换成"·"；"0"换成"1"，"1"换成"0"，所得到的就是逻辑函数 Y 的对偶式，记作 Y'，这就是对偶规则。若两逻辑式相等，则它们的对偶式也相等。例如，若 $Y=A(B+C)$，则 $Y'=A+BC$；若 $Y=\overline{AB+CD}$，则 $Y'=\overline{(A+B)(C+D)}$。

（4）逻辑代数的化简

在进行逻辑运算时常会看到，同一个逻辑代数可以写成不同的逻辑式，而这些逻辑式的繁简程度又相差甚远。逻辑表达式越是简单，它所表示的逻辑关系越明显，同时也有利于用最少的电子器件实现这个逻辑代数。因此，经常需要通过化简的手段找出逻辑代数的最简形式。化简逻辑代数的目的就是要消去多余的乘积项和每个乘积项中多余的因子，以得到逻辑代数的最简形式。通常有公式化简法和卡诺图化简法，本书主要介绍使用公式化简法进行逻辑代数的化简。

公式化简法的原理就是反复使用逻辑代数的基本公式和常用公式消去函数式中多余的乘积项和多余的因子，以得到代数式的最简形式。

1）最简的概念。

通常直接根据实际逻辑问题而归纳出来的逻辑函数及其对应的逻辑电路往往并非最简，因此，有必要对逻辑函数进行化简。

例如图9-4所示，逻辑函数 $Y=\bar{A}\bar{B}C+\bar{A}B\bar{C}+\bar{A}BC+AB\bar{C}+ABC$ 若经过化简，则可简化为 $Y=\bar{B}+A\bar{C}$。如图9-5所示，可以看出，经过化简的逻辑函数式对应的逻辑图就简单。若用器件来组成电路，那么简化后的电路所用器件较少，输入端引线也少，既经济又可使电路的可靠性得到提高。因此，逻辑代数化简是逻辑电路设计中十分必要的环节。

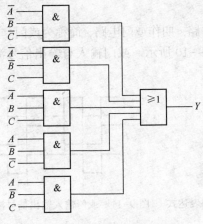

图 9-4 逻辑简化前逻辑图

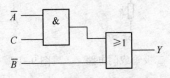

图 9-5 逻辑简化后的逻辑图

2）公式化简法。

公式化简法也叫代数化简法，它是运用逻辑代数的基本公式和常用公式来简化逻辑函数。常用方法如下：

① 并项法。

消去一个互补的变量，如 $AB+A\bar{B}=A$。

② 吸收法。

吸收多余的乘积项，如 $A+AB=A$。

③ 消去法。

消去多余因子，如 $A+\bar{A}B=A+B$。

④ 配项法。

利用 $A=A(B+\bar{B})$ 将表达式中不能直接利用公式化简的某些乘积项变成两项，再用公式化简。

2. 基本逻辑门电路的构成

在数字电路中，根据半导体二极管和晶体管的开关特性，我们可以利用半导体二极管和晶体管作为门电路的基本元件，构成基本的逻辑门，从而实现了逻辑思维由电子元器件来实现的理想。

与最基本的三种逻辑关系相对应的基本逻辑门电路是与门、或门和非门。

（1）二极管与门电路

输入变量和输出变量之间满足与逻辑关系的电路叫作与门电路，简称为与门。如图 9-6 所示为二极管与门电路，其中 A、B 为输入信号，设低电平 $u_{IL}=0$，高电平为 $u_{IH}=5\,V$，Y 为输出信号。与门符号与表达式如图 9-7 所示。与门输入输出信号波形图如图 9-8 所示。

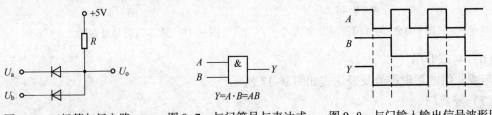

图 9-6 二极管与门电路   图 9-7 与门符号与表达式   图 9-8 与门输入输出信号波形图

（2）二极管或门电路

输入变量和输出变量之间满足或逻辑关系的电路，叫作或门电路，简称为或门。如图9-9所示为二极管或门电路。或门符号与表达式如图9-10所示。或门输入与输出信号波形图如图9-11所示。

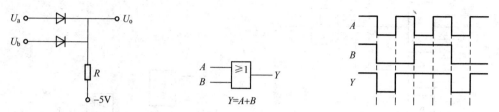

图9-9　二极管或门电路　　图9-10　或门符号与表达式　　图9-11　或门输入输出信号波形图

（3）晶体管非门电路

能实现非逻辑关系的单元电路，叫作非门（或叫反相器），如图9-12所示。当输入为高电平即 $V_A = 5\,\mathrm{V}$ 时，晶体管饱和导通，输出 Y 为低电平，$V_O = 0.3\,\mathrm{V}$；当输入为低电平即 $V_A = 0.3\,\mathrm{V}$ 时，晶体管截止，输出 Y 为高电平，$V_O = 5\,\mathrm{V}$。非门的逻辑符号及逻辑表达式如图9-13所示，逻辑符号中输出端画有小圆圈是表示"反"或"非"的意思。非门信号输入输出波形如图9-14所示，其运算规律：有1出0，有0出1。

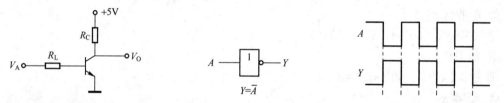

图9-12　晶体管非门电路　　图9-13　非门符号及表达式　　图9-14　非门输入输出信号波形图

以上就是逻辑代数中三种基本的逻辑关系和三种基本的逻辑运算以及与之相对应的三种基本的分立元件逻辑门电路。从这些问题的讨论中，也验证了三种基本的逻辑运算规律的正确性。

（4）与非门

与非门是由一个与门和一个非门直接相连构成，其逻辑符号及表达式如图9-15所示，运算规律：有0出1，全1出0。

（5）或非门

或非门是由一个或门和一个非门直接相连构成，其逻辑符号及表达式如图9-16所示，运算规律：有1出0，全0出1。

图9-15　与非门符号及表达式　　　　图9-16　或非门符号及表达式

（6）与或非门

与或非门的逻辑符号及表达式如图9-17所示。

（7）异或门

异或门实现"输入不同，输出为1；输入相同，输出为0"的逻辑功能，其逻辑符号及表达式如图 9-18 所示。

（8）同或门

同或门实现"输入相同，输出为 1；输入不同，输出为 0"的逻辑功能，其逻辑符号及表达式如图 9-19 所示。

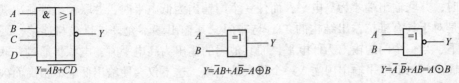

图 9-17 与或非门符号及表达式 　图 9-18 异或门符号及表达式 　图 9-19 同或门符号及表达式

3. 集成逻辑门电路

前述的由分立元器件构成的门电路存在着体积大、可靠性差等缺点，随着电子技术的飞速发展，在实际应用中的门电路都是由集成逻辑门电路构成的。与分立元器件门电路相比，集成门电路除了具有高可靠性、微型化等优点外，更突出的优点是转换速度快，而且输入和输出的高、低电平取值相同，便于工作于多级串接使用中。集成门电路的种类多，根据制造工艺的不同，集成电路又分成双极型和单极型两大类。双极型集成门电路又分为 TTL 集成门电路和 HTL 集成门电路。单极型集成门电路是 CMOS 集成门电路。

（1）TTL 集成门电路

TTL 集成门电路是一种单片集成电路，由于这种集成门电路中的输入端和输出端均为晶体管结构，所以称为晶体管-晶体管逻辑（Transistor-Transistor Logic）门电路，简称为 TTL 门电路。从六十年代开发成功第一代产品以来现有以下几代产品：

第一代 TTL 包括 SN54/74 系列，（其中 54 系列工作温度为-55℃~125℃，74 系列工作温度为 0℃~75℃），低功耗系列简称 LTTL，高速系列简称 HTTL。

第二代 TTL 包括肖特基箝位系列（STTL）和低功耗肖特基系列（LSTTL）。

第三代为采用等平面工艺制造的先进的 STTL（ASTTL）和先进的低功耗 STTL（ALSTTL）。由于 LSTTL 和 ALSTTL 的电路延时功耗较小，STTL 和 ASTTL 速度很快，因此获得了广泛的应用。

为了便于实现各种不同的逻辑函数，在集成门电路的定型产品中常用的有与门、或门、与非门、与或非门和异或门几种常见类型。

（2）CMOS 集成门电路

CMOS 集成门电路是在 TTL 电路问世之后，所开发出的又一种应用广泛的数字集成器件。由于制造工艺的改进，CMOS 电路的工作速度比 TTL 高、电路的功耗低、抗干扰能力强，且费用较低，几乎所有的超大规模存储器件和 PLD 器件都使用 CMOS 工艺制造。CMOS 集成门电路又叫互补型场效应晶体管集成门电路，它的特点是采用了两种不同导电类型的 MOS 场效应晶体管，一种是增强型 P 沟道 MOS 场效应晶体管（PMOS 管），另一种是增强型 N 沟道 MOS 场效应晶体管（NMOS 管），它们组成了互补结构。CMOS 数字集成门电路品种繁多，包括了各种门电路、编译码器、触发器、计数器和存储器等上百种器件。从发展趋势来看，CMOS 电路的性能有可能超过 TTL 而成为占主导地位的逻辑器件。

CMOS 集成门电路常见系列包括五个系列。一是 CD4000 系列，为基本系列，速度较慢；二是 74HC 系列，速度比 CD4000 系列提高近 10 倍；三是 74HCT 系列，与 LSTTL 门电路兼容；四是 LVC 低电压系列；五是 BiCMOS 系列。

几种特殊门电路：

1）集电极开路与非门（OC 门）。

有时在实际应用电路中，需要将几个与非门的输出端并联进行线与。即各门的输出均为高电平时，并联输出端才为高电平，而任一个门输出为低电平时，并联输出端输出就为低电平。但是对于具有推拉输出结构的 TTL 与非门，其输出端不允许进行线与连接，因为在这种情况下，当一个门的输出为低电平，而其他门的输出为高电平时，电源将通过并联的各个高电平输出门向低电平输出门灌入一个很大的电流。这不仅会使输出低电平抬高而破坏其逻辑关系，而且还会因流过大电流而损坏低电平的输出门。

为了使门电路的输出端能并联使用，生产了集电极开路与非门，也称为 OC 门。如图 9-20 所示为逻辑符号图，它可以实现与非逻辑功能，即 $Y = \overline{ABCD}$。在使用 OC 门时，要在电源 U_{CC} 和输出端之间接一个上拉电阻 R_L。

2）传输门。

传输门是一种传输信号的可控开关电路，传输门的电路符号如图 9-21 所示。当控制端 $C=1$，$\overline{C}=0$ 时，可以实现信号的双向传递，即 $U_i = U_o$；而 $C=0$，$\overline{C}=1$ 时，传输门处于截止状态。

3）三态门。

所谓三态门，是指与非门的输出有三个状态，即输出高电平、输出低电平和输出高阻状态（因为实际电路中不可能去断开它，所以设置这样一个状态使它处于断开状态）。三态门具有推拉输出和集电极开路输出电路的优点，还可以扩大其应用范围。三态门的逻辑符号如图 9-22 所示。

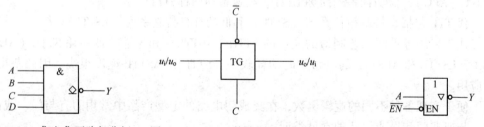

图 9-20 集电集开路与非门　图 9-21 CMOS 传输门的逻辑符号　图 9-22 CMOS 三态门逻辑符号

9.1.4 知识训练

1. 单项选择题

（1）二进制数只有（　　）两种数码。

A. 1 和 2　　　　B. -1 和 1　　　　C. 0 和 1　　　　D. 0 和 2

（2）将二进制数(1001)₂转换为十进制数是（　　）。

A. 2　　　　B. 1001　　　　C. 18　　　　D. 9

（3）要使或门输出恒为 1，可将或门的一个输入端始终接（　　）。

A. 0　　　　B. 1　　　　C. 0、1 都可　　　　D. 输入端并联

（4）二进制数 1+1 之和等于（　　）。

A. 2　　　　　　B. 10　　　　　　C. 11　　　　　　D. 0

(5) 表示与门符号的表达式是（　　　）。

A. $Y=A \cdot B$　　B. $Y=A+B$　　C. $Y=A+B+C$　　D. $Y=A$

(6) 表示或门符号的表达式是（　　　）。

A. $Y=A \cdot B$　　B. $Y=A+B$　　C. $Y=A \cdot B \cdot C$　　D. $Y=A$

(7) 表示非门符号的表达式是（　　　）。

A. $Y=A \cdot B$　　B. $Y=A+B$　　C. $Y=A+B+C$　　D. $Y=\overline{A}$

(8) 构成数字电路的基本单元是（　　　）。

A. 模拟电路　　B. 数字电路　　C. 逻辑门电路　　D. 电子电路

(9) 由一个与门和一个非门直接相连构成的复合逻辑门电路，称为（　　　）。

A. 与非门　　　B. 或非门　　　C. 与或非门　　　D. 异或门

(10) 由一个或门和一个非门直接相连构成的复合逻辑门电路，称为（　　　）。

A. 与非门　　　B. 或非门　　　C. 与或非门　　　D. 异或门

(11) 与门的逻辑功能是（　　　）。

A. 有1出1　　B. 全1出1　　C. 有0出0　　D. 有0出0，全1出1

2. 多项选择题

(1) 逻辑电路中的基本逻辑关系有（　　　）。

A. 与逻辑　　　B. 或逻辑　　　C. 非逻辑　　　D. 不同逻辑

(2) 逻辑电路中的基本运算有（　　　）。

A. 与运算　　　B. 或运算　　　C. 非运算　　　D. 与非运算

(3) 逻辑电路中的基本复合逻辑关系有（　　　）。

A. 与非逻辑　　B. 或非逻辑　　C. 异或逻辑　　D. 同或逻辑

(4) 通常把电子电路分为两大类，是（　　　）。

A. 数字电路　　B. 模拟电路　　C. 电力电路　　D. 电气电路

(5) 数字电路中常用的数制有（　　　）。

A. 十进制　　　B. 二进制　　　C. 八进制　　　D. 十六进制

(6) 在二进制中，数码有（　　　）。

A. 0　　　　　　B. 1　　　　　　C. 2　　　　　　D. 3

(7) 属于八进制的数码有（　　　）。

A. 0　　　　　　B. 1　　　　　　C. 2　　　　　　D. 3

(8) 一种逻辑关系的表示方法有（　　　）。

A. 真值表　　　B. 表达式　　　C. 波形图　　　D. 逻辑图

(9) 逻辑电路根据其逻辑功能的不同特点，包括（　　　）。

A. 组合逻辑电路　B. 时序逻辑电路　C. 数字电路　　D. 模拟电路

3. 判断题

（　　）(1) 二进制数1+1的和等于10。

（　　）(2) 将二进制数按权展开即可得到与之相对应的八进制数。

（　　）(3) 逻辑关系的表示方法中，真值表不是唯一的。

（　　）(4) 逻辑运算1+1=2，等式成立。

（　　）（5）C 是十六进制数码之一。

（　　）（6）逻辑代数又称布尔代数，是研究数字电路的基本工具。

（　　）（7）逻辑电路的基本逻辑关系只有与逻辑。

（　　）（8）逻辑电路的复合逻辑是指由基本逻辑复合而成的逻辑关系。

（　　）（9）构成数字电路的基本单元是逻辑门电路。

（　　）（10）基本逻辑门是指能够实现与、或、非等基本逻辑关系的门电路。

（　　）（11）或门电路的逻辑功能是有 1 出 1，全 0 出 0。

4. 分析与简答题

（1）写出图 9-23 逻辑门电路的名称、输入输出关系表达式，说明其逻辑功能。

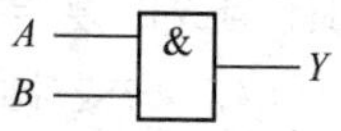

图 9-23　分析与简答题（1）

（2）写出表 9-6 真值表所对应的逻辑代数表达式，并说明是哪种逻辑关系及其功能。

表 9-6　真值表

A	B	F
0	0	0
0	1	0
1	0	0
1	1	1

（3）写出或门真值表、输入与输出的逻辑关系式、画出逻辑门电路表示符号，并说明其逻辑功能。

任务 9.2　逻辑门电路的分析与制作

任务描述

本任务主要完成组合逻辑电路的分析和设计，学习常用组合逻辑电路的功能和电路组成。对由逻辑门组成的组合逻辑电路研究如何进行分析和如何设计才能够实现特定功能的组合逻辑电路。

首先学习常用组合逻辑电路的基本概念，组合逻辑电路的分析方法和设计方法；之后进一步掌握已经规模化的常用组合逻辑电路芯片的构成和功能；为后续学习时序逻辑电路打下很好的基础。

9.2.1　组合逻辑门电路的分析与设计

1. 组合逻辑电路的概念与特点

数字电路可分为两种类型：一类是组合逻辑电路，另一类是时序逻辑电路。组合逻辑电路是指由逻辑门电路组合而成的电路，在电路中信号的传输是单一方向的，只能由输入到输出，无反馈支路。因而任意时刻的输出只与该时刻的输入状态有关，而与以前的输出状态无关，电路无记忆功能。常见的组合逻辑电路有：编码器、译码器、全加器、比较器等。

组合逻辑电路的特点：组合逻辑电路不包含记忆元件，在任一时刻的输出状态仅取决于该时刻输入变量取值组合，而与电路以前的状态无关。

组合逻辑电路中不存在输出端到输入端的反馈通路，信号传递是单向的。

2. 组合逻辑电路的分析与设计

（1）组合逻辑电路的分析方法

组合逻辑电路的分析主要是对给定的组合逻辑电路，写出输出逻辑函数式和真值表，判断出它的逻辑功能。

一般分析步骤如下：

1）根据给出的逻辑电路图，从输入到输出，逐级写出每一级输出对输入变量的逻辑函数式，最后便得到所分析电路的输出逻辑函数；

2）用公式法或卡诺图法将输出逻辑函数式化简到最简；

3）根据化简后的逻辑表达式列出真值表；

4）由真值表和化简的逻辑函数式判断组合电路的逻辑功能，并用相应的文字表达出来。

（2）组合逻辑电路的设计方法

组合逻辑电路的设计就是根据给定的实际逻辑问题，设计出能实现该逻辑要求的最佳逻辑电路（可以用集成门电路来实现，也可用中规模集成组合逻辑芯片来实现）。组合逻辑电路的设计步骤如图 9-24 所示。

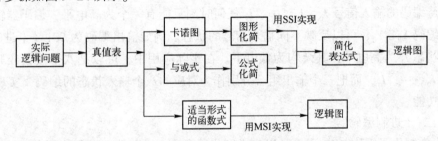

图 9-24　组合逻辑电路的设计步骤

9.2.2　常用组合逻辑电路

1. 编码器

在数字系统中，把某些特定意义的信息编成相应二进制代码表述的过程称为编码，能够实现编码操作的数字电路称为编码器。例如十进制数 13 在数字电路中可用编码 1101B 表示，也可用 BCD 码 00010011 表示；再如计算机键盘，上面的每一个键对应着一个编码，当按下某键时，计算机内部的编码电路就将该键的电平信号转化成对应的编码信号。

（1）二进制编码器

在数字电路中，将若干个 0 和 1 按一定规律编排在一起，组成不同的代码，并将这些代码赋予特定的含义，这就是某种二进制编码。

在编码过程中，要注意确定二进制代码的位数。一般情况，n 位二进制数有 2^n 个状态，

可表示 2^n 种特定含义。编码器一般都制成集成门电路，如 74LS148 为三位二进制编码器，其输入共有八个信号，输出为三位二进制代码，常称为 8 线–3 线编码器。

各输出的逻辑表达式为

$$Y_2 = \overline{\overline{I_4}\,\overline{I_5}\,\overline{I_6}\,\overline{I_7}}$$

$$Y_1 = \overline{\overline{I_2}\,\overline{I_3}\,\overline{I_6}\,\overline{I_7}}$$

$$Y_0 = \overline{\overline{I_1}\,\overline{I_3}\,\overline{I_5}\,\overline{I_7}}$$

用门电路实现逻辑电路如图 9–25 所示。

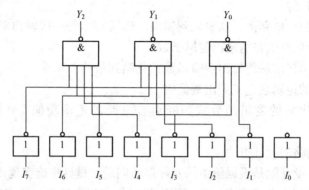

图 9–25 8 线–3 线编码器逻辑电路图

八个待编码的输入信号 I_0、I_1、$\cdots$、I_7 任何时刻只能有一个为高电平，编码器输出的三位二进制编码 $Y_2Y_1Y_0$，可以反映不同输入信号的状态。例如输出编码为 001（十进制数 1），说明输入状态 I_1 为高电平，其余均为低电平。在实际应用中，可以把八个按钮或开关作为八个输入 I_0、$\cdots$、I_7，而把三个输出组合分别作为对应的八个输入状态的编码，实现 8 线–3 线的编码功能。

（2）二–十进制编码器

二–十进制代码简称 BCD 码，是以二进制代码表示十进制数，它是兼顾人们对十进制计数的习惯和数字逻辑部件易于处理二进制数的特点。如图 9–26 所示为 BCD8421 码编码器电路，其中 I_0、$\cdots$、I_9 为输入端，表示 0、1、$\cdots$、9 十个十进制数，Y_3、Y_2、Y_1、Y_0 为输出端，代表输入信号的 BCD 编码，图 9–26、9–27 所示为 10 线–4 线编码器逻辑电路图和逻辑符号。

电路的逻辑表达式为

$$Y_0 = I_1 + I_3 + I_5 + I_7 + I_9$$

$$Y_1 = I_2 + I_3 + I_6 + I_7$$

$$Y_2 = I_4 + I_5 + I_6 + I_7$$

$$Y_3 = I_8 + I_9$$

由图中可以看出，输入信号为低电平有效，输出信号为反码输出。例如，$\overline{I_3} = 0$，$\overline{Y_3}\,\overline{Y_2}\,\overline{Y_1}\,\overline{Y_0} = 1100$，1100 是 3 的 BCD 码 0011 的反码。

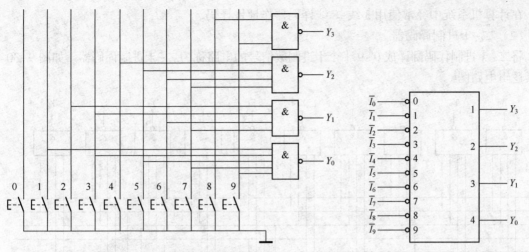

图 9-26　8421BCD 码编码器逻辑电路图　　　　图 9-27　10 线-4 线编码器逻辑符号

2. 译码器

在数字系统中，为了便于读取数据，显示器件通常以人们所熟悉的十进制数直观地显示结果。因此，在编码器与显示器件之间还必须有一个能把二进制代码译成对应的十进制数的电路，这种翻译过程就是译码，能实现译码功能的逻辑电路称为译码器。显然，译码是编码的逆过程。译码器是一种多输入和多输出电路，而对应输入信号的任意状态，仅有一个输出状态有效，其他输出状态均无效。

下面以二进制译码器和二-十进制译码器为例说明译码器的分析方法。

（1）二进制译码器

二进制译码器是将输入的二进制代码转换成特定的输出信号。二进制译码器的逻辑特点是，若输入为 n 个，则输出信号有 2^n 个，所以也称这种译码器为 n 线-2^n 线译码器，对应每一组输入组合，只有一个输出端有输出信号，其余输出端没有输出信号。例如，常用的 3 位二进制译码器 74LS138，输入代码为 3 位，输出信号为 8 个，故又称为 3 线-8 线译码器。

74LS138 有 3 个输入端 C、B、A，8 个输出端 $\overline{Y_0} \sim \overline{Y_7}$。$C$、$B$、$A$ 三个输入端的八种不同的组合对应 $\overline{Y_0} \sim \overline{Y_7}$ 的每一路输出，例如 C、B、A 为 000 时，$\overline{Y_0}=0$，$\overline{Y_1} \sim \overline{Y_7}=1$。$C$、$B$、$A$ 为 001 时，$\overline{Y_1}=0$，依次类推。74LS138 还有三个允许端 E_3、$\overline{E_1}$、$\overline{E_2}$，只有 E_3 端为高电平、$\overline{E_2}$ 和 $\overline{E_1}$ 为低电平时，该译码器才进行译码。图 9-28、9-29 所示为 74LS138 的外引线的排列图和逻辑符号。

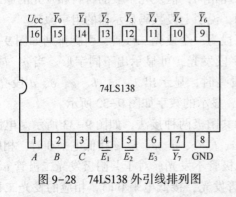

图 9-28　74LS138 外引线排列图

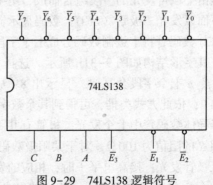

图 9-29　74LS138 逻辑符号

在计算机系统中经常使用 3 线–8 线译码器作地址译码。

（2）二–十进制译码器

将二–十进制代码翻译成 0~9 十个十进制数信号的电路称为二–十进制译码器。如图 9-30 为其逻辑电路图。

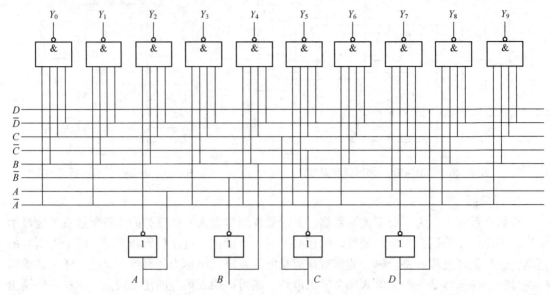

图 9-30　二–十进制译码器逻辑电路图

由电路图可以得到译码输出逻辑表达式

$$Y_0 = \overline{\overline{D}\ \overline{C}\ \overline{B}\ \overline{A}} \quad Y_1 = \overline{\overline{D}\ \overline{C}\ \overline{B}A} \quad Y_2 = \overline{\overline{D}\ \overline{C}B\overline{A}} \quad Y_3 = \overline{\overline{D}\ \overline{C}BA} \quad Y_4 = \overline{\overline{D}C\overline{B}\ \overline{A}} \quad Y_5 = \overline{\overline{D}C\overline{B}A}$$

$$Y_6 = \overline{\overline{D}CB\overline{A}} \quad Y_7 = \overline{\overline{D}CBA} \quad Y_8 = \overline{D\overline{C}\ \overline{B}\ \overline{A}} \quad Y_9 = \overline{D\overline{C}\ \overline{B}A}$$

（3）数码显示译码器

在数字电路中，常常把所测量的数据和运算结果用十进制数显示出来，这首先要对二进制数进行译码，然后由译码器驱动相应的显示器件显示出来。可以说显示译码器是由译码器、驱动器组成。

1）七段数码显示器。

显示器件有半导体发光二极管（LED）、液晶显示管（LCD）和荧光数码显示器等。它们都是由七段可发光的字段组合而成，组字的原理相同，但发光字段的材料和发光的原理不同。下面以发光二极管（LED）数码显示器为例，说明七段数码显示器的组字原理。

LED 数码管将十进制数码分成七个字段，每段为一个发光二极管，引脚排列如图 9–31a 所示，其字形结构如图 9–31b 所示。选择不同字段发光，可显示出不同字形。当 a、b、c、d、e、f、g 七个字段全亮时，显示出 8；b、c 段亮时，显示出 1；a、b、g、e、d 段亮时，显示出 2；依此方式类推，可得到其余数字 3~9，显示的数字如图 9–32 所示。

半导体数码管中七个发光二极管有共阴极和共阳极两种接法，如图 9–33 所示。电路中的电阻 R 的阻值为 $100\,\Omega$。对于共阳极数码管，a、b、c、d、e、f、g 接低电平 0 时，相应的发光二极管发光；接高电平 1 时，相应的发光二极管不发光。对于共阴极发光二极管 a、b、c、d、e、f、g 接高电平 1 时，相应的发光二极管发光；接低电平 0 时，相应的发光二极管不发光。例如，共阴极数码管显示数字 1，应使 $abcdefg=0110000$；若用共阳极数码管显示 1，应使 $abcdefg=1001111$。因此，驱动数码管的译码器，也分为共阴极和共阳极两种。使用时译码器应与数码管的类型相对应，共阳极译码器驱动共阳极数码管，共阴极译码器驱动共阴极数码管。否则，显示的数字就会产生错误。

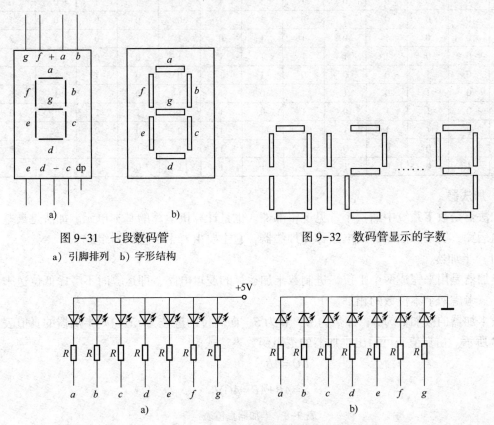

图 9-31 七段数码管
a）引脚排列 b）字形结构

图 9-32 数码管显示的字数

图 9-33 半导体数码管内部电路
a）共阳极接法 b）共阴极接法

2）七段显示译码器。

七段显示译码器的作用是将四位二进制代码（8421BCD 码）代表的十进制数字，翻译成显示器输入所需要的七位二进制代码（$abcdefg$），以驱动显示器显示相应的数字。因此常把这种译码器称为"代码变换器"。

七段显示译码器，常采用集成门电路。常见的有 T337 型（共阴极）、T338 型（共阳极）等。如图 9-34 所示为 T337 型显示译码器的引脚排列图。表 9-7 所示为它的逻辑功能表，表中 0 指低电平，1 指高电平，×指任意电平。I_B 为消隐输入端，高电平有效，即 $I_B=1$ 时，显示译码器可以正常工作；$I_B=0$ 时，显示译码器熄灭，不工作。U_{CC} 通常取 +5 V。

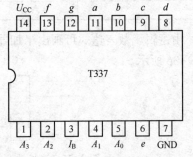

图 9-34 T337 型显示译码器引脚排列图

表 9-7　T337 型七段显示译码器逻辑功能表

输　入					输　出							数字
I_B	A_3	A_2	A_1	A_0	a	b	c	d	e	f	g	
0	×	×	×	×	0	0	0	0	0	0	0	0
1	0	0	0	0	1	1	1	1	1	1	0	0
1	0	0	0	1	0	1	1	0	0	0	0	1
1	0	0	1	0	1	1	0	1	1	0	1	2
1	0	0	1	1	1	1	1	1	0	0	1	3
1	0	1	0	0	0	1	1	0	0	1	1	4
1	0	1	0	1	1	0	1	1	0	1	1	5
1	0	1	1	0	1	0	1	1	1	1	1	6
1	0	1	1	1	1	1	1	0	0	0	0	7
1	1	0	0	0	1	1	1	1	1	1	1	8
1	1	0	0	1	1	1	1	1	0	1	1	9

3. 加法器

加法器是数字系统中的一个常见逻辑部件，也是计算机运算的基本单元。加法是最基本的数值运算，实现加法运算的电路称为加法器，它主要由若干个全加器组成。

（1）半加器

半加器是用来完成两个 1 位二进制数半加运算的逻辑电路，即运算时不考虑低位送来的进位，只考虑两个本位数的相加。

设半加器的被加数为 A，加数为 B，和为 S，向高位的进位为 CO，则半加器的真值表如表 9-8 所示。由真值表可得出半加器的逻辑函数表达式为

$$CO = AB$$

$$S = \overline{A}B + A\overline{B} = A \oplus B$$

表 9-8　半加器真值表

输　入		输　出	
A	B	CO	S
0	0	0	0
0	1	0	1
1	0	0	1
1	1	1	0

由逻辑函数表达式可画出半加器的逻辑电路图，如图 9-35 所示，半加器的逻辑符号如图 9-36 所示。

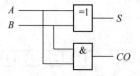

图 9-35　半加器逻辑电路　　　　　图 9-36　半加器逻辑符号

半加器只是解决了两个一位二进制数相加的问题，没有考虑来自低位的进位。而实际问题中所遇到的多位二进制数相加运算，往往必须同时考虑低位送来的进位，显然半加器不能

实现多位二进制数的加法运算。

（2）全加器

全加器是用来完成两个1位二进制数全加运算的逻辑电路。即运算时除了两个本位数相加外，还要考虑低位送来的进位。

设全加器的被加数为 A，加数为 B，低位送来的进位为 CI，本位和为 S，向高位的进位为 CO。则全加器的真值表如表9-9所示。

表 9-9 全加器真值表

输 入			输 出	
A	B	CI	CO	S
0	0	0	0	0
0	0	1	0	1
0	1	0	0	1
0	1	1	1	0
1	0	0	0	1
1	0	1	1	0
1	1	0	1	0
1	1	1	1	1

由真值表得到的逻辑表达式

$$S = \bar{A}\bar{B}CI + \bar{A}B\bar{CI} + A\bar{B}\,\bar{CI} + ABCI$$

$$CO = \bar{A}BCI + A\bar{B}CI + AB\bar{CI} + ABCI$$

全加器的逻辑函数表达式比较复杂，因此逻辑电路图也相应的复杂，这里不做描述，仅给出全加器的逻辑符号，如图9-37所示。

图 9-37　全加器逻辑符号

4. 比较器

在数字控制设备中，经常需要对两个数字量进行比较，例如，一个温控恒温机构，要求恒温于某个温度 B，若实际温度 A 低于 B，需要继续升温；当 $A=B$ 时，维持原有温度；若实际温度 A 高于 B 时，则停止加热，即切断电源。这里需要先将温度转换成数字信号，然后进行比较，由比较结果去控制执行机构，确定是接通还是切断电源。这种用来比较两个数字的逻辑电路称为数字比较器。只比较两个数字是否相等的数字比较器称为同比较器；不但比较两个数是否相等，而且还能比较两个数字大小的比较器称为大小比较器。

下面以一位二进制比较器为例进行介绍。

设 A、B 是两个1位二进制数，比较结果为 E、H、L。E 表示 $A=B$，H 表示 $A>B$，L 表示 $A<B$，E、H、L 三者只能有一个为1，即 E 为1时，H、L 为0；H 为1时，E、L 为0；L 为1时，E、H 为0。一位比较器的真值表如表9-10所示。

由真值表可以看出逻辑关系为

$$E = \bar{A}\,\bar{B} + AB = \overline{\overline{\bar{A}\bar{B}} \cdot \overline{AB}} = \overline{(A+B)(\bar{A}+\bar{B})} = \overline{A\bar{B} + \bar{A}B} = \overline{A \oplus B} \quad H = A\bar{B} \quad L = \bar{A}B$$

如图9-38所示为一位二进制比较器逻辑电路。

表 9-10　一位比较器真值表

输　　入		输　　出		
A	B	E	H	L
0	0	1	0	0
0	1	0	0	1
1	0	0	1	0
1	1	1	0	0

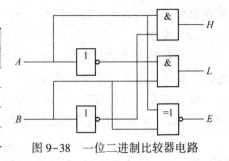

图 9-38　一位二进制比较器电路

9.2.3　技能训练——数码显示器的制作与调试

1. 实验目的

1）掌握编码器、译码器、显示器的电路连接及工作原理。

2）掌握 74LS147 集成编码器、74LS138 集成译码器、74LS47BCD 七段译码驱动器、LC5011 数码显示器的使用、引脚定义及测量方法。

2. 实验器材

电子技术综合试验台、万用表、74LS147 集成编码器、74LS47 译码驱动器、T337 共阳极数码显示器、Φ3 发光二极管（红色）、与非门 74LS20、按钮开关、六非门 74LS04、导线。

3. 元器件介绍

1）编码器。

编码器的外引线排列图和逻辑符号如图 9-39、图 9-40 所示。

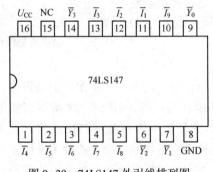

图 9-39　74LS147 外引线排列图

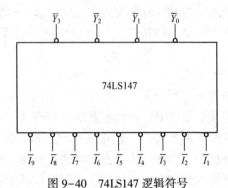

图 9-40　74LS147 逻辑符号

74LS147 10 线-4 线 BCD 优先编码器测试：74LS147 的 $I_0 \sim I_9$ 为数据输入端（低电平有效）；$Y_3 \sim Y_0$ 为编码输出端。将 74LS147 的输入端分别与十个按钮开关相接，按钮开关的另一端与地相接，74LS147 的输出端分别接三个发光二极管的阴极，三个发光二极管的阳极统一接到+5 V 电源上。然后分别按下输入端的八个按钮开关，给输入端输入信号，观察输出端发光二极管的点亮情况，是否与输入信号编码相一致（注意是反码输出）。然后根据所观测到的情况，自行画出连接电路图，并编写 74LS147 的功能表。

2）译码器。

74LS47 为七段共阳极译码器/驱动器，74LS47 用来驱动共阳极的数码管，其引脚排列如图 9-41 所示。74LS47 的输出为低电平有效，即输出为 0 时，对应字段点亮；输出为 1

时，对应字段熄灭。该译码器能够驱动七段显示器显示 0~9 及 A~F 共 16 个数字的字形。输入端 A_3、A_2、A_1 和 A_0 接收四位二进制码，输出端 13、12、11、10、9、15 和 14 分别驱动七段显示器的 a、b、c、d、e、f 和 g 段。

3）T337 为共阳极显示器，引脚排列如图 9-34 所示。

4）74LS04 六非门引脚排列如图 9-42 所示。

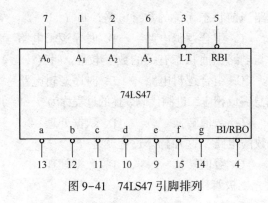

图 9-41　74LS47 引脚排列

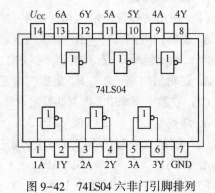

图 9-42　74LS04 六非门引脚排列

4. 实验内容及步骤

1）绘制各个环节的电路图，简要说根据明各个环节的作用。

2）按图 9-43 所示电路图绘制引脚连接工艺图。

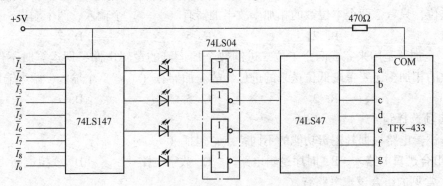

图 9-43　编码、译码、显示电路原理图

3）将 74LS147、74LS04、74LS47 和数码管按照图 9-43 所示的电路进行连接，组成编码、译码、显示电路。

4）利用开关控制 74LS147 输入端的状态，观察四个发光二极管的发光状态，再观察七段数码显示管所显示的数字是否与输入信号一致，从而验证 74LS147、74LS47 的逻辑功能。

5）根据引脚连接工艺图，连接电路。

6）仔细认真检查已连接好的电路，确认无误后，经老师检查合格后，通电实验。

5. 思考题

1）如何测试一个数码管的好坏？

2）将编码器、译码器和七段显示器连接起来，接通电源后数码管显示 0，试通过设计去掉 0 显示，使在没有数据输入时，数码管无显示，请画出电路图。

3）74LS47 的引脚 LT、BI/RBO、RBI 功能是什么？

6. 完成实验报告

9.2.4 知识训练

1. 单项选择题

（1）输出信号仅由输入信号决定，与电路当前状态无关的数字电路，叫（　　）。

A. 逻辑门电路　　　　B. 集成门电路　　　　C. 组合逻辑电路　　　D. 时序逻辑电路

（2）输出信号不仅由输入信号决定，还与电路当前状态有关的数字电路，叫（　　）。

A. 逻辑门电路　　　　B. 集成门电路　　　　C. 组合逻辑电路　　　D. 时序逻辑电路

（3）在数字系统中，把某些特定意义的信息编成相应二进制代码表述的过程称为（　　）。

A. 译码　　　　　　　B. 编码　　　　　　　C. 数值转换　　　　　D. 数据处理

（4）能把二进制代码译成对应的十进制数的电路，这种翻译过程就是（　　）。

A. 译码　　　　　　　B. 编码　　　　　　　C. 数值转换　　　　　D. 数据处理

（5）七段数码显示器是由（　　）个发光二极管构成的。

A. 1个　　　　　　　B. 2个　　　　　　　C. 5个　　　　　　　D. 7个

（6）如果对键盘上 108 个符号进行二进制编码，则至少要（　　）位二进制数码。

A. 1位　　　　　　　B. 2位　　　　　　　C. 5位　　　　　　　D. 7位

（7）半加器是用来完成两个 1 位二进制数半加运算的逻辑电路，即运算时不考虑低位送来的进位，只考虑两个本位数的相加。故半加器有（　　）个输入，两个输出。

A. 1　　　　　　　　B. 2　　　　　　　　C. 5　　　　　　　　D. 7

（8）全加器是用来完成两个 1 位二进制数全加运算的逻辑电路，即运算时不仅考虑两个本位数的相加，还要考虑低位送来的进位，故全加器有（　　）个输入，两个输出。

A. 3　　　　　　　　B. 2　　　　　　　　C. 5　　　　　　　　D. 7

2. 多项选择题

（1）逻辑电路根据其逻辑功能的不同特点，包括（　　）。

A. 组合逻辑电路　　　B. 时序逻辑电路　　　C. 数字电路　　　　　D. 模拟电路

（2）常见的组合逻辑电路有（　　）。

A. 编码器　　　　　　B. 译码器　　　　　　C. 全加器　　　　　　D. 比较器

（3）数码显示器有（　　）极接法。

A. 共阳极　　　　　　B. 共阴极　　　　　　C. 接地　　　　　　　D. 接电源

（4）编码器可以对（　　）进行编码。

A. 文字　　　　　　　B. 符号　　　　　　　C. 图像　　　　　　　D. 数字

3. 判断题

（　　）（1）组合逻辑电路的输出信号仅由输入信号决定，与电路以前状态无关。

（　　）（2）用四位二进制数码表示十进制数的编码方式，简称 BCD 编码。

（　　）（3）译码器是编码器的逆过程。

（　　）（4）编码器是译码器的逆过程。

（　　）（5）54/74LS138 是输出高电平有效的 3 线-8 线译码器。

（　　）（6）54/74LS138 是输出低电平有效的 3 线-8 线译码器。

（ ）（7）当共阳极 LED 数码管的七段（a~g）阴极电平依次为 1101101 时，数码管将显示数字 1。

4. 分析与简答题

（1）试分析图 9-44 中所示组合逻辑电路的逻辑功能，列出真值表并写出函数表达式，说明逻辑功能。

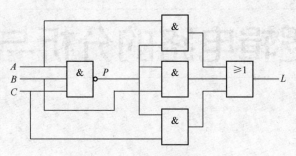

图 9-44　分析与简答题（1）

（2）试分析图中 9-45 所示组合逻辑电路的逻辑功能，列出真值表并写出函数表达式，说明逻辑功能。

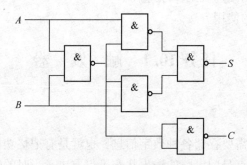

图 9-45　分析与简答题（2）

（3）试举出编码器和译码器在生产生活中的应用实例，并指出所应用的原理。

（4）试举出译码器在生产生活中的应用实例，并指出所应用的原理。

（5）试举出比较器在生产生活中的应用实例，并指出所应用的原理。

项目 ⑩

时序逻辑电路的分析与应用

学习目标

1）掌握触发器电路的结构、工作原理、特性方程及各种触发器之间的相互转换。
2）掌握移位寄存器的结构及工作原理。
3）掌握集成计数器的使用方法。

任务 10.1　触　发　器

任务描述

在数字系统中，常常需要存储各种数字信息，也就是有记忆功能的电路，我们称为时序逻辑电路。这种电路的特点是门电路的输出状态不仅取决于当时的输入信号，还与电路原来的状态有关。通过对触发器逻辑功能的测试，掌握触发器的电路特点、功能及应用。

10.1.1　RS 触发器

触发器能够记忆、存储一位二进制数字信号，是构成时序逻辑电路的基本单元。触发器的特点是：1）具有两个稳定的输出状态，即输出 1 态和输出 0 态，在无输入信号时其输出状态保持稳定不变；2）当满足一定逻辑关系的输入时，触发器输出状态能够迅速翻转，由一种稳定状态转换到另外一种稳定状态；3）输入信号消失后，所置成的 0 或 1 态能保存下来，即具有记忆功能。

触发器的种类很多，根据触发器逻辑功能的不同，可分为 RS 触发器、D 触发器、JK 触发器、T 和 T'触发器等；根据触发器电路结构的不同，可分为基本 RS 触发器、同步 RS 触发器和边沿触发器等；根据触发器工作方式的不同，可分为电平触发方式触发器，上升沿、下降沿触发方式触发器等。

1. 基本 RS 触发器

基本 RS 触发器又称为 RS 锁存器，是最简单的触发器，也是构成各种触发器的基础。常见的基本 RS 触发器有两种结构，一种是由与非门构成，另一种是由或非门构成。

（1）与非门构成的基本 RS 触发器

与非门构成的基本 RS 触发器是由两个与门 G_1 和 G_2 的输入、输出端交叉耦合构成，逻辑图及逻辑符号如图 10-1 所示。

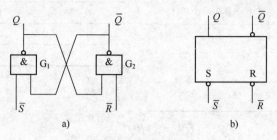

图 10-1 逻辑符号

a）逻辑图 b）逻辑符号

图中 $\overline{S}$ 为置 1 输入端，$\overline{R}$ 为置 0 输入端，都是低电平有效；Q、$\overline{Q}$ 为输出端，通常情况下 Q 与 $\overline{Q}$ 的状态是相反的，一般以 Q 的状态作为触发器的状态。当 $Q=1$，$\overline{Q}=0$ 时，称触发器处于 1 态；当 $Q=0$，$\overline{Q}=1$ 时，称触发器处于 0 态。

（2）工作原理

① 当 $\overline{R}=0$，$\overline{S}=1$ 时，因 G_2 门有一个输入端为 0，所以 G_2 的输出端 $\overline{Q}=1$，并反馈给 G_1 输入端，使 G_1 门的两个输入信号均为 1，G_1 门的输出端 $Q=0$，此时触发器处于 0 态。

② 当 $\overline{R}=1$，$\overline{S}=0$ 时，因 G_1 门有一个输入端为 0，所以 G_1 的输出端 $Q=1$，并反馈给 G_2 输入端，使 G_2 门的两个输入信号均为 1，G_2 门的输出端 $\overline{Q}=0$，此时触发器处于 1 态。

③ 当 $\overline{R}=1$，$\overline{S}=1$ 时，G_1 门和 G_2 门的输出状态由它们的原来状态决定。如果触发器原输出状态 $Q=0$，则 G_2 输出 $\overline{Q}=1$，并使 G_1 的两个输入端均为 1，所以输出 $Q=0$，即触发器保持原来的 0 态不变；同样，当触发器原状态为 $Q=1$ 时，则 G_2 输出 $\overline{Q}=0$，并使 G_1 的一个输入为 0，其输出 $Q=0$，即触发器也保持原来的 1 态不变。这就是触发器的记忆功能。

④ 当 $\overline{R}=0$，$\overline{S}=0$ 时，G_1 门和 G_2 门均有一个输入为 0，使其输出均为 1，即 $Q=\overline{Q}=1$，这种状态不是触发器的定义状态，而且当 $\overline{R}$、$\overline{S}$ 的信号同时去除后（即 $\overline{R}$、$\overline{S}$ 同时由 0→1），G_1 和 G_2 的四个输入全为 1，其输出都有变为 0 的趋势，触发器的状态就由 G_1 和 G_2 两个门的传输延迟时间上的差异决定，因而具有随机性，输出状态不确定。因此，此种情况在使用中是禁止出现的，这就是基本 RS 触发器的约束条件。但是应当说明，如果 $\overline{R}$、$\overline{S}$ 的信号不是同时去除，则触发器的状态还是可以确定的。

（3）逻辑功能

触发器的功能可以采用特性表、特性方程、波形图和状态图来描述，并规定用 Q^n 表示输入信号到来之前 Q 的状态，称为现态；用 Q^{n+1} 表示输入信号到来之后 Q 的状态，称为次态。

① 基本 RS 触发器特性表。特性表是指触发器次态与输入信号和电路原有状态之间关系的真值表。基本 RS 触发器的特性表如表 10-1 所示，简化的特性表如表 10-2 所示。

② 特性方程。触发器的特性方程就是触发器次态 Q^{n+1} 与输入及现态 Q^n 之间的逻辑关系式。由基本 RS 触发器的逻辑图或者特性表，我们可以写出基本 RS 触发器的特性方程为：

<table>
<tr><td colspan="4" align="center">表 10-1　基本 RS 触发器特性表</td></tr>
</table>

输　　入			输出	功 能 说 明
$\bar{R}$	$\bar{S}$	Q^n	Q^{n+1}	
0	0	0	×	不稳定状态，不允许
0	0	1	×	
0	1	0	0	置0
0	1	1	0	
1	0	0	1	置1
1	0	1	1	
1	1	0	0	保持原状态
1	1	1	1	

表 10-2　基本 RS 触发器特性简表

$\bar{R}$	$\bar{S}$	Q^{n+1}
0	0	不定
0	1	0
1	0	1
1	1	Q^n

$$\begin{cases} Q^{n+1}=S+\bar{R}Q^n \\ \bar{R}+\bar{S}=1 \text{（约束条件）} \end{cases} \tag{10-1}$$

式中，$\bar{R}+\bar{S}=1$，是因为 $\bar{R}=\bar{S}=0$ 时的输入状态是不允许的，所以输入信号必须满足 $\bar{R}+\bar{S}=1$，称它为约束条件。

③ 状态图。表示触发器的状态转换关系及转换条件的图形称为触发器的状态图。基本 RS 触发器的状态图如图 10-2 所示。图中的两个圆圈表示触发器的两个稳定状态，箭头表示触发器状态转换情况，箭头旁标注的是触发器状态转换的输入条件。

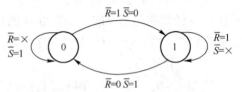

图 10-2　基本 RS 触发器的状态图

当触发器处在 0 状态，即 $Q^n=0$ 时，若输入信号 $\bar{R}\bar{S}=01$ 或 11，触发器仍为 0 状态；若 $\bar{R}\bar{S}=10$，触发器就会翻转成为 1 状态。

当触发器处在 1 状态，即 $Q^n=1$ 时，若输入信号 $\bar{R}\bar{S}=10$ 或 11，触发器仍为 1 状态；若 $\bar{R}\bar{S}=01$，触发器就会翻转成为 0 状态。

④ 波形图。表示触发器输入信号取值和输出状态之间对应关系的图形称为触发器的波形图，基本 RS 触发器的波形图如图 10-3 所示。

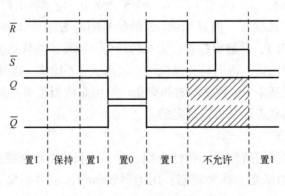

图 10-3　基本 RS 触发器波形图

2. 同步 RS 触发器

在实际数字系统中，往往希望多个触发器按照一定的节拍协调一致地工作，因此通常给触发器加入一个时钟控制端 CP，只有在 CP 端上出现时钟脉冲时，触发器的状态才能变化。具有时钟脉冲控制的触发器，其状态的改变与时钟脉冲同步，所以称为同步触发器。

（1）电路结构

同步 RS 触发器的逻辑图和逻辑符号如图 10-4 所示。它是在 G_1 和 G_2 门构成的基本 RS 触发器的基础上，增加了由 G_3 和 G_4 门构成的时钟控制电路。CP 为时钟脉冲输入端，R、S 是信号输入端。$\overline{S}_D$、$\overline{R}_D$ 是直接置 1 端和直接置 0 端，不受 CP 脉冲控制，一般用来在工作开始前给触发器预先设置给定的工作状态，通常在工作过程中不使用，使 $\overline{S}_D = \overline{R}_D = 1$。

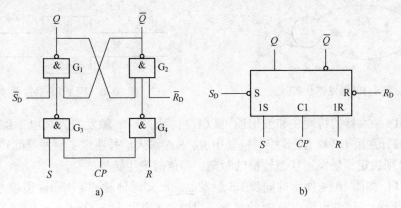

图 10-4 同步 RS 触发器

a）逻辑图 b）逻辑符号

（2）逻辑功能

由图 10-4a 所示的逻辑图可知，当 $CP = 0$ 时，控制门 G_3、G_4 被封锁，不论输入信号 R、S 如何变化，G_3、G_4 门都输出 1，使 G_1、G_2 门构成的基本 RS 触发器保持原状态不变，即 $Q^{n+1} = Q^n$。

当 $CP = 1$ 时，控制门 G_3、G_4 打开，R、S 端的输入信号才能通过控制门送入基本 RS 触发器，使触发器的状态发生变化，其工作原理与基本 RS 触发器相同。因此可以列出同步 RS 触发器的特性表，如表 10-3 所示。

表 10-3 同步 RS 触发器特性表

CP	R	S	Q^n	Q^{n+1}	功能说明
0	×	×	×	Q^n	保持
1	0	0	0	0	保持
1	0	0	1	1	
1	0	1	0	1	置1
1	0	1	1	1	
1	1	0	0	0	置0
1	1	0	1	0	
1	1	1	0	不定	不允许
1	1	1	1	不定	

由表 10-4 可以得出同步 RS 触发器的特性方程，如式（10-2）所示。

$$\begin{cases} Q^{n+1} = S + \overline{R}Q^n \\ RS = 0 \ （约束条件，CP = 1 \ 期间有效） \end{cases} \tag{10-2}$$

同步 RS 触发器的状态图如图 10-5 所示，波形图如图 10-6 所示。

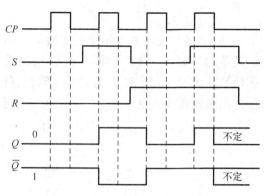

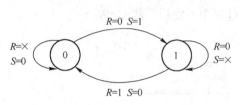

图 10-5　同步 RS 触发器状态图

图 10-6　同步 RS 触发器波形图

由同步 RS 触发器的特性表和波形图可以看出，同步 RS 触发器为高电平触发有效，输出状态的转换分别由 CP 和 R、S 控制，其中 R、S 端输入信号决定了触发器的转换状态，而时钟脉冲 CP 则决定了触发器状态转换的时刻，即何时发生转换。

【例 10-1】 如图 10-4 所示的同步 RS 触发器，已知时钟脉冲 CP 和输出信号 R、S 的波形如图 10-7 所示，试画出输出 Q 端的波形。设触发器初始状态 $Q=0$。

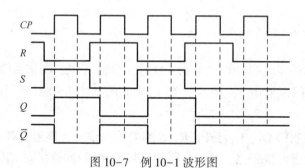

图 10-7　例 10-1 波形图

（3）同步触发器的空翻

在一个 CP 时钟脉冲周期的整个高电平期间或整个低电平期间都能接收输入信号并改变触发器状态的触发方式称为电平触发，同步 RS 触发器就属于电平触发方式。如果在 CP 脉冲的整个高电平期间内，R、S 输入信号发生了多次变化，则触发器的输出状态也相应会发生多次变化。这种在一个时钟脉冲周期中，触发器发生多次翻转的现象叫作空翻。空翻是一种有害的现象，它使得电路不能按时钟节拍工作，会造成系统的误动作。一般通过完善触发器的电路结构来克服空翻现象。

10.1.2　集成触发器

1. JK 触发器

（1）主从 JK 触发器

JK 触发器是一种逻辑功能最全、应用较广泛的触发器。如图 10-8 所示为主从 JK 触发器的逻辑图和逻辑符号，J、K 为外加输入信号。由于 Q、$\overline{Q}$ 信号是互补的，因此主触发器的输入端就可以避免出现两个输入信号全为 1 的情况，从而解决了约束问题。

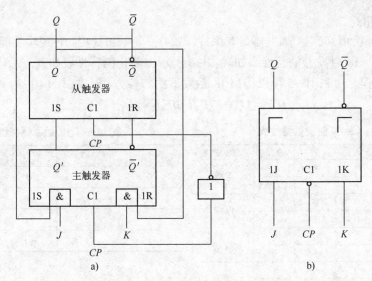

图 10-8 主从 JK 触发器

a) 逻辑图 b) 逻辑符号

1) 工作原理。

当 $CP=1$，$\overline{CP}=0$ 时，从触发器被封锁，保持原状态不变，而主触发器打开，其输出状态由 J、K 信号和从触发器的状态决定。

当 $CP=0$，$\overline{CP}=1$ 时，主触发器被封锁，保持原状态不变，而从触发器打开，其输出状态由主触发器的输出状态决定。

当 CP 从 1 变成 0 时，从触发器接收主触发器的输出端状态，并进行相应的状态翻转，即主从 JK 触发器是在 CP 下降沿到来时才使触发器状态转换的。

① $J=0$，$K=0$ 时，主触发器将保持原状态不变，因此从触发器也保持原状态不变。

② $J=0$，$K=1$ 时，若触发器的初始状态为 1 态，当 $CP=1$ 时，由于主触发器的 $R=1$、$S=0$，因此主触发器输出为 0 态；当 CP 由 1 跳变到 0 时，即 CP 的下降沿到来时，从触发器也翻转成 0 态；若触发器的初始状态为 0 态，当 $CP=1$ 时，由于主触发器的 $R=0$、$S=0$，因此主触发器保持原状态不变；当 CP 的下降沿到来时，从触发器也保持原来的 0 态不变。

即 $J=0$，$K=1$ 时，不论 JK 触发器原状态是什么，都被置成 0 态。

③ $J=1$，$K=0$ 时，若触发器的初始状态为 0 态，当 $CP=1$ 时，由于主触发器的 $R=0$、$S=1$，因此主触发器翻转成 1 态；当 CP 的下降沿到来时，从触发器的 $R=0$、$S=1$，从触发器也被置成 1 态；若触发器的初始状态为 1 态，当 $CP=1$ 时，由于主触发器的 $R=0$、$S=0$，因此主触发器保持原状态不变；当 CP 的下降沿到来时，从触发器也保持原来的 1 态不变。

即 $J=1$，$K=0$ 时，不论 JK 触发器原状态是什么，都被置成 1 态。

④ $J=1$，$K=1$ 时，若触发器的初始状态为 0 态，当 $CP=1$ 时，由于主触发器的 $R=0$、$S=1$，因此主触发器翻转成 1 态；当 CP 的下降沿到来时，从触发器的 $R=0$、$S=1$，从触发器也翻转成 1 态；若触发器的初始状态为 1 态，当 $CP=1$ 时，由于主触发器的 $R=1$、$S=0$，因此主触发器翻转成 0 态；当 CP 的下降沿到来时，从触发器的 $R=1$、$S=0$，从触发器则翻转成 0 态。

即 $J=1$，$K=1$ 时，JK 触发器每来一个时钟脉冲就翻转一次。

2）逻辑功能。

通过以上分析可知，JK 触发器具有保持、置 0、置 1 和翻转四种逻辑功能。

① 特性表。JK 触发器的特性表如表 10-4 所示，简化的特性表如表 10-5 所示。

② 特性方程。由表 10-5 可以得出 JK 触发器的特性方程，如式（10-3）所示。

$$Q^{n+1} = J\overline{Q^n} + \overline{K}Q^n \quad (CP \text{ 下降沿有效}) \tag{10-3}$$

表 10-4　JK 触发器特性表

CP	J	K	Q^n	Q^{n+1}	功能说明
0	×	×	×	Q^n	保持
1	×	×	×	Q^n	
↓	0	0	0	0	保持
↓	0	0	1	1	
↓	0	1	0	0	置 0
↓	0	1	1	0	
↓	1	0	0	1	置 1
↓	1	0	1	1	
↓	1	1	0	1	翻转
↓	1	1	1	0	

表 10-5　JK 触发器特性简表

J	K	Q^{n+1}	说　　明
0	0	Q^n	CP↓有效
0	1	0	
1	0	1	
1	1	$\overline{LD}$	

③ 状态图和波形图。JK 触发器的状态图如图 10-9 所示，波形图如图 10-10 所示。

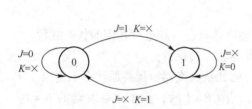

图 10-9　JK 触发器状态图

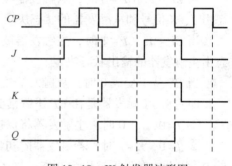

图 10-10　JK 触发器波形图

2. 集成 D 触发器

D 触发器也是一种常用的触发器，目前使用的大多是维持阻塞式边沿 D 触发器，其逻辑符号如图 10-11 所示，特性表如表 10-6 所示。

表 10-6　D 触发器特性表

输　　入		输　出	功　　能
CP	D	Q^{n+1}	
↑	0	0	置 0
↑	1	1	置 1
0	×	Q^n	保持
1	×	Q^n	
↓	×	Q^n	

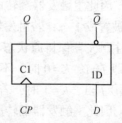

图 10-11　D 触发器逻辑符号

从表 10-6 中可以看出，D 触发器在 CP 脉冲的上升沿产生状态变化，触发器的次态取决于 CP 脉冲上升沿到来时刻输入端 D 的信号，而在上升沿后，输入 D 端的信号变化对触发器的输出状态没有影响，触发器将保持原态不变。如在 CP 脉冲的上升沿到来时，$D = 0$，则在 CP

脉冲的上升沿到来后，触发器置 0；如在 CP 脉冲的上升沿到来时 $D=1$，则在 CP 脉冲的上升沿到来后触发器置 1，因此 D 触发器具有置 0 和置 1 两种功能，其特性方程如式（10-4）所示，状态图如图 10-12 所示，波形图如图 10-13 所示。

$$Q^{n+1}=D \quad （CP \text{ 上升沿有效}） \tag{10-4}$$

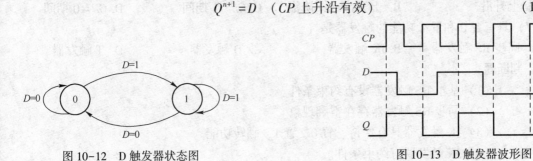

图 10-12　D 触发器状态图　　　　　　　图 10-13　D 触发器波形图

【例 10-2】 电路如图 10-14 所示，若 CP 的频率为 4 MHz，设触发器初态为 0，试画出 Q_1、Q_2 的波形并求其频率。

解： 因为 $D=\overline{Q}$，根据 D 触发器的特性方程可得，$Q^{n+1}=D=\overline{Q}$，并且由连接电路可知，触发器 1 的输出 Q 做为触发器 2 的 CP 脉冲，因此触发器 1 在 CP 的上升沿翻转，触发器 2 在 Q_1 的上升沿翻转，由此可画出 Q_1 和 Q_2 的波形，如图 10-15 所示。从波形图中可以看出，Q_1 的脉冲个数是 CP 脉冲的二分之一，即 Q_1 是 CP 脉冲的二分频。同理，Q_2 是 Q_1 的二分频，也就是 CP 的四分频，因此 $f_{Q1}=f_{CP}/2=2\,MHz$，$f_{Q2}=f_{CP}/4=1\,MHz$。

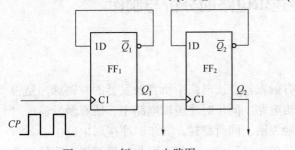
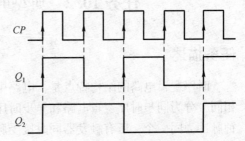

图 10-14　例 10-2 电路图　　　　　　　图 10-15　例 10-2 波形图

10.1.3　知识训练

1. 单项选择题

（1）触发器具有记忆功能，一个触发器能储存（　　）二进制信息。

A. 1 位　　　　　　　B. 2 位　　　　　　　C. 3 位　　　　　　　D. 多位

（2）触发器是双稳态电路，具有（　　）状态，分别表示二进制数码的 0 和 1。在任意时刻，触发器只处于一种稳定状态，并长期保存下来。

A. 一个稳定　　　　　B. 两个稳定　　　　　C. 半个稳定　　　　　D. 多个稳定

（3）基本 RS 触发器最大的缺点就是输入信号之间（　　），在数字电路中受到制约。

A. 有约束条件　　　　B. 没有约束条件　　　C. 有大信号　　　　　D. 有小信号

（4）同步 RS 触发器与基本 RS 触发器比较，虽然增加了（　　）控制器，但是仍存在空翻现象。

A. 总线　　　　　　　B. 时间　　　　　　　C. 电流　　　　　　　D. 电压

（5）主从 JK 触发器输入信号 J、K 之间无约束条件，触发器（　　）空翻现象。

A. 可能有　　　　　　B. 不存在　　　　　　C. 不一定有　　　　　　D. 存在

（6）边沿触发器输出状态的变化发生在 CP 脉冲的（　　）。

A. 上升沿　　　　　　B. 上升沿或下降沿　　　C. $CP=1$ 期间　　　　D. $CP=0$ 期间

（7）具有置 0 和置 1 功能的触发器是（　　）。

A. 同步 RS 触发器　　B. JK 触发器　　　　　C. D 触发器　　　　　　D. T 触发器

2. 判断题

（　　）（1）基本 RS 触发器没有约束条件。

（　　）（2）同步 RS 触发器存在空翻现象。

（　　）（3）JK 触发器具有保持、置 0、置 1、翻转功能。

（　　）（4）JK 触发器有约束条件。

（　　）（5）D 触发器具有置 0、置 1 功能。

（　　）（6）门电路没有记忆功能，但用门电路构成的触发器具有记忆功能。

（　　）（7）在触发器的逻辑符号中，用小圆圈表示反相。

3. 简答题

（1）简述基本 RS 触发器与同步 RS 触发器的主要区别。

（2）通过比较 D 触发器与 JK 触发器，简述 D 触发器的优点。

任务 10.2　典型时序逻辑电路的分析与制作

任务描述

时序逻辑电路的结构特点是：电路中含有触发器。按电路中所含触发器的时钟脉冲是否相同，分为同步时序逻辑电路和异步时序逻辑电路。同步时序逻辑电路中，所有触发器的时钟脉冲为同一个，所有触发器同时接受脉冲触发沿，同时翻转。异步时序逻辑电路中，各个触发器所用的时钟脉冲不同，触发器的翻转是依次进行的。显然，同步时序逻辑电路的工作速度较快，但所需的时钟脉冲的功率较大。

分析时序逻辑电路就是根据时序逻辑电路图，分析出组成电路的各个触发器的状态变化规律，从而了解其电路功能。描述其状态变化规律的方法有两种：一种是时序波形图，另一种是逻辑状态表。将其状态变化的规律进行概况，列成表格的形式，就形成了逻辑功能表。

下面以两种典型的时序逻辑电路寄存器和计数器为例，说明时序逻辑电路的分析过程。

10.2.1　寄存器

寄存器是一种能够接收、暂存、传递数码和指令灯信息的逻辑部件。在电路中，这些信息都是用二进制代码来表示的。因此，寄存器的工作对象是二进制代码。一个触发器只能寄存一位二进制数码，若工作信号为 n 位二进制代码，就需要 n 个触发器构成的寄存器。常用的有四位、八位、十六位等寄存器。

寄存器存放数码的方式有并行和串行两种。并行方式就是数码各位从各对应位输入端同时输入到寄存器中；串行方式就是数码从一个输入端逐位输入到寄存器中。

按寄存器的功能不同，可将其分为两大类：数码寄存器和移位寄存器。

1. 数码寄存器

数码寄存器只有接收、暂存数码和清除原有数码的功能。图 10-16 所示为四位数码寄存器的原理图，它由四个上升沿触发的 D 触发器组成。$D_0 \sim D_3$ 为寄存器的数码输入端，$Q_0 \sim Q_3$ 为数码输出端。$\overline{CR}$ 为寄存器的异步清零端。

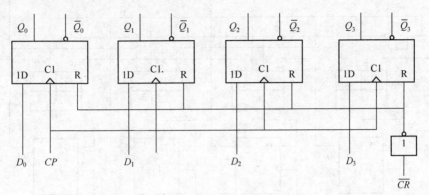

图 10-16 上升沿触发 D 触发器构成的四位数码寄存器

$\overline{CR} = 0$ 时，$Q_0Q_1Q_2Q_3 = 0000$，寄存器清零。正常工作时，$\overline{CR} = 1$。若要存放数码 1010，需使 $D_0D_1D_2D_3 = 1010$，当 CP 上升沿到达时，$Q_0Q_1Q_2Q_3 = 1010$，就实现了接收数码的功能。

这样，就把四位二进制数码存放到了这四位数码寄存器内。上述的输入、输出方式称为并行输入、并行输出寄存器。

2. 移位寄存器

移位寄存器是在数码寄存器的基础上发展而成的，它除了具有数码寄存器的功能外，还具有数码移位的功能。按数码移位的方向不同，移位寄存器分为左移寄存器、右移寄存器和双向移位寄存器。

（1）左移寄存器

左移寄存器是指数码从低位到高位逐位移动的寄存器。四位左移寄存器电路如图 10-17 所示，也由四个上升沿触发的 D 触发器构成。数码从低位触发器的 D 端串行输入，再从高位触发器的输出端 Q_3 串行输出。经过四个脉冲后并行输出四个所存的数码。

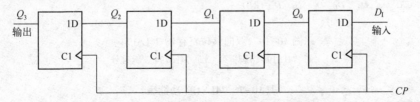

图 10-17 上升沿触发 D 触发器构成的左移寄存器

设要存入的数码为 $D_0D_1D_2D_3 = 1101$，根据左移寄存器的特点，首先应在串行输入端 D 端输入最高位的数码 $D_3 = 1$，然后由高位到低位依次输入 $D_2 = 1$、$D_1 = 0$、$D_0 = 1$，经过四个 CP 后，$Q_3Q_2Q_1Q_0 = 1101$。

右移寄存器是指数码从高位到低位逐位移动的寄存器。其串行输入端在最高位触发器的输入端，串行输出端在最低位触发器的输出端。其电路结构及工作过程由读者自行分析。

（2）双向移位寄存器

双向移位寄存器既能够实现左移，又可以实现右移。如图 10-18 所示为四位的双向移位寄存器，其中 D_{SR} 是右移数据输入端，D_{SL} 是左移数据输入端，M 是左/右移位方式控制端，当 $M=1$ 时，实现左移，当 $M=0$ 时，实现右移，具体工作过程大家可以自己分析。

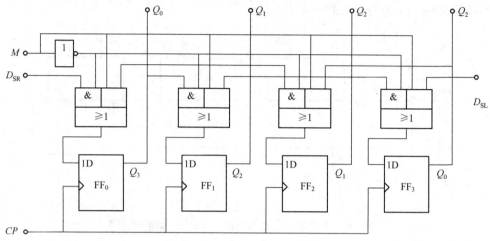

图 10-18 双向移位寄存器

典型的集成双向移位寄存器是 74LS194，其引脚排列和逻辑符号如图 10-19 所示，$\overline{CR}$ 为清零端，$D_3 \sim D_0$ 为并行数据输入端，D_{SR} 是右移数据输入端，D_{SL} 是左移数据输入端，M_0 和 M_1 为工作方式控制端，$Q_3 \sim Q_0$ 为并行数据输出端，CP 为移位脉冲输入端，74LS194 的功能见表 10-7 所示。

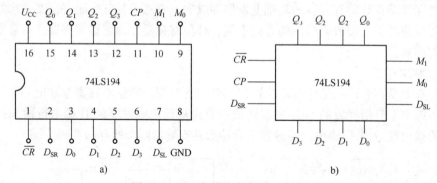

图 10-19 双向移位寄存器 74LS194

a）74LS194 引脚排列　b）74LS194 逻辑符号

表 10-7 74LS194 功能表

$\overline{CR}$	M_1	M_0	CP	D_{SL}	D_{SR}	D_3	D_2	D_1	D_0	Q_3	Q_2	Q_1	Q_0	功能说明
	输			入							输	出		
0	×	×	×	×	×	×	×	×	×	0	0	0	0	清零
1	×	×	0	×	×	×	×	×	×	Q_3	Q_2	Q_1	Q_0	保持
1	1	1	↑	×	×	d_3	d_2	d_1	d_0	d_3	d_2	d_1	d_0	并行置数
1	0	1	↑	×	0	×	×	×	×	Q_2	Q_1	Q_0	0	右移
1	0	1	↑	×	1	×	×	×	×	Q_2	Q_1	Q_0	1	右移

（续）

输　入										输　出				功能说明
$\overline{CR}$	M_1	M_0	CP	D_{SL}	D_{SR}	D_3	D_2	D_1	D_0	Q_3	Q_2	Q_1	Q_0	
1	1	0	↑	0	×	×	×	×	×	Q_2	Q_1	Q_0	0	左移
1	1	0	↑	1	×	×	×	×	×	Q_2	Q_1	Q_0	0	
1	0	0	×	×	×	×	×	×	×	Q_3	Q_2	Q_1	Q_0	保持

10.2.2　计数器

计数器是用来累计时钟脉冲个数的时序逻辑部件，在数字电路中应用极为广泛，不仅用于对时钟脉冲进行计数，还可用于对时钟脉冲分频、定时及产生数字系统的节拍脉冲等。计数器的种类很多，一般有以下几种方式。

（1）按触发方式分

按照触发方式不同计数器分为同步计数器和异步计数器。

在同步计数器中，计数脉冲 CP 同时加到所有触发器的时钟端，当计数脉冲输入时，触发器的状态同时发生变化。

在异步计数器中，计数脉冲并不引到所有触发器的时钟脉冲输入端，各个触发器不是同时被触发的。

（2）按计数的增减规律分

按计数的增减规律计数器分为加法计数器、减法计数器和可逆计数器。

加法计数器是在 CP 脉冲作用下进行累加计数，即每来一个 CP 脉冲，计数器加1。

减法计数器是在 CP 脉冲作用下进行累减计数，即每来一个 CP 脉冲，计数器减1。

可逆计数器在控制信号的作用下，既可按加法计数规律计数，也可按减法计数规律计数。

（3）按计数容量分

计数器所能累计时钟脉冲的个数即为计数器的容量，也称为计数器的模（用 M 表示）。N 个触发器组成的计数器所能累计的最大数目是 2^N，当 $M = 2^N$ 时称为二进制计数器，当 $M < 2^N$ 时称为 M 进制计数器。

1. 二进制计数器

常用的二进制计数器由若干个触发器组成。根据计数脉冲是否同时加在各触发器的时钟脉冲输入端，二进制计数器分为异步二进制计数器和同步二进制计数器。图 10-20 是三个下降沿触发 JK 触发器构成的三位同步二进制加法计数器。

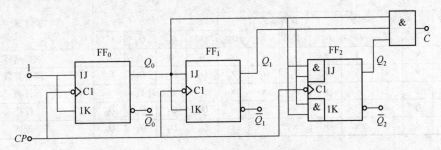

图 10-20　三位同步二进制加法计数器电路

该计数器的工作原理是：每来一个计数脉冲，最低位触发器就翻转一次，而高一位触发器是在低一位的触发器的 Q 输出端从1变为0时翻转。即以低一位的输出作为高一位的计数脉冲输入。其时序图如图 10-21 所示。

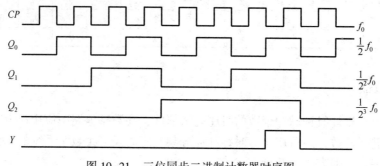

图 10-21 三位同步二进制计数器时序图

由图 10-21 可以看出，如果 CP 脉冲的频率为 f_0，那么 Q_0 的频率为 $\frac{1}{2}f_0$，Q_1 的频率为 $\frac{1}{4}f_0$，Q_2 的频率为 $\frac{1}{8}f_0$。说明计数器具有分频作用，也叫分频器。n 位二进制计数器最高位输入信号频率为 CP 脉冲频率 f_0 的 $\frac{1}{2^n}$，即 2^n 分频。

2. 集成二进制计数器

目前市场上同步二进制计数器的产品种类很多，如具有同步清零功能的 74LS163 芯片，具有可预置同步可逆的 74LS191 芯片等。下面以 74LS163、74LS161 芯片为例讲解集成同步二进制计数器的功能和使用方法。

（1）74LS163 集成芯片

图 10-22 为中规模集成的四位同步二进制加法计数器 74LS163 的逻辑符号。

图中 $\overline{CR}$ 为同步置 0 控制端，$\overline{LD}$ 为同步置数控制端，CT_T 和 CT_P 为计数控制端，$D_0 \sim D_3$ 为并行数据输入端，$Q_0 \sim Q_3$ 为输出端，CO 为进位输出端。其功能表如表 10-8。

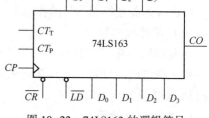

图 10-22 74LS163 的逻辑符号

表 10-8 74LS163 的功能表

输　　入									输　　出				功能说明
清零	置数	使能		时钟	并行输入								
$\overline{CR}$	$\overline{LD}$	CT_P	CT_T	CP	D_3	D_2	D_1	D_0	Q_3	Q_2	Q_1	Q_0	
0	×	×	×	↑	×	×	×	×	0	0	0	0	同步清零
1	0	×	×	↑	D_3	D_2	D_1	D_0	D_3	D_2	D_1	D_0	同步置数
1	1	1	1	↑	×	×	×	×	加法计数				计数
1	1	0	×	×	×	×	×	×	Q_3	Q_2	Q_1	Q_0	保持
1	1	×	0	×	×	×	×	×	Q_3	Q_2	Q_1	Q_0	保持

由表 10-9 可知 74LS163 具有以下功能：

1）同步清零功能。当 $\overline{CR}=0$ 且在 CP 上升沿时，不管其他控制信号如何，计数器清零，

即 $Q_3Q_2Q_1Q_0 = 0000$，具有最高优先级别。

2）同步并行置数功能。$\overline{CR} = 1$ 且 $\overline{LD} = 0$ 时，不管其他控制信号如何，在 CP 上升沿作用下，并行输入的数据 $D_3 \sim D_0$ 被置入计数器，即 $Q_3Q_2Q_1Q_0 = D_3D_2D_1D_0$。

3）同步二进制加法计数功能。当 $\overline{CR} = \overline{LD} = 1$ 且 $CT_T = CT_P = 1$ 时，计数器在 CP 脉冲上升沿触发下进行二进制加法计数。

4）保持功能。当 $\overline{CR} = \overline{LD} = 1$ 且 CT_T 和 CT_P 至少有一个为 0 时，计数器保持原来状态不变。

5）实现二进制计数的位扩展。进位输出信号 $CO = CT_P \cdot Q_3^n \cdot Q_2^n \cdot Q_1^n \cdot Q_0^n$。当计数器到 $Q_3^nQ_2^nQ_1^nQ_0^n = 1111$，且 $CT_T = 1$ 时，$CO = 1$，即 CO 产生一个高电平，当再来一个脉冲上升沿（第 16 个脉冲），计数器的状态返回 0000 时，$CO = 0$，即 CO 跳至低电平，故用 CO 的高电平作为向高四位级联的进位信号，以构成八位以上二进制计数器。

（2）74LS161 集成芯片

图 10-23 所示是集成四位可预置的同步二进制计数器 74LS161 的管脚排列和逻辑符号，其中 $\overline{CR}$ 是清零端，且 $\overline{LD}$ 是预置数控制端，$D_3D_2D_1D_0$ 是预置数据输入端，CT_P 和 CT_T 是计数控制端，$Q_3Q_2Q_1Q_0$ 是计数输出端，RCO 是进位输出端。74LS161 的功能表如表 10-9 所示。

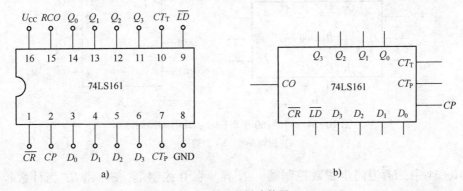

图 10-23　集成二进制计数器 74LS161

a）74LS161 引脚排列图　b）74LS161 逻辑符号图

表 10-9　74LS161 功能表

输　　入									输　　出				功能说明
$\overline{CR}$	$\overline{LD}$	CT_T	CT_P	CP	D_3	D_2	D_1	D_0	Q_3	Q_2	Q_1	Q_0	
0	×	×	×	×	×	×	×	×	0	0	0	0	异步清零
1	0	×	×	↑	d_3	d_2	d_1	d_0	d_3	d_2	d_1	d_0	同步置数
1	1	0	×	×	×	×	×	×	Q_3^n	Q_2^n	Q_1^n	Q_0^n	保持
1	1	×	0	×	×	×	×	×	Q_3^n	Q_2^n	Q_1^n	Q_0^n	
1	1	1	1	↑	×	×	×	×	计数从 0000~1111，当 $Q_3Q_2Q_1Q_0 = 1111$ 时，进位输出 $CO = 1$				计数

由表 10-10 可知，74LS161 具有以下功能：

1）异步清零。当 $\overline{CR} = 0$ 时，不论其他输入端信号如何，计数器输出被直接清零，$Q_3Q_2Q_1Q_0 = 0000$。

2）同步并行置数。当 $\overline{CR} = 1$、$\overline{LD} = 0$ 时，在时钟脉冲 CP 的上升沿作用时，$D_3D_2D_1D_0$ 端

的数据 $D_1D_2D_3D_4$ 被并行送入输出端，$Q_3Q_2Q_1Q_0 = D_1D_2D_3D_4$。

3）保持。当 $\overline{CR}=1$、$\overline{LD}=1$ 时，只要 $CT_P \cdot CT_T = 0$，即 CT_P 和 CT_T 中任意一个为 0，不管有无 CP 脉冲作用，计数器都将保持原有状态不变。

4）计数。当 $\overline{CR}=1$、$\overline{LD}=1$，且 $CT_P \cdot CT_T = 1$ 时，在 CP 脉冲上升沿作用下，计数器进行二进制加法计数，当计数到 $Q_3Q_2Q_1Q_0 = 1111$ 时，$CO=1$，进位输出端输出进位脉冲信号，通常进位输出端 CO 在计数器扩展时进行级联用。

2. 集成十进制计数器

74LS160 和 74LS162 是同步十进制加法计数器，它们的引脚排列和使用方法与 74LS161 相同，只是计数步长不同而已。74LS160 和 74LS162 引脚排列和逻辑符号可以参考图 10-24 所示。74LS160 与 74LS161 相同，都是异步清零，而 74LS162 则采用了同步清零方式，即当 $\overline{CR}=0$ 时，必须在 CP 脉冲上升沿时计数器的输出才会被清零。表 10-10 为 74LS160 的功能表。

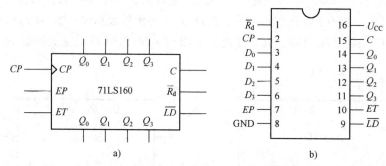

图 10-24　74LS160 逻辑符号和外引脚排列图

a）逻辑符号　b）引脚图

图 10-24 中，$\overline{LD}$ 为同步置数控制端，$\overline{R}_d$ 异步置 0 控制端，EP 和 ET 为计数控制端，$D_0 \sim D_3$ 为并行数据输入端，$Q_0 \sim Q_3$ 为输出端，C 为进位输出端。

表 10-10　74LS160 的功能表

输　入									输　出				说　　明
$\overline{R}_d$	$\overline{LD}$	EP	ET	CP	D_3	D_2	D_1	D_0	Q_3	Q_2	Q_1	Q_0	
0	×	×	×	×	×	×	×	×	0	0	0	0	异步置 0
1	0	×	×	↑	D	C	B	A	D	C	B	A	并行置数
1	1	1	1	↑	×	×	×	×					计数
1	1	0	×	×	×	×	×	×	Q_3	Q_2	Q_1	Q_0	保持
1	1	×	0	×	×	×	×	×	Q_3	Q_2	Q_1	Q_0	保持

由表 10-11 可知 74LS160 功能：

1）异步清 0。当 $\overline{R}_d=0$ 时，输出端清 0，与 CP 无关。

2）同步并行置数。在 $\overline{R}_d=1$，当 $\overline{LD}=0$ 时，在输入端 $D_3D_2D_1D_0$ 预置某个数据，则在 CP 脉冲上升沿的作用下，就将输入端的数据置入计数器。

3）保持。在 $\overline{R}_d=1$，当 $\overline{LD}=1$ 时，只要 EP 和 ET 中有一个为低电平，计数器就处于保持

状态。在保持状态下，CP 不起作用。

4）计数。在 $\overline{R_d} = 1$，$\overline{LD} = 1$，$EP = ET = 1$ 时，电路为四位十进制加法计数器。当计数到 1001（9）时，进位输出端 C 送出进位信号（高电平有效），即 $C = 1$。

图 10-25 所示是 74LS160 的时序图。它反映了计数器从初始值 0000 开始对 CP 脉冲计数，则输出 $Q_3 Q_2 Q_1 Q_0$ 就表示计数的个数，当第九个脉冲到来时，计数器进位输出 $C = 1$，当第十个脉冲到来时，计数器输出端 $Q_3 Q_2 Q_1 Q_0$ 清零。

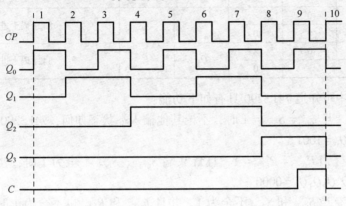

图 10-25　74LS160 的时序图

3. 集成异步二–五–十进制计数器 74LS290

74LS290 内部是由一个二进制计数器和一个五进制计数器组成，可以分别实现二进制、五进制和十进制计数，其引脚排列和逻辑符号如图 10-26 所示，其中 $S_{9(1)}$、$S_{9(2)}$ 称为置 9 端，$R_{0(1)}$、$R_{0(2)}$ 称为置 0 端，CP_0、CP_1 端为计数时钟输入端，$Q_3 Q_2 Q_1 Q_0$ 为输出端，NC 表示空脚。74LS290 的功能如表 10-11 所示。

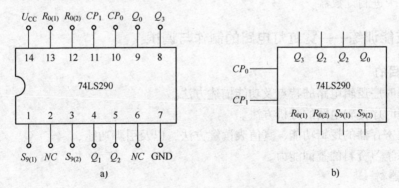

图 10-26　集成二–五–十进制计数器 74LS290

a）74LS290 引脚排列　b）74LS290 逻辑符号

表 10-11　74LS290 功能表

复位输入		置位输入		时钟		输出			
$R_{0(1)}$	$R_{0(2)}$	$S_{9(1)}$	$S_{9(2)}$	CP_0	CP_1	Q_3	Q_2	Q_1	Q_0
1	1	0	×	×	×	0	0	0	0
1	1	×	0	×	×	0	0	0	0
×	×	1	1	×	×	1	0	0	1

(续)

复位输入		置位输入		时钟		输出			
$R_{0(1)}$	$R_{0(2)}$	$S_{9(1)}$	$S_{9(2)}$	CP_0	CP_1	Q_3	Q_2	Q_1	Q_0
0	×	0	×	$\downarrow$	0	二进制计数			
×	0	×	0						
0	×	0	×	0	$\downarrow$	五进制计数			
×	0	×	0						
0	×	0	×	$\downarrow$	Q_0	8421 码十进制计数			
×	0	×	0						
0	×	0	×	Q_3	$\downarrow$	5421 码十进制计数			
×	0	×	0						

从表 10-11 中可知道 74LS290 具有如下功能：

① 异步置 9。当 $S_{9(1)} = S_{9(2)} = 1$ 时，不论其他输入端状态如何，74LS290 的输出被直接置成 9，即 $Q_3Q_2Q_1Q_0 = 1001$。

② 异步清零。当 $R_{0(1)} = R_{0(2)} = 1$，且置 9 端 $S_{9(1)}$、$S_{9(2)}$ 不全为 1 时，74LS290 的输出被直接置成 0，即 $Q_3Q_2Q_1Q_0 = 0000$。

③ 计数。只有当 $S_{9(1)}$ 和 $S_{9(2)}$ 不全为 1，并且 $R_{0(1)}$ 和 $R_{0(2)}$ 也不全为 1 时，74LS290 处于计数状态，计数方式有以下四种。

二进制计数：计数脉冲由 CP_0 端输入，输出由 Q_0 端引出，即为二进制计数器。

五进制计数：计数脉冲由 CP_1 端输入，输出由 $Q_3Q_2Q_1$ 引出，即为五进制计数器。

8421 码十进制计数：计数脉冲由 CP_0 输入，将 Q_0 与 CP_1 相连，输出由 $Q_3Q_2Q_1Q_0$ 引出，即为 8421 码十进制计数器。

5421 码十进制计数：计数脉冲由 CP_1 输入，将 Q_3 与 CP_0 相连，输出由 $Q_3Q_2Q_1Q_0$ 引出，即为 5421 码十进制计数器。

10.2.3 技能训练——霓虹灯电路的制作与调试

1. 实验目的

1）掌握时序逻辑电路的特点及功能描述方法。

2）掌握时序逻辑电路的分析方法。

3）掌握寄存器的逻辑功能、真值表读解方法，以及引脚功能。

4）锻炼学习资料的查询能力。

2. 实验器材

74LS00、74LS04、74LS20 芯片，74LS194 芯片，脉冲发生器，LED，接线板，导线。

3. 实验内容及步骤

1）当启动信号输入负脉冲时，使 G_2 输出为 1，$M_1 = M_0 = 1$，寄存器并行置数，$Q_{0n} + Q_{1n} + Q_{2n} + Q_{3n} + 1 = D_0D_1D_2D_3 = 1011$。启动信号消除后，由于 $Q_1 = 0$，使 $G_1 = 1$，G_2 输入全 1，所以 $G_2 = 0$，$M_1M_0 = 01$，开始执行右移功能。由于在移位过程中，G_1 门输入端总有一个为 0，所以始终维持 $M_1M_0 = 01$，不断循环右移。

序列脉冲是指在每个循环周期内，在时间上按一定顺序排列的脉冲信号，也称为顺序脉冲。实际应用中常需要序列脉冲控制某些部件按照规定顺序完成一系列操作和计算，如霓虹

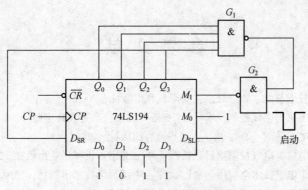

图 10-27 霓虹灯电路原理图

灯控制电路。

2）对照原理图绘制出芯片实物接线图并正确连接电路，注意布线的合理性、芯片缺口朝向以及 LED 位置。

3）调试电路，观察 LED 的显示情况。

总结：本次实验验证了集成移位寄存器芯片的逻辑功能，熟悉了芯片的动态、静态测试方法。

4. 完成实验报告

10.2.4 知识训练

1. 单项选择题

（1）边沿触发器输出状态的变化发生在 CP 脉冲的（　　）。

A. 上升沿　　　　　　B. 下降沿或上升沿　　　C. $CP=1$ 期间　　　D. $CP=0$ 期间

（2）欲寄存 8 位数据信息，需要触发器的个数是（　　）。

A. 8 个　　　　　　　B. 16 个　　　　　　　C. 4 个　　　　　　　D. 9 个

（3）时序逻辑电路一般由（　　）构成。

A. 触发器和门电路　　B. 门电路　　　　　　C. 运算放大器　　　　D. 组合电路

（4）具有保持和反转功能的触发器是（　　）。

A. D 触发器　　　　　B. T 触发器　　　　　C. 基本 RS 触发器　　D. 同步 RS 触发器

2. 判断题

（　　）（1）同一个逻辑关系的真值表只有一种。

（　　）（2）门电路无记忆功能，但用门电路工程的触发器具有记忆功能。

（　　）（3）触发器的逻辑符号中，用小圆圈表示反相。

（　　）（4）每个触发器均有两个状态相反的输出端。

参 考 文 献

[1] 王兆义. 电工电子技术基础 [M]. 北京：高等教育出版社，2003.

[2] 赵承荻，杨利军. 电机与电气控制技术 [M]. 3 版. 北京：高等教育出版社，2012.

[3] 谭恩鼎，瞿龙祥. 电工基础 [M]. 北京：高等教育出版社，2007.

[4] 庞丽芹，徐志成. 电机与电气控制项目化教程 [M]. 北京：机械工业出版社，2018.

[5] 王屹，刘海霞. 电工电子技术与应用 [M]. 北京：中国科学技术出版社，2010.

[6] 马骏，王屹. 电工基础 [M]. 北京：北京理工大学出版社，2013.

[7] 付植桐. 电子技术 [M]. 5 版. 北京：高等教育出版社，2016.

[8] 童诗白，华成英. 模拟电子技术基础 [M]. 北京：高等教育出版社，2001.

[9] 谭维瑜. 电机与电气控制 [M]. 北京：机械工业出版社，1996.

[10] 张大彪. 电子技术技能训练 [M]. 北京：电子工业出版社，2003.

[11] 杨志忠. 数字电子技术 [M]. 北京：高等教育出版社，2001.

[12] 李采劭. 模拟电子技术基础 [M]. 北京：高等教育出版社，1993.

[13] 邱关源. 电路 [M]. 北京：人民教育出版社，1983.

[14] 赵应艳，徐作华. 模拟电子技术 [M]. 北京：电子工业出版社，2014.